マルウェア
データサイエンス

Malware Data Science
Attack Detection and Attribution

Joshua Saxe、Hillary Sanders [著]
株式会社クイープ [訳]

コンピュータからすっかり遠ざかっていた私を引き戻してくれたAlen Capalikに捧げる

MALWARE DATA SCIENCE

Copyright © 2018 by Joshua Saxe with Hillary Sanders.
Title of English-language original: *Malware Data Science: Attack Detection and Attribution*,
ISBN 978-1-59327-859-5, published by No Starch Press.
Japanese-language edition copyright © 2019 by Mynavi Publishing Corporation. All rights reserved.
Japanese translation rights arranged with No Starch Press, Inc., San Francisco, California through
Tuttle-Mori Agency, Inc., Tokyo

本書のサポートサイト、ソースコードのダウンロード(詳しくは265〜278ページの付録をご覧ください。)
- 公式サイト(英語)
  https://www.malwaredatascience.com/
  https://nostarch.com/malwaredatascience
- VirtualBox Linux 仮想マシン(Ubuntu インスタンス)のダウンロード(9GB近くあります)
  https://www.malwaredatascience.com/ubuntu-virtual-machine
  このインスタンスには、以下「コード・データのダウンロード」で配布しているデータとコードはあらかじめ読み込まれているほか、必要なオープンソースライブラリがインストールされています。
- コード・データのダウンロード
  https://www.malwaredatascience.com/code-and-data
  コードとデータはzip圧縮されていますがファイルサイズが760MB以上あります。
  本書のサンプルデータをアンチウイルス・エンジンを実行しているマシンで展開するとそのほとんどがマルウェア判定され、削除されるか隔離されます。本書のサンプルコード・データは仮想マシンの中のみで試してください。
- 本書の正誤に関するサポート情報
  https://book.mynavi.jp/supportsite/detail/9784839968069.html

- サンプルとしている「マルウェア」関連ファイルは動作しないよう書き換えてありますが、それらのファイルの格納場所には十分注意してください。必ず自宅や職場のネットワークから切り離された、Windows以外のマシンに格納してください。
- 本書に含まれているコードはすべて「サンプルコード」であり本書で説明する概念を具体的に理解することを目的としています。決して完全なものではなく、実際に使用するためのものではありません。
- 本書の内容は執筆段階での情報に基づいています。
- 本書に登場する製品やソフトウェア、サービスのバージョン、画面、機能、URL、製品のスペックなどの情報は、全てその原稿執筆時点でのものです。執筆以降に変更されている可能性がありますので、ご了承ください。
- 本書に記載された内容は、情報の提供のみを目的としております。したがって、本書を用いての運用は全てお客様自身の責任と判断において行ってください。
- 本書の制作にあたっては正確な記述につとめましたが、著者や出版社のいずれも、本書の内容に関してなんらかの保証をするものではなく、内容に関するいかなる運用結果についてもいっさいの責任を負いません。あらかじめご了承ください。
- 本書に記載されている会社名・製品名等は、一般に各社の登録商標または商標です。
- 本文中では ©、®、TM 等の表示は省略しています。

本書によせて

　本書を手に取ったあなたは、サイバーセキュリティのプロになるために必要なスキルを身につけることになります。本書には、マルウェア解析に適用されるデータサイエンスの概要と、マルウェア解析の達人になるために必要な知識とツールが含まれています。

　サイバーセキュリティは売り手市場であるため、参入するにはもってこいの分野です。ですが残念なことに、最新の状況に対処するために必要なスキルは急速に変化しています。いつものことながら、やはり必要は発明の母です。優秀なサイバーセキュリティ技術者は引く手あまたであり、データサイエンスアルゴリズムがネットワークの脅威に関する新たな知見や予測を提供することで、その不足を補っています。テラバイト単位のデータの中から脅威のパターンを特定するためにデータサイエンスを使用する機会は増える一方であり、警備員がネットワークデータを監視する従来のモデルは急速に廃れてきています。そして、アラートの画面を監視するのは駐車場のビデオカメラ監視システムを見ているのと同じくらい退屈ですから、このことに感謝しなければなりません。

　では、データサイエンスとはそもそも何であり、セキュリティにどのように適用できるのでしょうか。「はじめに」で説明しているように、セキュリティに応用されるデータサイエンスは、ネットワークに対する脅威を検知するための機械学習、データマイニング、可視化という技と叡智です。マーケティング上の理由で機械学習や人工知能が盛んにもてはやされている一方、これらのテクノロジが本番環境で使用されている見本的な事例がいくつかあります。

　たとえば、マルウェアの検知に関しては、生成されるマルウェアの量や、マルウェアのシグネチャを変更するときのコストのせいで、シグネチャのみをベースとするアプローチは有効ではなくなっています。代わりに、アンチウイルスベンダーはニューラルネットワークや他の種類の機械学習アルゴリズムを非常に大きなマルウェアデータセッ

トで訓練し、それらの特徴を学習させることで、モデルを毎日更新しなくても新たな種類のマルウェアを検知できるようにしています。シグネチャベースの検出と機械学習ベースの検知を組み合わせれば、既知のマルウェアと未知のマルウェアの両方をカバーできます。JoshとHillaryはこの分野のエキスパートであり、豊富な経験に基づいて本書を執筆しています。

　しかし、マルウェアの検知はデータサイエンスの1つのユースケースにすぎません。実際には、高度な知識を持つ最近の攻撃者は、ネットワーク上での脅威の特定を回避するために、実行可能プログラムを投下しないことがよくあります。代わりに、既存のソフトウェアのエクスプロイトを最初の突破口とし、そのエクスプロイトを通じて手に入れたユーザー特権をもとに、システムツールを使ってマシンからマシンへ移動します。攻撃者の視点からすると、このアプローチはアンチウイルスソフトウェアによって検出されるマルウェアのような成果物を残しません。しかし、よいEL (Endpoint Logging) システムやEDR (Endpoint Detection and Response) システムがあれば、システムレベルのアクティビティが捕捉され、このテレメトリがクラウドへ送信されます。そして、アナリストがそこから侵入者のデジタルフットプリントをつなぎ合わせることができます。この、大量のデータストリームをくまなく調べて侵入のパターンを継続的に探すというプロセスは、データサイエンスのためにあるかのような問題であり、特に統計学的アルゴリズムやデータ可視化に基づくデータマイニングに適しています。今後、データマイニングや人工知能を導入するSOC (Security Operations Center) はますます増えることが予想されます。システムイベントからなる大量のデータセットの中から実際の攻撃を見つけ出すには、これ以外に方法はありません。

　サイバーセキュリティはテクノロジとそのオペレーションにおいて大きな変化を遂げており、データサイエンスはその変化を後押ししています。Josh SaxeやHillary Sandersのようなエキスパートが専門知識を共有してくれるだけでなく、興味をそそるわかりやすい方法で教えてくれるなんて、私たちは幸運です。この機会に、彼らが知っていることをぜひ学んでください。その知識を自分の仕事に応用することで、テクノロジの変化や対抗しなければならない攻撃者の一歩先を行くことができるでしょう。

Anup K. Ghosh, PhD
Founder, Invincea, Inc
Washington, DC

謝辞

No Starch Press の Annie Choi、Laurel Chun、Bill Pollock、そしてコピーエディターの Bart Reed に感謝します。公平に考えれば、彼らを本書の共著者と見なすべきでしょう。本書の印刷、流通、販売を担当してくれる方々、そしてデジタルストレージ、送信、レンダリングを担当してくれる技術者に前もってお礼を述べておきます。Hillary Sanders は、このプロジェクトにおいてその非凡な才能をまさに必要なタイミングで発揮してくれました。Gabor Szappanos には、的確かつ厳格なテクニカルレビューに感謝します。

2 歳になる娘 Maya に感謝します。おかげで、このプロジェクトは大幅に遅れることになりました。Alen Capalik、Danny Hillis、Chris Greamo、Anup Ghosh、Joe Levy には、この 10 年間の助言に感謝します。本書のかなりの部分のもとになった調査をサポートしてくれた DARPA (Defense Advanced Research Projects Agency) と Timothy Fraser には深く感謝しています。本書のサンプルコードで使用した APT1 マルウェアサンプルを提供してくれた Mandiant と Mila Parkour に感謝します。Python、NetworkX、matplotlib、NumPy、scikit-learn、Keras、seaborn、pefile、icoutils、malwr.com、CuckooBox、capstone、pandas、SQLite の作成者に対し、オープンソースのセキュリティ / データサイエンスソフトウェアへの貢献に心から感謝します。

両親である Maryl Gearhart と Geoff Saxe に、私にコンピュータを与え、ハッカーとして過ごした少年時代（およびそれに伴うあらゆる違法行為）に耐え、限りない愛情を注ぎ、見守ってくれたことに深く感謝しています。Gary Glickman のかけがえのない愛情と支援に感謝します。最後になりましたが、このプロジェクトにおいて迷うことなく全面的に私を支えてくれたパートナー Ksenya Gurshtein に感謝しています。

Joshua Saxe

　本書に私を迎え入れてくれた Josh に感謝します。すばらしい教師となってくれた Ani Adhikari に感謝します。本に自分の名前が載ることを心から望んでいた Jacob Michelini に感謝します。

Hillary Sanders

はじめに

　セキュリティに携わっているとしたら、その自覚がなかったとしても、これまで以上にデータサイエンスを使用しているはずです。たとえば、アンチウイルス製品はデータサイエンスアルゴリズムを使ってマルウェアを検知します。ファイアウォールベンダーは不審なネットワークアクティビティの検知にデータサイエンスアルゴリズムを使用しているかもしれません。SIEM（Security Information and Event Management）ソフトウェアはデータから不審な傾向を特定するためにおそらくデータサイエンスを使用するでしょう。あからさまではないにせよ、セキュリティ業界はセキュリティ製品にデータサイエンスを取り入れる方向へ進んでいます。

　高度な専門知識を持つITセキュリティのプロは、独自の機械学習アルゴリズムをワークフローに組み込んでいます。たとえば、最近のカンファレンスでの講演やニュース記事では、Target、Mastercard、Wells Fargoのセキュリティアナリストが口を揃えて、セキュリティワークフローの一部として使用するデータサイエンス技術を開発していると述べています[†1]。データサイエンスブームに乗り遅れているなら、セキュリティプラクティスにデータサイエンスを追加するためのスキルアップを図るのに絶好のタイミングです。

[†1] Target：https://www.rsaconference.com/industry-topics/presentation/applied-machine-learning-defeating-modern-malicious-documents
Mastercard：https://blogs.wsj.com/cio/2017/11/15/artificial-intelligence-transforms-hacker-arsenal/
Wells Fargo：https://blogs.wsj.com/cio/2017/11/16/the-morning-download-first-ai-powered-cyberattacks-are-detected/

データサイエンスとは何か

　データサイエンス（data science）とは、統計学、数学、データ可視化を使ってデータを理解し、予測を行うことが可能なアルゴリズムベースのツールの集まりのことです。こうしたツールの数はどんどん増えています。もう少し具体的な定義もありますが、一般的に言えば、データサイエンスは機械学習、データマイニング、データ可視化の3つの要素で構成されます。

　セキュリティに関して言うと、機械学習アルゴリズムは訓練データから学習することで新たな脅威を検知します。これらの手法では、シグネチャといった従来の検知手法の目をかいくぐるようなマルウェアも検知されています。データマイニングアルゴリズムは、セキュリティデータで興味深いパターン（脅威アクター間の関係など）を調べます。そうしたパターンは、私たちの組織を標的とする攻撃キャンペーンを識別するのに役立つ可能性があります。また、データ可視化により、これといった特徴のない表形式のデータがグラフィカルにレンダリングされ、興味深い不審な傾向を特定しやすくなります。本書では、これら3つの領域を詳しく取り上げ、それらをどのように適用すればよいかを示します。

データサイエンスはなぜセキュリティにとって重要か

　データサイエンスがサイバーセキュリティの未来にとって決定的に重要である理由は3つあります。1つ目は、セキュリティでは「データがすべて」であることです。サイバー攻撃の検知を試みる際には、ファイル、ログ、ネットワークパケット、およびその他の成果物の形式でデータを解析します。セキュリティのプロはこれまで、そうしたデータソースに基づく検知にデータサイエンス技術を使用せず、代わりにファイルハッシュ、シグネチャなどのカスタムルール、手動で定義されたヒューリスティクスを使用してきました。これらの手法にはそれなりのメリットがありますが、攻撃の種類ごとに明示的に作成しなければなりません。変化し続けるサイバー攻撃の情勢に遅れないようにするには、あまりにも多くの手作業が必要でした。ここ数年、データサイエンス技術は脅威を検知する能力を高める上で非常に重要となっています。

　次に、インターネット上でのサイバー攻撃の数が劇的に増加していることも、データサイエンスがサイバーセキュリティにとって重要な理由の1つです。マルウェアのアンダーワールドの拡大を例に考えてみましょう。2008年、セキュリティコミュニティで確認されているマルウェア実行プログラムの種類は100万ほどでした。2012年にはそ

の数が1億になり、本書が出版される2018年の時点では、7億以上もの悪意を持つプログラムがセキュリティコミュニティで確認されています[†2]。この数は今後も増える見込みです。

　これだけの量のマルウェアを前にして、シグネチャのような手動の検知手法はどのようなサイバー攻撃にも歯が立たなくなっています。データサイエンスの手法では、サイバー攻撃の検知作業の大部分が自動化され、そうした攻撃の検知に必要なメモリ使用量が大幅に削減されます。このため、サイバー攻撃の脅威が拡大するにつれ、ネットワークやユーザーの防御に大きな効果が期待できます。

　データサイエンスがセキュリティにとって重要な3つ目の理由は、この10年間、データサイエンスがセキュリティ業界の内外において技術的なトレンドとなっていて、次の10年間もこの傾向が続くと見られていることです。現に、パーソナル音声アシスタント（Amazon Echo、Siri、Google Home）、自動運転車、レコメンデーションシステム、Web検索エンジン、医用画像解析システム、フィットネストラッキングアプリなど、データサイエンスの応用例はそこらじゅうにあります。

　司法サービスや教育などの分野にも、データサイエンスに基づくシステムが大きな影響を与えることが期待できます。データサイエンスは技術的な成功の鍵を握っており、大学、大手企業（Google、Facebook、Microsoft、IBM）、政府機関はデータサイエンスツールの改善に数十億ドルを投資しています。これらの投資のおかげで、難しい攻撃検知問題を解決するデータサイエンスツールの性能はさらに向上していくでしょう。

[†2] https://www.av-test.org/en/statistics/malware/

マルウェアへのデータサイエンスの応用

本書では、**マルウェア**を「悪意を持って書かれた実行プログラム」として定義しています。マルウェアは依然として脅威アクターがネットワークに侵入してその目的を達成するための主要な手段であるため、本書ではマルウェアに適用されるデータサイエンスを重点的に見ていきます。たとえば、最近出没しているランサムウェアでは、攻撃者が悪意を持つ添付ファイルをメールし、ユーザーのマシンにランサムウェアの実行プログラム（マルウェア）をダウンロードし、ユーザーのデータを暗号化して、データの復号と引き換えに身代金を要求します。政府機関で働く高度な知識を持つ攻撃者は、検知システムから逃れるためにマルウェアをまったく使用しないことがあります。しかし、現時点では、マルウェアは依然としてサイバー攻撃を実現するための主要な手口です。

本書では、セキュリティデータサイエンス全体をカバーするのではなく、セキュリティデータサイエンスの特定の応用に的を絞ることで、主要なセキュリティ問題にデータサイエンスをどのように応用すればよいかを詳しく示したいと考えています。マルウェアデータサイエンスを理解すれば、ネットワーク攻撃、フィッシングメール、ユーザーの不審な振る舞いの検知など、他のセキュリティ領域にデータサイエンスを応用する準備が整います。本書で取り上げる手法のほとんどは、マルウェアだけでなく、データサイエンスベースの一般的な検知／インテリジェンスシステムの構築に応用できます。

本書の対象読者

本書は、データサイエンスをコンピュータセキュリティ問題に応用する方法を詳しく知りたいと考えているセキュリティプロフェッショナルを対象に書かれています。コンピュータセキュリティとデータサイエンスは初めて、という場合は、状況を理解するために用語を調べる必要があるかもしれませんが、本書を読むのに支障はないでしょう。

本書の内容

　最初の3つの章では、その後の章で説明するマルウェアデータサイエンス手法を理解するのに必要な、リバースエンジニアリングの基本的な概念を取り上げます。マルウェアになじみがない場合は、最初にこれらの章を読んでください。マルウェアのリバースエンジニアリングをよく知っている場合は、これらの章を読み飛ばしてもかまいません。

- 「1章　マルウェアの静的解析の基礎」では、静的解析の手法を取り上げます。静的解析では、マルウェアファイルを分解し、攻撃者がその目的をあなたのコンピュータでどのように達成するのかを理解します。
- 「2章　静的解析の応用：x86逆アセンブリ」では、x86アセンブリ言語を紹介し、マルウェアの逆アセンブルとリバースエンジニアリングの方法を簡単に説明します。
- 「3章　速習：動的解析」では、本書のリバースエンジニアリングセクションの締めくくりとして、動的解析について説明します。動的解析では、制御された環境でマルウェアを実行することで、その振る舞いを学習します。

　4章と5章では、マルウェアの関係解析を重点的に取り上げます。マルウェアの関係解析では、マルウェアの類似点と相違点を調べることで、組織に対する攻撃キャンペーンを特定します。攻撃キャンペーンには、サイバー犯罪集団によるランサムウェアキャンペーンや、特定の組織をターゲットとした標的型攻撃などがあります。マルウェアの検知だけでなく、誰がネットワークを攻撃しているのかを知るための有益な脅威インテリジェンスの抽出にも関心がある場合は、ぜひこれらの章を読んでください。脅威インテリジェンスにはあまり関心がなく、データサイエンスに基づくマルウェアの検知のほうに興味がある場合は、これらの章を読み飛ばしてもかまいません。

- 「4章　マルウェアネットワークを使った攻撃キャンペーンの特定」では、マルウェアプログラムがコールバックするホスト名など、共通の属性に基づくマルウェアの解析と可視化の方法を紹介します。
- 「5章　共有コード解析」では、マルウェアサンプル間の共有コード関係の特定と可視化の方法について説明します。このような解析は、マルウェアサンプルが特定の犯行グループのものかどうかを突き止めるのに役立ちます。

次の 4 つの章では、機械学習に基づくマルウェア検出器を理解し、実装するために知っておかなければならないことをすべて取り上げます。これらの章は、機械学習を他のセキュリティコンテキストに応用するための土台となります。

- 「6章　機械学習に基づくマルウェア検出器の概要」では、機械学習の基本的な概念を、数学を用いずに、わかりやすく説明します。機械学習の経験がある場合は、復習に役立つでしょう。
- 「7章　機械学習に基づくマルウェア検出器の評価」では、基本的な統計学的手法を用いて機械学習システムの正解率を評価し、最も効果的な手法を選択できるようにする方法を紹介します。
- 「8章　機械学習に基づくマルウェア検出器の構築」では、機械学習システムの構築に利用できるオープンソースの機械学習ツールを紹介し、それらの使い方を説明します。
- 「9章　マルウェアの傾向を可視化する」では、Python を使ってマルウェア脅威データを可視化することで攻撃キャンペーンや傾向を明らかにする方法と、セキュリティデータ解析の日常的なワークフローにデータ可視化を組み込む方法を紹介します。

最後の 3 つの章では、ディープラーニングを紹介します。ディープラーニングは機械学習の高度な分野であり、数学が少し必要となります。ディープラーニングはセキュリティデータサイエンスにおいて急速に成長している分野であり、これらの章を読めば、スタートラインに立つことができます。

- 「10章　ディープラーニングの基礎」では、ディープラーニングの基本的な概念を取り上げます。
- 「11章　Keras を使ってニューラルネットワークマルウェア検出器を構築する」では、Python とオープンソースのツールを使って、ディープラーニングに基づくマルウェア検出器を実装する方法について説明します。
- 「12章　データサイエンティストになろう」では、データサイエンティストになるためのさまざまなキャリアパスと、この分野での成功に役立つ要素について説明します。
- 「付録　データセットとツール」では、本書に含まれているデータとサンプルツールの実装について説明します。

サンプルコードとデータの使い方

実際に試したり拡張したりできるサンプルコードがなければ、よいプログラミング本とは言えません。本書の各章で使用しているサンプルコードとデータについては、付録で詳しく説明しています。本書のコードはすべて Linux 環境の Python 2.7 を対象としています。本書では、これらのコードとデータにアクセスするための VirtualBox Linux 仮想マシンを用意しました。この仮想マシンには、コード、データ、オープンソースツールがすべて含まれており、コードをすぐに試してみることができます。仮想マシンは次の Web ページからダウンロードできます。

https://www.malwaredatascience.com/ubuntu-virtual-machine

コードは Linux（Ubuntu）でテストされていますが、Linux 以外の環境で使用したい場合は、macOS でも同じように動作するはずです。また、範囲は限られるものの、Windows でも動作するはずです。

コードとデータを独自の Linux 環境にインストールしたい場合は、次の Web ページからダウンロードできます。

https://www.malwaredatascience.com/code-and-data/

ダウンロードサンプルには各章のディレクトリが含まれており、章によっては、さらに code/ ディレクトリと data/ ディレクトリに分かれています。コードファイルは、その章のリストかセクションのどちらか適したほうに対応しています。リストとまったく同じコードファイルもあれば、テストしやすいようにパラメータや他のオプションが追加されているものもあります。一部の code/ ディレクトリには、pip 用の requirements.txt ファイルが含まれています。このファイルには、その章のコードを実行するのに必要なオープンソースライブラリが定義されています。それらのライブラリをインストールするには、code/ ディレクトリで pip -r requirements.txt を実行します。

本書のコードとデータが準備できたところで、さっそく始めましょう。

目次

本書によせて iii
謝辞 v
はじめに vii

1章　マルウェアの静的解析の基礎 001

1.1　Microsoft Windows の PE フォーマット 002
PE ヘッダー 003
オプションヘッダー 004
セクションヘッダー 004

1.2　pefile を使って PE フォーマットを分析する 006

1.3　マルウェアの画像を調べる 009

1.4　マルウェアの文字列を調べる 010
strings を使用する 011
strings のダンプを解析する 011

1.5　まとめ 014

2章　静的解析の応用：x86 逆アセンブリ 015

2.1　逆アセンブリの手法 016

2.2　x86 アセンブリ言語の基礎 017
CPU レジスタ 018
算術命令 020
データ移動命令 021

2.3　pefile と capstone を使って ircbot.exe を逆アセンブルする 026

2.4　静的解析の制限因子 028

	パッキング	028
	リソースの難読化	029
	アンチ逆アセンブリ	029
	動的にダウンロードされるデータ	030
2.5	まとめ	030

3章　速習：動的解析 ... 031

3.1	動的解析を使用するのはなぜか	032
3.2	マルウェアデータサイエンスのための動的解析	032
3.3	動的解析の基本ツール	033
	マルウェアの一般的な振る舞い	034
	malwr.com にファイルをロードする	034
	malwr.com の結果を解析する	035
3.4	基本的な動的解析の制限	041
3.5	まとめ	042

4章　マルウェアネットワークを使った攻撃キャンペーンの特定 ... 043

4.1	ノードとエッジ	045
4.2	2部ネットワーク	046
4.3	マルウェアネットワークを可視化する	048
	ゆがみの問題	048
	力指向アルゴリズム	049
4.4	NetworkX を使ってネットワークを構築する	050
4.5	ノードとエッジを追加する	051
	属性を追加する	052
	ネットワークをディスクに保存する	053
4.6	GraphViz を使ってネットワークを可視化する	053
	パラメータを使ってネットワークを調整する	054
	GraphViz のコマンドラインツール	055
	ノードとエッジに可視化属性を追加する	060
4.7	マルウェアネットワークを構築する	064
4.8	共有画像関係ネットワークを構築する	067

4.9 まとめ 071

5章 共有コード解析 073

5.1 特徴抽出で比較するためのサンプルを準備する 077
BoF モデルの仕組み 077
N グラムとは 078

5.2 ジャカール係数を使って類似度を数量化する 079

5.3 類似度行列を使ってマルウェア共有コード推定法を評価する 081
命令シーケンスに基づく類似度 083
文字列に基づく類似度 085
インポートアドレステーブルに基づく類似度 087
動的な API 呼び出しに基づく類似度 088

5.4 類似度グラフを作成する 089

5.5 類似度の比較のスケーリング 094
MinHash の概要 095
MinHash の詳細 095

5.6 永続的なマルウェア類似度検索システムを構築する 097

5.7 類似度検索システムを実行する 104

5.8 まとめ 106

6章 機械学習に基づくマルウェア検出器の概要 107

6.1 機械学習に基づく検出器の構築手順 108
訓練サンプルを収集する 109
特徴量を抽出する 110
よい特徴量を設計する 110
機械学習システムを訓練する 111
機械学習システムをテストする 112

6.2 特徴空間と決定境界 112

6.3 過学習と学習不足：よいモデルの条件 118

6.4 主な機械学習アルゴリズム 121
ロジスティック回帰 122
k 最近傍法 127

		決定木 131
		ランダムフォレスト 138
	6.5	まとめ 140

7章　機械学習に基づくマルウェア検出器の評価 141

	7.1	4種類の検出結果 142
		真陽性率と偽陽性率 143
		真陽性率と偽陽性率の関係 143
		ROC曲線 145
	7.2	評価の基準率 147
		基準率は適合率にどのような影響を与えるか 147
		デプロイメント環境で適合率を推定する 148
	7.3	まとめ 150

8章　機械学習に基づくマルウェア検出器の構築 151

	8.1	用語と概念 152
	8.2	決定木に基づく単純な検出器を構築する 153
		決定木分類器を訓練する 155
		決定木を可視化する 156
		完全なサンプルコード 158
	8.3	sklearnを使って現実的な検出器を構築する 160
		現実的な特徴抽出 160
		ありとあらゆる特徴量を使用できないのはなぜか 164
		ハッシュトリックを使って特徴量を圧縮する 164
	8.4	実用的な検出器を構築する 168
		特徴量を抽出する 168
		検出器を訓練する 170
		検出器を新しいバイナリで実行する 171
		検出器全体の実装 172
	8.5	検出器の性能を評価する 174
		ROC曲線を使って検出器の性能を評価する 174
		データを訓練データセットとテストデータセットに分割する 176

		ROC 曲線を計算する...177
		交差検証...179
	8.6	次のステップ..183
	8.7	まとめ..184

9章　マルウェアの傾向を可視化する 185

	9.1	マルウェアデータの可視化はなぜ重要か.. 186
	9.2	マルウェアデータセットの概要.. 188
		データをpandasに読み込む..188
		DataFrameを操作する..190
		条件に基づいてデータを絞り込む..192
	9.3	matplotlibを使ってデータを可視化する.. 193
		マルウェアのサイズとアンチウイルスエンジンによる検出との関係をプロットする 194
		ランサムウェアの検出数をプロットする..195
		ランサムウェアとワームの検出数をプロットする 197
	9.4	seabornを使ってデータを可視化する... 200
		アンチウイルス検出の分布をプロットする..201
		バイオリン図を作成する...204
	9.5	まとめ.. 208

10章　ディープラーニングの基礎 209

	10.1	ディープラーニングとは何か.. 210
	10.2	ニューラルネットワークの仕組み.. 211
		ニューロンの構造...212
		ニューロンのネットワーク...215
		普遍性定理...216
		ニューラルネットワークを独自に構築する..217
		ネットワークに新しいニューロンを追加する....................................221
		特徴量の自動生成...224
	10.3	ニューラルネットワークを訓練する.. 225
		バックプロパゲーションを使ってニューラルネットワークを最適化する........................226
		パス爆発...229
		勾配消失...229

10.4 ニューラルネットワークの種類 230
  フィードフォワードニューラルネットワーク 230
  畳み込みニューラルネットワーク 231
  オートエンコーダニューラルネットワーク 232
  敵対的生成ネットワーク 234
  リカレントニューラルネットワーク 234
  ResNet 235
10.5 まとめ 236

11 章　Keras を使って
　　　　ニューラルネットワークマルウェア検出器を構築する 237

11.1 モデルのアーキテクチャを定義する 238
11.2 モデルをコンパイルする 240
11.3 モデルを訓練する 242
  特徴量を抽出する 242
  データジェネレータを作成する 244
  検証データを統合する 247
  モデルの保存と読み込み 249
11.4 モデルを評価する 250
11.5 コールバックを使ってモデルの訓練プロセスを改善する 252
  組み込みコールバックを使用する 253
  カスタムコールバックを使用する 254
11.6 まとめ 256

12 章　データサイエンティストになろう 257

12.1 セキュリティデータサイエンティストへのキャリアパス 258
12.2 セキュリティデータサイエンティストの 1 日 259
12.3 有能なセキュリティデータサイエンティストの特徴 261
  虚心坦懐 261
  尽きることのない好奇心 261
  結果へのこだわり 262
  結果への懐疑的な態度 262

         12.4　次のステップ 263

A　付録：データセットとツール 265
    A.1　データセットの概要 266
         1章　マルウェアの静的解析の基礎 266
         2章　静的解析の応用：x86逆アセンブリ 266
         3章　速習：動的解析 266
         4章　マルウェアネットワークを使った攻撃キャンペーンの特定 266
         5章　共有コード解析 268
         6章　機械学習に基づくマルウェア検出器の概要、
            7章　機械学習に基づくマルウェア検出器の評価 268
         8章　機械学習に基づくマルウェア検出器の構築 268
         9章　マルウェアの傾向を可視化する 268
         10章　ディープラーニングの基礎 268
         11章　Kerasを使ってニューラルネットワークマルウェア検出器を構築する 269
         12章　データサイエンティストになろう 269
    A.2　ツール実装ガイド 269
         共通のホスト名に基づくネットワークの可視化 270
         共通の画像に基づくネットワークの可視化 271
         マルウェアの類似度の可視化 272
         マルウェア類似度検索システム 274
         機械学習に基づくマルウェア検出器 276

         索引 279

1

マルウェアの静的解析の基礎

本章では、マルウェアの静的解析の基礎に取り組みます。静的解析では、プログラムファイルの逆アセンブルコード、グラフィカル画像、印字可能文字列、およびその他のディスク上のリソースを解析します。要するに、プログラムを実際に実行しないリバースエンジニアリングです。静的解析の手法には欠点もありますが、さまざまな種類のマルウェアを理解するのに役立つことがあります。リバースエンジニアリングを慎重に行えば、標的の乗っ取りに成功した攻撃者にそれらのマルウェアバイナリがどのようなメリットをもたらすのかがよく理解できるようになります。また、攻撃者がその存在に気づかれることなく、乗っ取ったマシンで攻撃を続ける手口も明らかになります。本章では、例を見ながら説明することにします。それぞれの節で静的分析の手法を紹介した後、現実の解析に応用する方法を具体的に見ていきます。

まず、PE (Portable Executable) というファイルフォーマットを紹介します。PE は、ほとんどの Windows プログラムで使用されているファイルフォーマットです。次に、実際のマルウェアバイナリを分析するために、よく知られている Python の pefile ライブラリの使い方を調べます。続いて、インポート解析、画像解析、文字列解析といっ

た手法を取り上げます。その際には、オープンソースのツールを使ってその解析手法を現実のマルウェアに適用する方法を示します。最後に、マルウェアがどのようにしてマルウェアアナリストを手こずらせるのか、そうした問題を軽減するにはどうすればよいのかについて説明します。

本章の例で使用するサンプルマルウェアは、ch1/ ディレクトリに含まれています。ここで説明する手法を具体的に見てもらうために、よく出回っているマルウェアの一例として ircbot.exe を使用します。ircbot.exe は実験用に作成された IRC (Internet Relay Chat) ボットであり、IRC サーバーに接続している間は標的のコンピュータに常駐するように設計されています。このプログラムが標的を乗っ取った後は、攻撃者が IRC を通じてそのコンピュータを制御できるようになります。このため、Web カメラを作動させて標的の物理的な場所をビデオフィードでこっそり送信させる、デスクトップのスクリーンショットを撮る、標的のマシンからファイルを取り出すといったことが可能になります。本章では、静的解析手法により、マルウェアのこうした能力を明らかにする方法を具体的に見ていきます。

1.1 Microsoft Windows の PE フォーマット

マルウェアの静的解析を行うには、Windows PE (Portable Executable) フォーマットを理解しておく必要があります。PE フォーマットは、.exe、.dll、.sys といった現代の Windows プログラムファイルの構造を説明し、それらのファイルにデータが格納される方法を定義します。PE ファイルには、x86 命令、画像やテキストなどのデータ、そしてプログラムの実行に必要なメタデータが含まれています。

PE フォーマットは、当初は次のような目的で設計されていました。

プログラムをメモリに読み込む方法を Windows に教える
 PE フォーマットは、ファイルのどのブロックをメモリのどこに読み込むのかを説明します。また、プログラムコードにおいて Windows がプログラムの実行を開始する場所と、メモリに読み込む必要があるコードライブラリも示します。それらのライブラリはプログラムコードに動的にリンクされます。

プログラムが実行中に使用する可能性があるメディア (またはリソース) を提供する
 これらのリソースには、ダイアログボックスやコンソール出力で使用されるような文字列、画像、動画が含まれます。

デジタルコード署名といったセキュリティデータを提供する

Windowsは、そうしたセキュリティデータをもとに、コードが信頼されるソースから提供されたものであることを確認します。

PEフォーマットは、図1-1に示す構成要素を活用することで、上記のすべてを実現します。

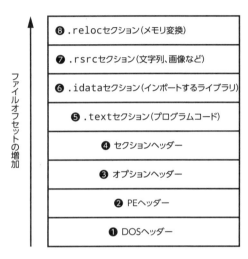

図1-1：PEファイルフォーマット

図1-1に示されているように、PEフォーマットには、一連のヘッダーが含まれています。これらのヘッダーは、プログラムをメモリに読み込む方法をオペレーティングシステム（OS）に伝えます。また、実際のプログラムデータを含んだセクションもあります。これらのセクションをメモリに読み込む際、Windowsはそれらのメモリオフセットをそれらのディスク上での位置に対応させます。このファイル構造をPEヘッダーから順番に詳しく見ていきましょう。DOSヘッダーの説明は省略します。このヘッダーは1980年代のMicrosoft DOSオペレーティングシステムの名残であり、互換性の理由で存在しているだけです。

PEヘッダー

PEヘッダー❷は、図1-1の一番下にあるDOSヘッダー❶の上にあり、バイナリコード、画像、圧縮データなど、プログラムの一般的な属性を定義します。また、プログラムが32ビットシステム用に設計されているのか、64ビットシステム用に設計されているの

かも示します。PEヘッダーは、基本的ではあるものの、有益なコンテキスト情報をマルウェアアナリストに提供します。たとえば、PEヘッダーにはタイムスタンプフィールドがあり、そのファイルがマルウェアの作成者によってコンパイルされた日時を調べることができます。この情報が明らかになるのは、マルウェアの作成者がこのフィールドを偽の値に置き換えるのを忘れた場合ですが、それはよくあることです。

オプションヘッダー

　オプションヘッダー❸は、その名前とは裏腹に、現在のPE実行可能ファイルにあって当然のものになっています。このヘッダーは、PEファイル内のプログラムの**エントリポイント**（entry point）の場所を定義します。エントリポイントは、プログラムがロードされた後に最初に実行する命令を指しています。また、PEファイルのロード時にWindowsがメモリに読み込むデータのサイズ、Windowsサブシステム、プログラムターゲット、およびプログラムに関するその他高レベルの詳細も定義します。プログラムターゲットは、Windows GUIやWindowsコマンドラインなどになります。プログラムのエントリポイントにより、リバースエンジニアリングをどこから開始すればよいかが明らかになります。このため、オプションヘッダーに含まれている情報はリバースエンジニアにとってかけがえのないものになることがあります。

セクションヘッダー

　セクションヘッダー❹は、PEファイルに含まれているデータセクションを表します。PEファイルの**セクション**（section）とは、OSがプログラムをロードするときにメモリにマッピングされるデータブロックのことです。このデータブロックには、プログラムをメモリに読み込む方法に関する指示が含まれていることもあります。つまり、セクションはディスク上のバイトシーケンスであり、メモリ内の連続するバイト列になることもあれば、ロードプロセスの特定の部分に関する情報をOSに伝えることもあります。

　セクションヘッダーでは、Windowsが各セクションに付与すべきアクセス許可も指定され、実行時にプログラムによる読み取り、書き込み、実行を可能にすべきかどうかが明らかになります。たとえば、x86コードを含んでいる.textセクションには、読み取り可能と実行可能のマークが付いているのが一般的ですが、実行中にプログラムコードが書き換えられないようにするために、書き込み可能のマークは付いていません。

　図1-1には、.textや.rsrcなど、さまざまなセクションが示されています。これらのセクションは、PEファイルの実行時にメモリにマッピングされます。.relocなどの

特別なセクションは、メモリにマッピングされません。図 1-1 に示されているセクションを順番に見ていきましょう。

◆ .text セクション

各 PE プログラムには、x86 コードのセクションが少なくとも 1 つ含まれています。それらのセクションは、セクションヘッダーにおいて実行可能と指定され、ほぼ必ず .text ❺という名前になります。2 章でプログラムの逆アセンブリとリバースエンジニアリングを行うときには、.text セクションのデータを逆アセンブルします。

◆ .idata セクション

.idata セクション❻は、**インポート** (import) とも呼ばれ、**インポートアドレステーブル** (IAT) を含んでいます。IAT には、DLL (Dynamic-Link Library) とそれらの DLL に含まれている関数が列挙されます。IAT は PE バイナリの解析時に最初に調べる最も重要な PE 構造の 1 つです。IAT により、プログラムが実行するライブラリ呼び出しが明らかになり、そこからマルウェアの大まかな機能が判明することがあるからです。

◆ データセクション

PE ファイルのデータセクションには、.rsrc、.data、.rdata などのセクションが含まれていることがあります。これらのセクションには、マウスカーソル画像、ボタンスキン、オーディオなど、プログラムによって使用されるその他のメディアが格納されます。たとえば、図 1-1 の .rsrc (リソース) セクション❼には、プログラムがテキストを文字列としてレンダリングするための印字可能文字が含まれています。

.rsrc セクションの情報は、マルウェアアナリストにとって不可欠なものになることがあります。PE ファイルの印字可能文字列、グラフィカル画像、その他のアセットを調べれば、そのファイルの機能に関する重要な手がかりが得られることがあるからです。1.3 節では、icoutils ツールキットを使ってマルウェアバイナリのリソースセクションから画像を抽出する方法について説明します。このツールキットには、icotool と wrestool が含まれています。1.4 節では、マルウェアのリソースセクションから印字可能文字列を抽出します。

◆ .reloc セクション

PE バイナリのコードは、**位置独立コード** (position independent code) ではありません。つまり、メモリ内の意図された位置から新しい位置へ移動された場合は正しく実

行されなくなります。.reloc（リロケーション）セクション❽は、コードを移動しても問題なく実行できるようにすることで、この問題に対処します。コードが移動している場合は、PEファイルのコードのメモリアドレスをWindows OSに変換させることで、そのコードが問題なく動作するようにします。これらの変換は、一般に、メモリアドレスのオフセットを調整（増減）するという方法で行われます。

PEファイルの.relocセクションには、マルウェア解析で必要になる情報が含まれていると考えられます。ただし、本書の目的はマルウェアに機械学習とデータ解析を適用することであり、リロケーションを調べる本格的なリバースエンジニアリングを行うことではないため、詳しい説明は割愛します。

1.2 pefile を使って PE フォーマットを分析する

Pythonモジュールpefileは、PEファイルを調べるための業界標準のマルウェア解析ライブラリであり、Ero Carerraによって作成され、管理されています。ここでは、pefileを使ってircbot.exeを分析する方法を紹介します。このircbot.exeファイルはch1/ディレクトリに含まれています。**リスト1-1**のコードは、ircbot.exeが現在の作業ディレクトリにあると仮定しています。

pefileライブラリをインストールしてPythonにインポートできるようにするために、次のコマンドを実行します[†1]。

```
$ pip install pefile
```

次に、**リスト1-1**のコマンドを実行します。これらのコマンドは、Pythonを起動し、pefileモジュールをインポートし、pefileを使ってPEファイルircbot.exeを解析します。

リスト1-1：pefile モジュールを読み込み、PE ファイル（ircbot.exe）を解析する

```
$ python
>>> import pefile
>>> pe = pefile.PE("ircbot.exe")
```

[†1] ［訳注］本書の仮想マシンを使用する場合、必要なライブラリはすでに含まれており、このコマンドを実行する必要はない。

ここでは、pefile.PE をインスタンス化しています。pefile.PE は pefile モジュールによって実装されるコアクラスであり、PE ファイルを解析し、それらの属性を調査できるようにします。PE コンストラクタを呼び出すと、指定された PE ファイル（この例では ircbot.exe）が読み込まれ、解析されます。PE ファイルを解析した後は、**リスト 1-2** のコードを実行することで、ircbot.exe の PE フィールドから情報を取り出します。

リスト 1-2：PE ファイルの各セクションから情報を取り出すループ

```
# Ero Carrera（pefile ライブラリの作成者）のサンプルコードに基づく
>>> for section in pe.sections:
...     print (section.Name, hex(section.VirtualAddress),
...            hex(section.Misc_VirtualSize), section.SizeOfRawData)
```

出力は**リスト 1-3** のようになります。

リスト 1-3：Python の pefile モジュールを使って ircbot.exe から取り出されたセクションデータ

```
('.text\x00\x00\x00',  ❶ '0x1000',  ❷ '0x32830',  ❸ 207360)
('.rdata\x00\x00',     '0x34000',    '0x427a',     17408)
('.data\x00\x00\x00',  '0x39000',    '0x5cff8',    10752)
('.idata\x00\x00',     '0x96000',    '0xbb0',      3072)
('.reloc\x00\x00',     '0x97000',    '0x211d',     8704)
```

このコードに示されているように、PE ファイルの 5 つのセクション（.text、.rdata、.data、.idata、.reloc）からデータが取り出されています。データは 5 つのタプル（取り出した PE セクションごとに 1 つ）として出力されます。各行の 1 つ目のフィールドは PE セクションを示しています（一連の \x00 null バイトは C 形式の null 終端文字にすぎないので、無視してください）。残りのフィールドは、各セクションがメモリに読み込まれた後のメモリ使用率とメモリ内での位置を示しています。

たとえば、0x1000 ❶ は、これらのセクションの読み込み先となる**仮想メモリのベースアドレス**です。このアドレスについては、そのセクションのベースメモリアドレスとして考えてください。0x32830 ❷ は、読み込まれたセクションに必要なメモリの量を表します。3 つ目の 207360 フィールド ❸ は、そのセクションがそのメモリブロックで消費するデータの量を表します。

pefile を使ってプログラムの各セクションを解析することに加えて、ライブラリが読み込む DLL や、それらの DLL に対してリクエストする関数呼び出しを列挙することもできます。それらの情報を列挙するには、PE ファイルの IAT をダンプします。pefile

を使って ircbot.exe の IAT をダンプする方法は**リスト 1-4** のようになります。

リスト 1-4：ircbot.exe からインポートを取り出す

```
$ python

>>> pe = pefile.PE("ircbot.exe")
>>> for entry in pe.DIRECTORY_ENTRY_IMPORT:
...     print entry.dll
...     for function in entry.imports:
...         print '\t',function.name
```

リスト 1-4 のコードを実行すると、**リスト 1-5** の出力が生成されます（話を単純にするために、該当する部分だけを示します）。

リスト 1-5：ircbot.exe（マルウェア）が使用するライブラリ関数を示す IAT の内容

```
KERNEL32.DLL
        GetLocalTime
        ExitThread
        CloseHandle
❶       WriteFile
❷       CreateFileA
        ExitProcess
❸       CreateProcessA
        GetTickCount
        GetModuleFileNameA
...
```

リスト 1-5 に示されているように、このマルウェアが宣言している関数と参照している関数がリストアップされるため、マルウェアアナリストにとって貴重な情報となります。たとえば、この出力の最初の数行は次のことを示しています。このマルウェアは、`WriteFile`❶を使ってファイルへの書き込みを行い、`CreateFileA`❷を使ってファイルを開き、`CreateProcessA`❸を使って新しいプロセスを作成します。これは、このマルウェアに関するかなり基本的な情報ですが、このマルウェアの振る舞いをさらに詳しく理解するための出発点となります。

1.3　マルウェアの画像を調べる

　マルウェアはどのような仕組みで標的を操作するのでしょうか。このことを理解するために、マルウェアの .rsrc セクションに含まれているアイコンを調べてみましょう。たとえば、マルウェアのバイナリが Word ドキュメント、ゲームインストーラ、PDF ファイルなどを装い、ユーザーがそれらをクリックするように仕向けることがよくあります。また、攻撃者が興味を示すようなプログラムがマルウェアに画像として含まれていることもあります。たとえば、乗っ取ったマシンをリモートから制御するために実行される、ネットワーク攻撃ツール / プログラムが含まれていることがあります。筆者はこれまで、聖戦士のデスクトップアイコンを含んだバイナリや、サイバーパンクカートゥーンの悪役キャラクターの画像、カラシニコフ銃の画像を見たことがあります。ここでは画像解析の例として、セキュリティ企業 Mandiant によって中国の国家的ハッカー集団によって作成されたものと認定されたマルウェアサンプルを使用します。このサンプルマルウェアは、ch1/ ディレクトリに fakepdfmalware.exe という名前で含まれています。このマルウェアは、Adobe Acrobat アイコンを使用することで、悪意を持つ PE 実行可能ファイルを Adobe Acrobat ドキュメントであると思い込ませます。

　ここでは、Linux のコマンドラインツール wrestool を使って fakepdfmalware.exe バイナリから画像を取り出します。ですがその前に、取得した画像を保存するディレクトリを作成しておく必要があります。そのための手順は**リスト 1-6** のようになります。

リスト 1-6：マルウェアサンプルから画像を取り出すためのシェルコマンド

```
$ mkdir images
$ wrestool -x fakepdfmalware.exe -o images
wrestool: fakepdfmalware.exe: don't know how to extract resource, try `--raw'
wrestool: fakepdfmalware.exe: don't know how to extract resource, try `--raw'
$ mkdir output
$ icotool -x -o output images/*
$ eog images/fakepdfmalware.exe_14_101_2052_ico
```

　まず、`mkdir images` を使って、取得した画像を格納するためのディレクトリを作成します。次に、`wrestool -x` を使って、`fakepdfmalware.exe` から画像リソースを /images に取り出します。さらに、`icotool` を使って Adobe の .ico アイコン形式のリソースをすべて取り出し (-x)、.png 画像に変換します (-o)。このようにすると、標準的な画像ビューアツール (eog など) を使ってアイコンを表示できるようになります。サンプルの実行に使用しているシステムに wrestool がインストールされていない場合は、

Savannah[†2]からダウンロードしてください。

wrestoolを使ってターゲットの実行可能ファイルに含まれている画像をPNGフォーマットに変換した後は、それらの画像を標準的な画像ビューアで開くことができます。そうすると、Adobe Acrobatアイコンがさまざまな解像度で表示されるはずです。このサンプルが示すように、画像やアイコンをPEファイルから取り出すのは比較的簡単で、マルウェアバイナリに関する興味深く有益な情報がすぐに明らかになります。同様に、マルウェアから印字可能文字列を取り出せば、さらに情報が得られます。次節では、マルウェアからの文字列の取り出しを実際に試してみましょう。

1.4 マルウェアの文字列を調べる

文字列(string)とは、プログラムバイナリに含まれている一連の印字可能文字のことです。マルウェアアナリストは、悪意を持つサンプルに含まれている文字列から、その内部で何が行われているのかをすばやく把握することがよくあります。多くの場合、これらの文字列には、WebページやファイルをダウンロードするHTTP/FTPコマンドや、マルウェアの接続先のアドレスを示すIPアドレスとホスト名などが含まれています。場合によっては、それらの文字列の記述に使用されている言語が、マルウェアバイナリが作成された国を知る手がかりになることもあります（ただし、そのように見せかけていることも考えられます）。悪意を持つバイナリの目的をハッカー語で説明するテキストが見つかることさえあります。

これらの文字列から、バイナリに関するより技術的な情報が明らかになることもあります。たとえば、そのバイナリの作成に使用されたコンパイラに関する情報や、そのバイナリの記述に使用されたプログラミング言語、埋め込みスクリプトやHTMLなどに関する情報が見つかるかもしれません。こうした手がかりはすべてマルウェアの作成者によって難読化／暗号化／圧縮されている可能性がありますが、腕のよい作成者でもわずかな手がかりを残していることがよくあります。このため、マルウェアを解析するときには、stringsのダンプを調べることが特に重要となります。

[†2] http://www.nongnu.org/icoutils/

strings を使用する

　ファイル内のすべての文字列を表示する標準的な方法は、コマンドラインツール strings を使用することです。構文は次のとおりです。

```
$ strings <ファイルパス> | less
```

　このコマンドは、ファイル内のすべての文字列を1行ずつターミナルに書き出します。コマンドの最後に | less を追加すると、文字列がスクロールされなくなります。デフォルトでは、strings コマンドは4文字以上の印字可能文字列をすべて検出しますが、このコマンドのマニュアルページを参考に、文字列の最小の長さや他のさまざまなパラメータを変更することもできます。本書では、文字列の最小の長さとしてデフォルトの4をそのまま使用することをお勧めしますが、-n オプションを使って変更することもできます。たとえば、strings -n 10 <ファイルパス> は、長さが10バイト以上の文字列だけを取り出します。

strings のダンプを解析する

　マルウェアプログラムの印字可能文字列をダンプしたら、次の課題は、それらの文字列の意味を理解することです。たとえば次に示すように、先ほど pefile を使って調べた ircbot.exe の文字列を ircbotstring.txt ファイルにダンプするとしましょう。

```
$ strings ircbot.exe > ircbotstring.txt
```

　ircbotstring.txt には数千行のテキストが含まれていますが、その中に目を引くものがあるはずです。たとえば**リスト 1-7** は、文字列ダンプから DOWNLOAD という言葉で始まる行を抜き出したものです。これらの文字列は、攻撃者によって指定されたファイルを ircbot.exe がターゲットマシンにダウンロードできることを示しています。

リスト 1-7：マルウェアがファイルをダウンロードできる証拠となる文字列

```
[DOWNLOAD]: Bad URL, or DNS Error: %s.
[DOWNLOAD]: Update failed: Error executing file: %s.
[DOWNLOAD]: Downloaded %.1fKB to %s @ %.1fKB/sec. Updating.
[DOWNLOAD]: Opened: %s.
open
[DOWNLOAD]: Downloaded %.1f KB to %s @ %.1f KB/sec.
[DOWNLOAD]: CRC Failed (%d != %d).
[DOWNLOAD]: Filesize is incorrect: (%d != %d).
```

```
[DOWNLOAD]: Update: %s (%dKB transferred).
[DOWNLOAD]: File download: %s (%dKB transferred).
[DOWNLOAD]: Couldn't open file: %s.
```

これらの行は、攻撃者によって指定されたファイルを ircbot.exe がターゲットマシンにダウンロードしようとすることを示しています。

別の文字列を解析してみましょう。**リスト 1-8** に示す文字列ダンプは、ircbot.exe が Web サーバーとして動作し、攻撃者からの接続をターゲットマシンで待ち受けることを示しています。

リスト 1-8：攻撃者が接続可能な HTTP サーバーがマルウェアに含まれていることを示す文字列

```
❶ GET
❷ HTTP/1.0 200 OK
  Server: myBot
  Cache-Control: no-cache,no-store,max-age=0
  pragma: no-cache
  Content-Type: %s
  Content-Length: %i
  Accept-Ranges: bytes
  Date: %s %s GMT
  Last-Modified: %s %s GMT
  Expires: %s %s GMT
  Connection: close
  HTTP/1.0 200 OK
❸ Server: myBot
  Cache-Control: no-cache,no-store,max-age=0
  pragma: no-cache
  Content-Type: %s
  Accept-Ranges: bytes
  Date: %s %s GMT
  Last-Modified: %s %s GMT
  Expires: %s %s GMT
  Connection: close
  HH:mm:ss
  ddd, dd MMM yyyy
  application/octet-stream
  text/html
```

リスト 1-8 は、HTTP サーバーを実装するために ircbot.exe によって使用される典型的な HTTP コードを示しています。この HTTP サーバーにより、攻撃者が HTTP を使ってターゲットマシンに接続し、コマンドを実行することが可能になります。たとえば、標的のデスクトップのスクリーンショットを撮り、攻撃者に送り返すコマンドを実行することができます。このリストのあちこちに HTTP の機能の痕跡が見られます。たとえば、GET メソッド❶はインターネットリソースのデータをリクエストします。HTTP/1.0 200 OK ❷は、ステータスコード 200 を返す HTTP 文字列です。ステータスコード 200 は、HTTP ネットワークトランザクションがすべて成功していることを示します。Server: myBot ❸は、この HTTP サーバーの名前が myBot であることを示しています。以上のことから、ircbot.exe が組み込み HTTP サーバーであることが判明します。

これらの情報はどれも、特定のマルウェアサンプルや悪意を持つキャンペーン（組織的活動）を理解し、阻止するのに役立ちます。たとえば、特定の文字列を出力する HTTP サーバーがマルウェアサンプルに含まれていることが判明した場合は、その HTTP サーバーに接続してネットワークをスキャンすれば、感染しているホストを突き止めることができます。

1.5 まとめ

　本章では、マルウェアの静的解析を大まかに説明しました。マルウェアの静的解析では、マルウェアを実際に実行せずに、マルウェアプログラムを調べます。ここでは、Windowsの.exeファイルと.dllファイルを定義するPEファイルフォーマットを理解した後、Pythonのpefileライブラリを使って現実のマルウェアバイナリであるircbot.exeを分析する方法について説明しました。また、画像解析や文字列解析などの静的な解析手法を用いることで、マルウェアサンプルからさらに情報を取り出しました。次章では、マルウェアの静的解析を引き続き取り上げ、マルウェアから復元できるアセンブリコードの解析を重点的に見ていきます。

2

静的解析の応用：x86逆アセンブリ

悪意を持つプログラムを十分に理解するには、多くの場合、セクション、文字列、インポート、画像の基本的な静的解析からさらに一歩踏み込む必要があります。そのためには、プログラムのアセンブリコードのリバースエンジニアリングが必要です。実際には、逆アセンブリとリバースエンジニアリングはマルウェアサンプルの詳細な静的解析の心臓部にあたります。

リバースエンジニアリングは技と匠と叡智であり、1つの章ではとてもカバーできません。そこで本章では、リバースエンジニアリングを紹介し、マルウェアデータサイエンスに応用できるようになることを目標とします。機械学習とデータ解析をマルウェアにうまく応用するには、この手法を理解することが不可欠です。

本章では、x86逆アセンブリを理解するために必要な概念を説明することから始めます。その後、マルウェアの作成者がどのようにして逆アセンブリを回避しようとするのかを確認し、これらのアンチ解析／検知戦略に対処する方法を調べます。ですがその前に、一般的な逆アセンブリの手法とx86アセンブリ言語の基礎を確認しておきましょう。

2.1 逆アセンブリの手法

逆アセンブリ（disassembly）とは、マルウェアのバイナリコードを有効な x86 アセンブリ言語に変換するプロセスのことです。一般に、マルウェアの作成者は、C や C++ のような高級言語でマルウェアプログラムを記述し、コンパイラを使ってソースコードを x86 バイナリコードにコンパイルします。アセンブリ言語は、このバイナリコードを人が読める形式で表します。このため、マルウェアプログラムの基本的な振る舞いを理解するには、マルウェアプログラムを逆アセンブルしてアセンブリ言語に変換する必要があります。

残念ながら、マルウェアの作成者にとって、リバースエンジニアを妨害するトリックを用いるのは常套手段であるため、逆アセンブリはそう簡単にはいきません。実際には、周到な計算のもとに難読化されたものを逆アセンブルするのは、コンピュータサイエンスにおいて未解決の問題です。現時点では、そうしたプログラムを逆アセンブルするための、エラーと隣り合わせの近似的な手法があるだけです。

例として、**自己書き換えコード**（self-modifying code）について考えてみましょう。自己書き換えコードは、実行時に自身の命令を書き換えるバイナリコードです。このコードを正しく逆アセンブルするには、コードを書き換えるプログラムロジックを理解するしかありませんが、かなり複雑であることが予想されます。

完全な逆アセンブリは今のところ不可能であるため、不完全な手法を用いてこのタスクを実行しなければなりません。ここで使用するのは**線形逆アセンブリ**（linear disassembly）という手法です。線形逆アセンブリでは、その x86 プログラムコードに対応する PE（Portable Executable）ファイルで連続するバイトシーケンスを特定し、それらのバイトをデコードします。ただし、この手法には重大な制限があります。プログラムの実行中にそれらの命令が CPU によってどのようにデコードされるのかに関する細かな部分を無視することになるからです。また、マルウェアの作成者がプログラムの解析を難しくするために用いるさまざまな難読化も考慮されません。

ここでは取り上げませんが、より複雑な逆アセンブリ手法によるリバースエンジニアリングも存在します。たとえば、IDA Pro などの高性能な逆アセンブラによって使用される手法があります。こうしたより高度な手法では、プログラムの実行をシミュレートまたは推測することで、一連の条件分岐の結果としてプログラムが到達するアセンブリ命令を突き止めます。

この種の逆アセンブリは線形逆アセンブリよりも正確なことがありますが、線形逆アセンブリ手法よりも CPU の負荷がはるかに高くなります。データサイエンスの目的が

数千あるいは数百万ものプログラムの逆アセンブリであることを考えると、そうした複雑な逆アセンブリ手法はあまり適していません。

ただし、線形逆アセンブリを使って解析を始めるには、アセンブリ言語の基本要素を確認しておく必要があります。

2.2 x86 アセンブリ言語の基礎

アセンブリ言語は、特定のアーキテクチャにおいて人が読めるプログラミング言語としては最も低レベルな言語であり、特定の CPU アーキテクチャのバイナリ命令フォーマットにほぼ対応します。ほとんどの場合、1 行のアセンブリ言語は 1 つの CPU 命令に相当します。アセンブリは低レベルであるため、正しいツールを使用すれば、たいていマルウェアバイナリから簡単に取り出すことができます。

逆アセンブルしたマルウェアの x86 コードを読むための基礎知識を養うのは、思っているよりも簡単かもしれません。というのも、ほとんどのマルウェアのアセンブリコードは、オペレーティングシステム (OS) の呼び出しにほとんどの時間を費やすからです。この呼び出しには、Windows OS の **DLL** (Dynamic-Link Library) が使用されます。それらの DLL は、実行時にプログラムメモリに読み込まれます。マルウェアプログラムは、実際の作業のほとんどに DLL を使用します。そうした作業には、システムレジストリの変更、ファイルの移動やコピー、ネットワーク接続の確立やネットワークプロトコルを使った通信が含まれます。したがって、マルウェアのアセンブリコードを理解するには、多くの場合、アセンブリから関数が呼び出される方法を理解し、さまざまな DLL 呼び出しによって何が行われるのかを理解する必要があります。当然ながら、実際はもっと複雑かもしれませんが、そうした知識があれば、マルウェアについて多くのことが明らかになります。

以降の節では、アセンブリ言語の重要な概念を紹介します。また、制御フローや制御フローグラフといった抽象化についても説明します。最後に、`ircbot.exe` プログラムを逆アセンブルすることで、アセンブリと制御フローからプログラムの目的を探る方法を調べます。

x86 アセンブリには、主要な方言として Intel と AT&T の 2 つがあります。本書では、Intel 構文を使用します。Intel 構文は主要な逆アセンブラのすべてで採用されており、Intel の x86 CPU の公式ドキュメントでも使用されています。

まず、CPU レジスタから調べてみましょう。

CPU レジスタ

　レジスタは、x86 CPU が計算を実行するために使用する小さなデータ記憶装置です。レジスタは CPU に内蔵されているため、レジスタへのアクセスはメモリの何十倍も高速です。このため、算術命令や条件テスト命令などの計算演算はすべてレジスタで行われます。実行中のプログラムのステータスに関する情報を CPU がレジスタに格納するのもそのためです。x86 アセンブリプログラマが利用できるレジスタはいろいろありますが、ここではいくつかの重要なレジスタに焦点を合わせることにします。

◆ 汎用レジスタ

　汎用レジスタは、アセンブリプログラマのためのスクラッチスペースのようなものです。32 ビットシステムでは、これらのレジスタのそれぞれに 32 ビット、16 ビット、および 8 ビットの空間が含まれています。これらの空間に対して、算術演算、ビット演算、バイトオーダー変換などを行うことができます。

　一般的な計算ワークフローでは、プログラムがメモリや外部ハードウェアデバイスからレジスタへデータを移動し、このデータで何らかの演算を行った後、データを格納するためにメモリに戻します。たとえば、長いリストをソートする場合は、メモリ内の配列からリストアイテムを取り出し、それらをレジスタで比較し、結果をメモリに書き戻すのが一般的です。

　Intel 32 ビットアーキテクチャの汎用レジスタモデルがどのようなものであるかを理解するために、図 2-1 を見てみましょう。

　縦軸は汎用レジスタのレイアウトを示しています。横軸では、EAX、EBX、ECX、EDX がさらに細かく分かれています。EAX、EBX、ECX、EDX は 32 ビットレジスタであり、その中に 16 ビットレジスタ AX、BX、CX、DX が含まれています。この図に示されているように、これらの 16 ビットレジスタは上位 8 ビットのレジスタと下位 8 ビットのレジスタに分けることができます（AH、AL、BH、BL、CH、CL、DH、DL）。これらは EAX、EBX、ECX、EDX 内の一部を指定するために使用されることがありますが、EAX、EBX、ECX、EDX を直接参照している場合がほとんどです。

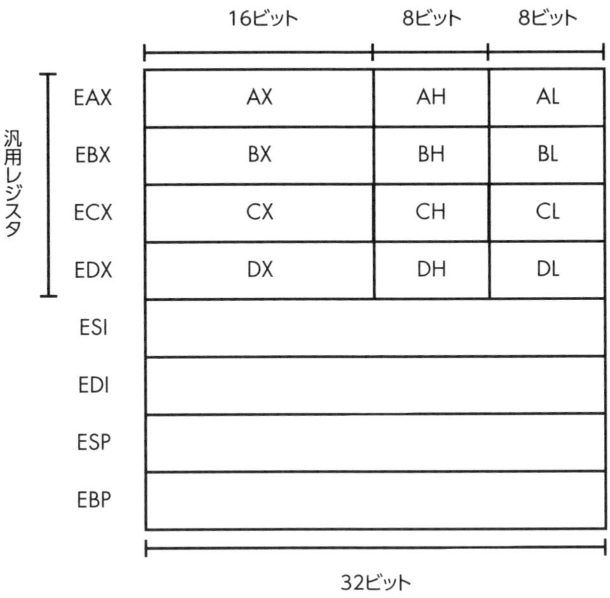

	16ビット	8ビット	8ビット
EAX	AX	AH	AL
EBX	BX	BH	BL
ECX	CX	CH	CL
EDX	DX	DH	DL
ESI			
EDI			
ESP			
EBP			

（EAX〜EDXは汎用レジスタ、全体32ビット）

図2-1：x86アーキテクチャのレジスタ

◆ スタックレジスタと制御フローレジスタ

　スタック管理レジスタは、**プログラムスタック**に関する重要な情報を格納します。プログラムスタックは、関数のローカル変数、関数に渡された引数、プログラムの制御フローに関連する制御情報の格納に使用されます。これらのレジスタを詳しく見ていきましょう。

　簡単に言うと、ESPレジスタは現在実行中の関数に対するスタックの先頭を指しており、EBPレジスタは現在実行中の関数に対するスタックの末尾を指しています。この情報は現代のプログラムにとって非常に重要です。なぜなら、絶対アドレスではなく、スタックを基準とする相対アドレスでデータを参照することになるからです。これにより、手続き型コードやオブジェクト指向コードからローカル変数により安全に効率よくアクセスできるようになります。

　x86アセンブリコードでEIPレジスタを直接参照することはありませんが、セキュリティ解析（特に脆弱性の調査やバッファオーバーフローエクスプロイトの開発）では、EIPレジスタの参照が特に重要となります。というのも、EIPレジスタには現在実行している命令のメモリアドレスが含まれているからです。攻撃者がバッファオーバーフロー攻撃を仕掛けてEIPレジスタの値を間接的に破壊すれば、プログラムの実行を制御できるようになります。

EIPレジスタは、エクスプロイトでの役割に加えて、マルウェアによってデプロイされる悪意を持つコードの解析においても重要です。EIPレジスタの値はデバッガを使っていつでも調べることができ、特定の時点でマルウェアが実行しているコードを理解するのに役立ちます。

EFLAGSは、CPU**フラグ**(flag)を含んでいるステータスレジスタです。CPUフラグとは、現在実行中のプログラムのステータス情報を格納するビットのことです。EFLAGSレジスタは、**条件分岐**というプロセスにおいて中心的な役割を果たします。条件分岐は、if/thenスタイルのプログラムロジックの結果によって実行フローが変化するというプロセスです。具体的に言うと、x86アセンブリプログラムが「ある値が0よりも大きいかどうか」をチェックし、このテストの結果に基づいてある関数へジャンプする、というプロセスを可能にするのがEFLAGSレジスタです。この点については、この後の「基本ブロックと制御フローグラフ」(25ページ)で詳しく説明します。

算術命令

命令には、汎用レジスタが使用されます。汎用レジスタと算術命令を使って単純な計算を行うことができます。たとえば、add、sub、inc、decは、マルウェアのリバースエンジニアリングでよく目にする算術命令です。基本的な命令とそれらの構文を表2-1にまとめておきます。

表2-1:算術命令

命令	説明
add ebx, 100	EBXの値に100を足し、結果をEBXに格納する
sub ebx, 100	EBXの値から100を引き、結果をEBXに格納する
inc ah	AHの値に1を足す
dec al	ALの値から1を引く

add命令は、2つの整数を足し、その結果を最初に指定されたオペランドに格納します。このオペランドがメモリアドレスとレジスタのどちらであるかは、その後の構文によります。メモリアドレスとして指定できる引数は1つだけであることに注意してください。sub命令はaddと似ていますが、整数を引くという違いがあります。inc命令はレジスタまたはメモリアドレスにある整数値に1を足し、dec命令は1を引きます。

データ移動命令

x86 プロセッサには、レジスタとメモリの間でデータを移動するための強力な命令群が搭載されています。これらの命令により、データを操作するための基本的なメカニズムが提供されます。主要なメモリ移動命令は mov です。表 2-2 は、mov 命令を使ってデータを移動する方法を示しています。

表 2-2：データ移動命令

命令	説明
mov ebx,eax	EAX レジスタの値を EBX レジスタへ移動する
mov eax, [0x12345678]	メモリアドレス 0x12345678 にあるデータを EAX レジスタへ移動する
mov edx, 1	1 の値を EDX レジスタへ移動する
mov [0x12345678], eax	EAX レジスタの値をメモリアドレス 0x12345678 へ移動する

mov 命令に関連して、lea という命令もあります。この命令は、メモリアドレスへのポインタを取得するために、絶対メモリアドレスをレジスタに読み込みます。たとえば lea edx, [esp-4] は、ESP レジスタの値から 4 を引き、結果を EDX レジスタに読み込みます。

◆ スタック命令

x86 アセンブリの**スタック**は、値のプッシュやポップを可能にするデータ構造です。プッシュとポップは、積み重ねた皿の上にさらに皿を追加したり、そこから皿を取り出したりする方法に似ています。

x86 アセンブリでは、制御フローが C スタイルの関数呼び出しのように表現されることがよくあります。これらの関数呼び出しは、引数を指定したり、ローカル変数を割り当てたり、関数の終了後にプログラムのどこに制御を戻すかを記憶するためにスタックを使用します。このため、スタックと制御フローはまとめて理解しておく必要があります。

プログラマがレジスタの値をスタックに保存したい場合は、push 命令を使用します。この命令は、それらの値をプログラムスタックにプッシュします。pop 命令は、スタックから値を削除し、指定されたレジスタに配置します。

push 命令を実行するには、次の構文を使用します。

```
push 1
```

この例では、スタックポインタ（ESPレジスタ）が新しいメモリアドレスを指すようにして、値（1）を格納する場所を空けます。続いて、CPUが空けておいたメモリアドレスに引数の値をコピーします。つまり、この値はスタックの先頭に格納されます。

これをpopと比較してみましょう。

```
pop eax
```

プログラムはpop命令を使ってスタックの先頭の値をポップし、指定されたレジスタへ移動させます。この例では、pop eaxはスタックの先頭の値をポップしてeaxへ移動させます。

スタックはメモリ内を下に向かって伸びていくため、スタックの先頭の値は、実際にはスタックメモリの最下位アドレス[†1]に格納されます。あまり直観的ではありませんが、このことはx86プログラムのスタックを理解する上で重要です。解析しているアセンブリコードがスタックに格納されるデータを参照する場合は、この点を覚えておくことが非常に重要となります。スタックのレイアウトを知らないと、すぐに収拾がつかなくなります。

x86のスタックはメモリ内を下に向かって伸びていくため、push命令はプログラムスタックに新しい値の場所を確保する際、ESPレジスタの値を減らして下位のメモリアドレスを指すようにした上で、ターゲットレジスタの値をそのメモリアドレスにコピーします。そのため、スタックが先頭のアドレスから下に向かって伸びていきます。pop命令はその逆で、スタックの先頭の値をコピーした後、ESPレジスタの値を増やして上位のメモリアドレスを指すようにします。

◆ **制御フロー命令**

x86プログラムの**制御フロー**は、ネットワーク状の命令実行シーケンスを定義します。プログラムで実行できる命令は、データ、デバイスインタラクション、そしてプログラムに渡される可能性があるその他の入力によって決まります。制御フロー命令が定義するのは、プログラムの制御フローです。スタック命令よりも複雑ですが、かなり直観的に理解できます。x86アセンブリでは、制御フローがCスタイルの関数呼び出しのように表現されることが多いため、スタックと制御スローは密接な関係にあります。たとえば、これらの関数呼び出しでは、引数を指定したり、ローカル変数を割り当てたり、関数の終了後にプログラムのどこに制御を戻すかを記憶するためにスタックが使用されま

---

†1　［訳注］　スタックメモリにおいてアドレスの値が最も小さいアドレス。

す。

　プログラムが x86 アセンブリで関数を呼び出す方法と、それらの関数の終了後にプログラムが制御を戻す方法に関しては、call と ret の 2 つの制御フロー命令が最も重要となります。

　call 命令は関数を呼び出します。C のような高級言語で記述する関数として考えてみてください。call 命令が呼び出された後、関数の実行が終了すると、プログラムは特定の命令に制御を戻すことができます。call 命令を呼び出す構文は次のようになります。この場合の < アドレス > は、メモリ内で関数のコードが始まる場所を指します。

---

call < アドレス >

---

　call 命令は次の 2 つのことを行います。まず、関数呼び出しから制御が戻った後に実行する命令のアドレスをスタックの先頭にプッシュします。これにより、関数の実行が終了した後、どのアドレスに制御を戻せばよいかをプログラムに知らせます。次に、EIP レジスタの現在の値を < アドレス > オペランドによって指定された値に置き換えます。そうすると、EIP レジスタが指している新しいメモリアドレスで CPU の実行が開始されます。

　call 命令が関数呼び出しを開始するのに対し、ret 命令は関数呼び出しを完了させます。ret 命令では、パラメータを指定する必要はありません。

---

ret

---

　ret 命令は、スタックから値をポップします。ポップされる値は、call 命令の呼び出し時にスタックにプッシュされた、プログラムカウンタ値 (EIP) になることが予想されます。続いて、ret 命令がポップしたプログラムカウンタ値を EIP レジスタに戻して、実行を再開します。

　jmp も重要な制御フロー命令の 1 つです。この命令の機能は call よりも単純で、EIP レジスタを保存しません。この命令は、パラメータとして指定されたメモリアドレスへ移動し、そこで実行を開始することを CPU に命令するだけです。たとえば、jmp 0x12345678 は、メモリアドレス 0x12345678 に格納されているプログラムコードを CPU に次の命令として実行させます。

　何らかの条件に基づいて jmp 命令と call 命令を実行するにはどうすればよいのか、と考えているかもしれません。たとえば、「プログラムがネットワークパケットを受信している場合は次の関数を実行する」といった場合です。x86 アセンブリには、if、 then、else、else if のような高度な構文はありません。プログラムコード内で特定のアドレスに分岐するには、一般に、cmp 命令と条件分岐命令の 2 つが必要になります。cmp 命令は、レジスタの値をテスト値と照合し、その結果を EFLAGS レジスタに格納します。

ほとんどの条件分岐命令は、j とそれに続くテストの条件を表す文字で構成されます。この j は、プログラムをメモリアドレスにジャンプ (jump) させることを表します。たとえば jge は、「より大きいか等しい (以上)」という条件が満たされた場合にプログラムをジャンプさせます。この条件は、テストされているレジスタの値がテスト値よりも大きいか等しいことを意味します。

cmp 命令の構文を見てみましょう。

```
cmp <レジスタ> <メモリアドレス>
cmp <リテラル> <レジスタ> <メモリアドレス>
cmp <リテラル>
```

先に述べたように、cmp 命令は指定された汎用レジスタの値をテスト値と比較し、その結果を EFLAGS レジスタに格納します。

さまざまな条件付き jmp 命令を呼び出す方法は次のようになります。

```
j* <アドレス>
```

先頭の j の後に条件テスト命令をいくつでも追加できます。たとえば、テスト値がレジスタの値よりも大きいか等しい場合にのみジャンプする場合は、次の命令を使用します。

```
jge <アドレス>
```

call 命令や ret 命令とは異なり、jmp 命令ファミリはプログラムスタックにまったくアクセスしません。実際には、jmp 命令ファミリを使用する場合、実行フローを追跡する責任は x86 プログラムにあります。つまり、アクセスしたアドレスや、特定の命令シーケンスが実行された後に制御を戻す場所などの情報を、プログラムで保存したり削除したりする必要があるかもしれません。

◆ 基本ブロックと制御フローグラフ

x86 プログラムをテキストエディタでスクロールしてみると、シーケンシャルなコードに見えます。ですが実際には、ループ、条件分岐、無条件分岐（制御フロー）が使用されています。これらの構造はどれも x86 プログラムに**グラフ**構造をもたらします。グラフは「ネットワーク」とも呼ばれます。**リスト 2-1** に示す簡単なアセンブリプログラムを使って、その仕組みを確かめてみましょう。

リスト 2-1：制御フローグラフを理解するためのアセンブリプログラム

```
    setup:          # 次の行の命令のアドレスを表すシンボル
❶   mov eax, 10
    loopstart:      # 次の行の命令のアドレスを表すシンボル
❷   sub eax, 1
❸   cmp 0, eax
    jne $loopstart
    loopend:        # 次の行の命令のアドレスを表すシンボル
    mov eax, 1
    # その他のコード
```

リスト 2-1 のプログラムは、プログラムカウンタの値を 10 に初期化し、EAX レジスタに格納します❶。次に、ループを開始し、イテレーションのたびに EAX レジスタの値から 1 を引きます❷。EAX レジスタの値が 0 になった時点で❸、プログラムはループから抜け出します。

制御フローグラフ解析で言うと、これらの命令については、3 つの基本ブロックで構成されていると考えることができます。**基本ブロック**（basic block）とは、常に継続的に実行されることがわかっている命令シーケンスのことです。つまり、基本ブロックは常に分岐命令か分岐のターゲットである命令で終わり、プログラムの最初の命令か分岐のターゲットで始まります。プログラムの最初の命令は、プログラムの**エントリポイント**（entry point）と呼ばれます。

リスト 2-1 で、この単純なプログラムの基本ブロックの始まりと終わりを確認してみてください。1 つ目の基本ブロックは、`setup:` の下にある `mov eax, 10` で構成されます。2 つ目の基本ブロックは、`loopstart:` の下にある `sub eax` 行から `jne $loopstart` までの部分です。3 つ目の基本ブロックは、`loopend:` の下にある `mov eax, 1` から始まります。基本ブロック間の関係を図解すると、**図 2-2** のようになります（ここでは、**グラフ**という用語を**ネットワーク**と同じ意味で使用しています。コンピュータサイエンスでは、これらの用語はほぼ同じ意味で使用されます）。

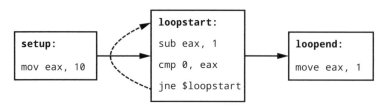

図 2-2：単純なアセンブリプログラムの制御フローグラフ

　ある基本ブロックが別の基本ブロックに流れ込む場合は、2つの基本ブロックを接続します。図 2-2 では、setup 基本ブロックから loopstart 基本ブロックに進み、loopstart 基本ブロックを 10 回繰り返した後、loopend 基本ブロックに進みます。現実のプログラムの制御フローもこのようになりますが、これよりもずっと複雑で、数千もの基本ブロックと数千もの相互接続で構成されます。

2.3　pefile と capstone を使って ircbot.exe を逆アセンブルする

　アセンブリ言語の基礎を十分に理解したところで、線形逆アセンブリを使って、ircbot.exe のアセンブリコードの最初の 100 バイトを逆アセンブルしてみましょう。この逆アセンブルには、pefile と capstone を使用します。pefile は、1 章で説明したオープンソースの Python ライブラリです。capstone はオープンソースの逆アセンブリライブラリであり、32 ビットの x86 バイナリコードを逆アセンブルできます。まず、pip を使ってこれらのライブラリをインストールします[†2]。

```
pip install pefile
pip install capstone
```

　これら 2 つのライブラリがインストールされたら、リスト 2-2 のコードを使って ircbot.exe を逆アセンブルできます。

リスト 2-2：ircbot.exe の逆アセンブル（disassembly_example.py）

```python
#!/usr/bin/python
import pefile
from capstone import *

# ターゲット PE ファイルを読み込む
pe = pefile.PE("ircbot.exe")
```

---

†2　［訳注］本書の仮想マシンを使用する場合、必要なライブラリはすでに含まれており、これらのコマンドを実行する必要はない。

```
# プログラムヘッダーからプログラムのエントリポイントのアドレスを取得
entrypoint = pe.OPTIONAL_HEADER.AddressOfEntryPoint

# エントリコードが読み込まれるメモリアドレスを計算
entrypoint_address = entrypoint+pe.OPTIONAL_HEADER.ImageBase

# PE ファイルオブジェクトからバイナリコードを取得
binary_code = pe.get_memory_mapped_image()[entrypoint:entrypoint+100]

# 32 ビットの x86 バイナリコードを逆アセンブルするために逆アセンブラを初期化
disassembler = Cs(CS_ARCH_X86, CS_MODE_32)

# コードを逆アセンブル
for instruction in disassembler.disasm(binary_code, entrypoint_address):
    print "%s\t%s" %(instruction.mnemonic, instruction.op_str)
```

このコードを実行すると、次のような出力が得られます[†3]。

```
❶ push ebp
  mov ebp, esp
  push -1
  push 0x437588
  push 0x41982c
❷ mov eax, dword ptr fs:[0]
  push eax
  mov dword ptr fs:[0], esp
❸ add esp, -0x5c
  push ebx
  push esi
  push edi
  mov dword ptr [ebp - 0x18], esp
❹ call dword ptr [0x496308]
  ...
```

　逆アセンブリの出力に含まれている命令をすべて理解していなくても問題はありません。これらの命令をすべて理解するにはアセンブリを理解する必要がありますが、それは本書の適用範囲を超えています。とはいえ、この出力に含まれている命令の多くは見ればわかるものであり、何をするのかが何となくわかるはずです。たとえば、このマルウェアは EBP レジスタの値を保存するためにスタックにプッシュします❶。次に、ESP レジスタの値を EBP レジスタへ移動し、ある数値をスタックにプッシュします。続いて、メモリ内のデータを EAX レジスタへ移動し❷、ESP レジスタの値に -0x5c という値を足します❸。最後に、call 命令を使ってメモリアドレス 0x496308 に格納されている関数を呼び出します❹。

---

†3　[訳注] 環境によっては出力が異なることがある。

本書のテーマはリバースエンジニアリングではないため、コードの意味を調べるのはここまでにしておきます。ここで示したものは、アセンブリ言語の仕組みを理解するための出発点です。アセンブリ言語の詳細については、Intelのプログラマ向けのマニュアル[†4]が参考になるでしょう。

2.4 静的解析の制限因子

本章と前章では、悪意を持つバイナリが新たに発見されたときに、静的解析の手法を用いてその目的と手法を明らかにするさまざまな方法を紹介しました。残念ながら、静的解析には制限があり、状況によってはあまり有効ではないことがあります。たとえば、マルウェアの作成者が利用する攻撃法は、防御するよりも実装するほうがずっと簡単なものかもしれません。そうした攻撃法をいくつか取り上げ、それらを防御する方法を見てみましょう。

パッキング

マルウェアの**パッキング**（packing）は、悪意を持つプログラムの大部分をマルウェアの作成者が変換し、マルウェアアナリストが解読できないようにするプロセスです。そうした変換には、圧縮、暗号化、マングリングなどが使用されます。このようなマルウェアは、実行時に自身を解凍した上で実行を開始します。マルウェアのパッキングを回避する方法は、言うまでもなく、マルウェアを実際に安全な環境で実行することです。次章では、この動的な解析手法を取り上げます。

> **NOTE** ソフトウェアのパッキングは無害なソフトウェアインストーラでも使用されます。無害なソフトウェアの作成者がコードをパッキングした状態で提供するのは、プログラムリソースを圧縮すると、ソフトウェアインストーラのダウンロードサイズを削減できるためです。また、ライバル企業によるリバースエンジニアリングを阻止したり、多くのプログラムリソースを1つのインストーラファイルにまとめたりするのにも役立ちます。

[†4] http://www.intel.com/content/www/us/en/processors/architectures-software-developer-manuals.html

リソースの難読化

　リソースの**難読化**（obfuscation）も、検知や解析を回避するためにマルウェアの作成者が使用する手法の1つです。マルウェアの作成者は、文字列や画像などのプログラムリソースがディスクにどのように格納されているのかをわかりにくくするために難読化を適用します。そして、悪意を持つプログラムでそれらのリソースを使用するために、実行時に難読化を解除します。たとえば、単純な難読化では、PEリソースセクションに格納されている画像と文字列のすべてのバイトに1の値を足し、実行時にすべてのバイトから1を引きます。もちろん、難読化として考えられるものはいくらでもあります。どのような難読化でも、マルウェアアナリストによる静的解析を使ったマルウェアバイナリの解読作業は難しくなります。

　パッキングと同様に、リソースの難読化を回避する方法の1つは、マルウェアを安全な環境で実行することです。それが不可能である場合、リソースの難読化に対処するには、マルウェアがそのリソースの難読化に使用している方法を実際に突き止め、それらの難読化を手動で解除するしかありません。プロのマルウェアアナリストはよくこのような作業を行っています。

アンチ逆アセンブリ

　マルウェアの作成者が検知や解析を回避するために使用する3つ目の手法は、**アンチ逆アセンブリ**（anti-disassembly）という手法です。アンチ逆アセンブリは、最新の逆アセンブリ手法に内在する制限を利用することで、マルウェアアナリストからコードを隠すことを目的として設計されています。また、ディスクに格納されているコードブロックに実際とは異なる命令が含まれているとマルウェアアナリストに思い込ませることを目的とするものもあります。

　アンチ逆アセンブリ手法の例としては、マルウェアの作成者の逆アセンブラでは別の命令として解釈されるメモリアドレスに分岐することで、事実上、マルウェアの本当の命令をリバースエンジニアから隠すことが挙げられます。アンチ逆アセンブリ手法の可能性は未知数であり、完全に防ぐ手立てはありません。実際には、アンチ逆アセンブリ手法に対する主な防御策は次の2つです。1つは、マルウェアサンプルを動的な環境で実行することです。もう1つは、アンチ逆アセンブリ手法がマルウェアサンプルのどこで使用されているのか、そしてどのように回避すればよいのかを手作業で解明することです。

動的にダウンロードされるデータ

マルウェアの作成者が解析から逃れるために使用する最後の手法は、データとコードを外部から調達することです。たとえば、マルウェアの起動時に外部サーバーからコードを動的に読み込むことが考えられます。このようなコードに対して静的解析は無力です。同様に、マルウェアの起動時に外部サーバーから復号鍵を取得し、マルウェアの実行に使用されるデータやコードをそれらの鍵で復号することも考えられます。

言うまでもなく、マルウェアが高度な暗号アルゴリズムを使用しているとしたら、静的解析だけでは、暗号化されたデータやコードを解読することは不可能です。このようなアンチ解析 / 検知手法の効果は絶大です。そうした手法に対処するには、外部サーバーからコード、データ、または秘密鍵をどうにかして手に入れ、問題のマルウェアの解析に使用するしかありません。

2.5 まとめ

本章では、x86 アセンブリコードの解析を取り上げ、逆アセンブリに基づく静的解析を行う方法を示しました。その際には、オープンソースの Python ツールを使って ircbot.exe を解析しました。本章の内容は x86 アセンブリ入門としては不完全なものですが、特定のアセンブリダンプの内容を理解する出発点となります。最後に、マルウェアの作成者が逆アセンブリやその他の静的解析手法に対抗する方法と、そうしたアンチ解析 / 検知手法に対処する方法について説明しました。次章では、マルウェアの動的解析を取り上げます。マルウェアの動的解析は、静的解析の弱点の多くを埋め合わせます。

3

速習：動的解析

　前章では、マルウェアから復元されたアセンブリコードを逆アセンブルする、高度な静的解析手法を取り上げました。静的解析は、ディスク上のさまざまなコンポーネントを調べて、マルウェアに関する有益な情報を得るための効率的な手法ですが、マルウェアの振る舞いまでは確認できません。

　本章では、マルウェアの動的解析の基礎を取り上げます。ファイル形式でのマルウェアがどのようなものであるかに焦点を合わせる静的解析とは異なり、動的解析の目的はマルウェアの振る舞いを確認することにあります。マルウェアの振る舞いを確認するには、隔離された安全な環境でマルウェアを実行する必要があります。この方法は、危険な細菌株を密閉環境で培養し、他の細胞への影響を観察することに似ています。

　動的解析を利用すれば、パッキングや難読化といった静的解析に共通するハードルを回避できます。それと同時に、特定のマルウェアサンプルの目的をもっとよく知ることができます。本章では、基本的な動的解析の手法、マルウェアデータサイエンスとの関係、そして動的解析の応用例を調べることから始めます。その際には、malwr.com などのオープンソースツールを使って、動的解析を実際に試してみます。本章の内容はあくまでも

動的解析のオーバービューであり、包括的なものではないことに注意してください。動的解析の入門書が必要な場合は、『Practical Malware Analysis』(No Starch Press、2012年)を読んでみてください。

3.1 動的解析を使用するのはなぜか

動的解析がなぜ重要であるかを理解するために、「パッキングされたマルウェア」という問題について考えてみましょう。すでに説明したように、マルウェアのパッキングは、マルウェアのx86アセンブリコードを圧縮または難読化してプログラムの悪意を隠すことを指します。パッキングされたマルウェアサンプルが標的のマシンに感染すると、コードを実行するためにパッキングが自動的に解除されます。

前章で説明した静的解析ツールでも、パッキング/難読化されたマルウェアサンプルを逆アセンブルしようと思えばできないことはありませんが、これは骨の折れる作業です。たとえば静的解析では、まずマルウェアファイルのどの部分が難読化されているのかを突き止める必要があります。続いて、コードの難読化を解除して実行できるようにする難読化解除サブルーチンの場所を見つけ出す必要もあります。このサブルーチンが見つかったら、この難読化解除手続きの仕組みを突き止める必要があります。仕組みがわからないものをコードに対して実行するわけにはいきません。そこでようやく、悪意を持つコードをリバースエンジニアリングする実行のプロセスを開始することができます。

それよりもよい方法は、隔離された安全な環境でマルウェアを実行することです。この環境は**サンドボックス**(sandbox)と呼ばれます。マルウェアをサンドボックスで実行すれば、本物の標的に感染したときと同じようにパッキングを解除させることができます。マルウェアを実行するだけで、特定のマルウェアバイナリがどのサーバーに接続するのか、どのシステム構成パラメータを変更するのか、そしてどのデバイスI/O(Input/Output)を実行しようとするのかが明らかになります。

3.2 マルウェアデータサイエンスのための動的解析

動的解析は、マルウェアのリバースエンジニアリングに役立つだけでなく、マルウェアのデータサイエンスにも役立ちます。動的解析により、マルウェアサンプルが「何を行うのか」が明らかになるため、その振る舞いを他のマルウェアサンプルと比較してみることができます。たとえば、動的解析によってマルウェアサンプルがディスクに書き

込むファイルが明らかになるため、このデータをもとに、同じようなファイル名を書き込むマルウェアサンプルと結び付けることができます。こうした手がかりは、共通の特徴に基づいてマルウェアサンプルを分類するのに役立ちます。また、同じグループによって作成されたマルウェアサンプルや、同じキャンペーン（組織的活動）の一部であるマルウェアサンプルを特定するのに役立つこともあります。

動的解析の最も重要な点は、機械学習に基づくマルウェア検出器の構築に役立つことです。動的解析を使ってマルウェアの振る舞いを観測すれば、悪意を持つバイナリと無害なバイナリを区別するように検出器を訓練できます。たとえば、マルウェアとビナインウェア[1]から得られた数千もの動的解析ログをマルウェア検出器に学習させたとしましょう。そうすると、msword.exe が powershell.exe というプロセスを起動する場合は悪意があり、msword.exe が Internet Explorer を起動する場合はおそらく悪意がないことを予測できるようになります。8章では、静的解析と動的解析のデータを組み合わせてマルウェア検出器を構築する方法について詳しく説明します。ですが、高度なマルウェア検出器を作成する前に、動的解析の基本ツールを確認しておく必要があります。

3.3 動的解析の基本ツール

インターネット上では、オープンソースのさまざまな動的解析ツールが無償で提供されています。ここでは、malwr.com と CuckooBox の2つに焦点を合わせます。malwr.com には、バイナリを送信すると動的解析を無償で行うことができる Web インターフェイスがあります。CuckooBox は、動的解析の環境を独自に準備できるソフトウェアプラットフォームであり、バイナリをローカルで解析できるようになります。CuckooBox プラットフォームの作成者は malwr.com も管理しており、malwr.com は内部で CuckooBox を実行します。したがって、malwr.com の結果を解析する方法を理解すれば、CuckooBox の結果も理解できるようになります。

NOTE 本書の出版時点では、malwr.com の CuckooBox インターフェイスはメンテナンスのために休止状態となっていました[2]。本章を読む頃には復活しているはずですが、まだ復活していない場合は、各自の CuckooBox インスタンスからの出力に本章の内容を当てはめてください。CuckooBox は https://cuckoosandbox.org/ の手順に従ってセットアップできます。

---

[1] ［訳注］benignware マルウェアの対義語。本書において無害な（悪意を持たない）プログラムを表すために使用されている。

[2] ［訳注］2019年9月時点では、malwr.com はまだ休止状態となっている。

マルウェアの一般的な振る舞い

マルウェアサンプルの実行時の振る舞いは、次の4つのカテゴリに分類されます。

ファイルシステムの書き換え
  たとえば、デバイスドライバをディスクに書き込む、システム構成ファイルを変更する、新しいプログラムをファイルシステムに追加する、レジストリキーを変更してプログラムを自動的に開始させる。

Windows レジストリを変更してシステム構成を変更
  たとえば、ファイアウォールの設定を変更する。

デバイスドライバの読み込み
  たとえば、ユーザーのキー入力を記録するデバイスドライバを読み込む。

ネットワークアクション
  たとえば、ドメイン名を解決し、HTTP リクエストを送信する。

ここでは、malwr.com からのマルウェアサンプルのレポートを解析しながら、これらの振る舞いを詳しく見ていきます。

malwr.com にファイルをロードする

malwr.com を使ってマルウェアサンプルを実行するには、https://malwr.com/ にアクセスして [Submit] ボタンをクリックし、解析するバイナリをアップロードします (図3-1)。ここで使用するバイナリの SHA-256 ハッシュは、d676d95 という文字列で始まります。このバイナリは ch3/ ディレクトリに含まれています。このバイナリを malwr.com にアップロードし、本節を読みながら結果を実際に調べてみてください。

このフォームを使ってサンプルを送信したら、サイトの指示に従って解析が終わるのを待ちます。通常は、解析が完了するのに5分ほどかかります。結果がロードされたら、その内容を調べることで、動的解析環境で実行可能ファイルを実行したときに何が行われたのかを理解できます。

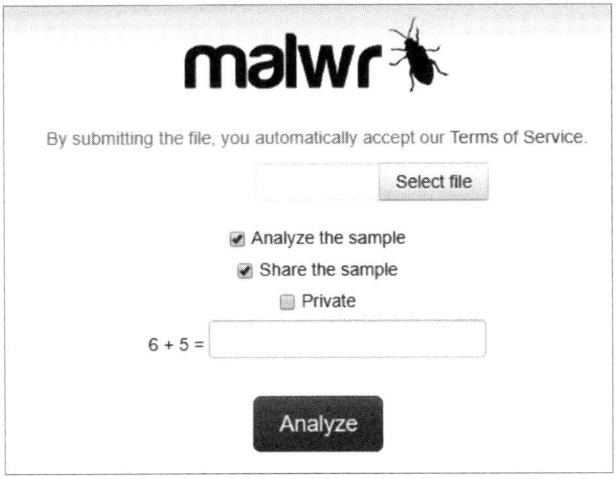

図 3-1：マルウェアサンプルの送信ページ

malwr.com の結果を解析する

サンプルの結果を表示するページは**図 3-2** のようになります。

図 3-2：malwr.com でのマルウェアサンプルの解析結果の先頭部分

このサンプルの結果は動的解析の重要な部分を具体的に示しています。詳しく見ていきましょう。

◆ **Signatures パネル**

解析結果ページの最初の部分には、[Analysis]と[File Details]の2つのパネルが表示されます。それぞれのパネルには、サンプルが実行された時刻と、サンプルに関するその他の静的な情報が表示されます。ここで注目するのは[Signatures]パネルです（図3-3）。このパネルには、サンプル自体から抽出された概要情報と、動的解析環境での実行時の振る舞いに関する情報が含まれています。それぞれのシグネチャの意味について説明しましょう。

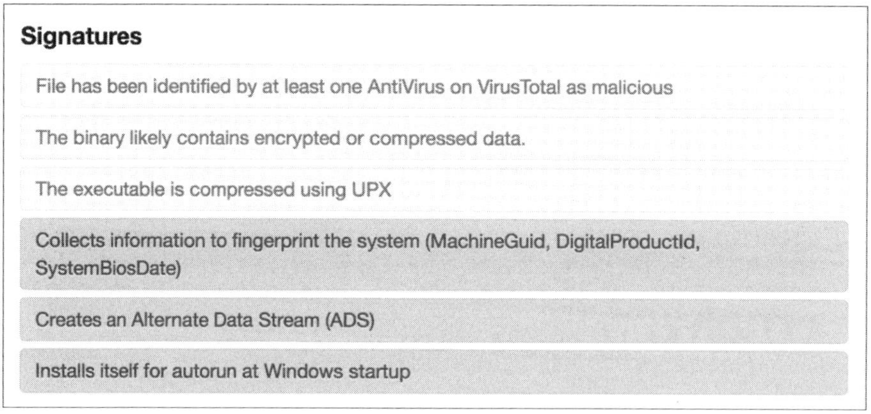

```
Signatures
File has been identified by at least one AntiVirus on VirusTotal as malicious
The binary likely contains encrypted or compressed data.
The executable is compressed using UPX
Collects information to fingerprint the system (MachineGuid, DigitalProductId, SystemBiosDate)
Creates an Alternate Data Stream (ADS)
Installs itself for autorun at Windows startup
```

図3-3：マルウェアサンプルの振る舞いと一致するmalwr.comのシグネチャ

図3-3の最初の3つのシグネチャは、静的解析の結果です（つまり、これらはマルウェアサンプル自体の特性に基づく情報であり、その振る舞いから得られた情報ではありません）。1つ目のシグネチャは、アンチウイルス情報収集サイトとして有名なVirusTotal.comのアンチウイルスエンジンにより、このサンプルがマルウェアとして識別されたことを示しています。2つ目のシグネチャは、難読化の一般的な兆候である圧縮または暗号化されたデータがこのバイナリに含まれていることを示しています。3つ目のシグネチャは、よく知られているUPXパッカーが圧縮に使用されていることを示しています。こうした静的な情報だけでは、このサンプルが何をするのかまではわかりませんが、悪意がありそうなことは伝わってきます（シグネチャの色は静的／動的の分類を表すものではなく、各ルールの重大度を表すことに注意してください。紙面では濃いグレーで示されていますが、赤は黄色よりも疑わしいことを表します）。

次の3つのシグネチャは、動的解析の結果です。1つ目のシグネチャは、このサンプルがシステムのハードウェアと OS を特定しようとしていることを示しています。2つ目のシグネチャは、**ADS**（Alternate Data Stream）と呼ばれる Windows の有害な機能をこのサンプルが使用していることを示しています。この機能を利用すると、標準のファイルシステムツールではマルウェアのデータが表示されなくなるため、ディスクのデータを隠すことができます。3つ目のシグネチャは、指定されたプログラムがシステムの再起動時に自動的に実行されるようにするために、このサンプルが Windows レジストリを変更することを示しています。このため、ユーザーがシステムを再起動するたびに、マルウェアが実行されることになります。

このように、動的解析を実行すれば、自動生成されるシグネチャレベルのものであっても、サンプルの意図された振る舞いに関する知識が大幅に増えることになります。

◆ Screenshots パネル

［Signatures］パネルの下には、［Screenshots］パネルがあります。このパネルには、マルウェアの実行時に動的解析環境で撮られたデスクトップのスクリーンショットが表示されます（図 3-4）。

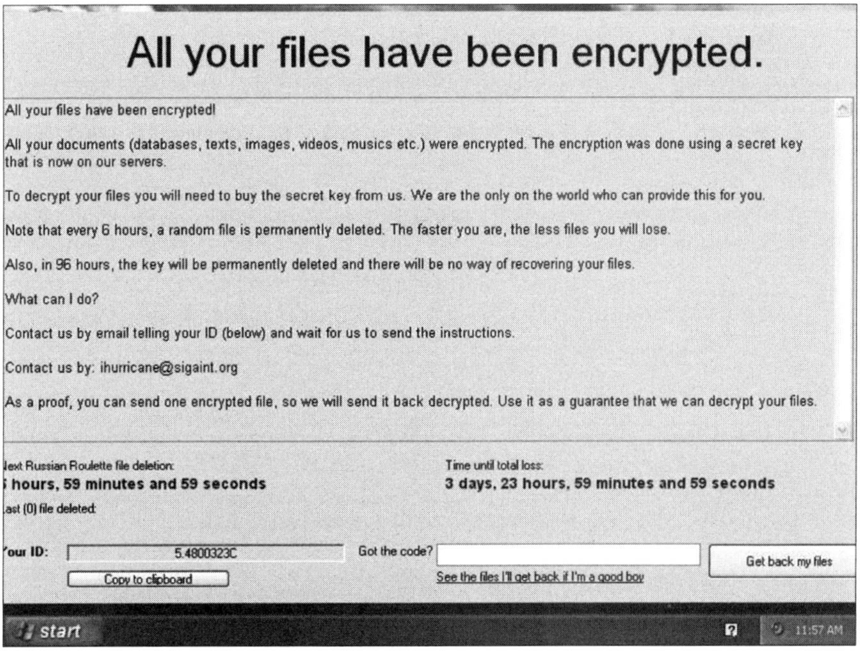

図 3-4：マルウェアサンプルの動的な振る舞いのスクリーンショット

このマルウェアが**ランサムウェア**（ransomware）であることがわかります。ランサムウェアは、標的のファイルを暗号化し、身代金を要求するマルウェアです。この場合は、マルウェアを実行するだけで、リバースエンジニアリングを実行するまでもなく、その目的を暴くことができました。

◆ Modified System Objects パネル

[Screenshots]パネルの下に並んでいる見出しは、このマルウェアサンプルのネットワークアクティビティを示しています。このバイナリはネットワーク通信をまったく開始しませんが、もし開始するとしたら、通信先のホストがここに表示されていたはずです。

図3-5 は、[Summary]パネルを示しています。

図 3-5：マルウェアサンプルが書き換えたファイルを示す［Summary］パネルの［Files］タブ

このパネルには、マルウェアが書き換えたシステムオブジェクト（ファイル、レジストリキー、ミューテックスなど）が表示されます。

図3-6 の[Files]タブを見てみると、このランサムウェアマルウェアがディスク上のユーザーファイルを実際に暗号化していることがわかります。

```
C:\Perl\win32\cpan.ico
C:\Perl\win32\D3BAFC2EA6A713B05444C65E75689DA2.locked
C:\Perl\win32\onion.ico
C:\Perl\win32\D3CDFF5FA6D613B12F44BD5F75199DD1FAB3.locked
C:\Perl\win32\perldoc.ico
C:\Perl\win32\D0B9FF54A1DD13B22F31C65C756899A5FACECDED14AE.locked
C:\Perl\win32\perlhelp.ico
C:\Perl\win32\D0B9FF54A1DD13B22F46C62D751E9ED2FEB2CD9C14DB4F25.locked
```

図 3-6：[Summary] パネルの [Files] タブに表示されたファイルパスから、このサンプルがランサムウェアであることがわかる

各ファイルパスの最後に.lockedという拡張子が付いたファイルがあり、マルウェアによって置き換えられた暗号化バージョンであることが推測できます。

次に、[Registry Keys]タブを見てみましょう（図3-7）。

図3-7：マルウェアサンプルが書き換えたレジストリキーを示す[Summary]パネルの[Registry Keys]タブ

　レジストリは、Windowsが構成情報の格納に使用するデータベースです。構成パラメータはレジストリキーとして格納されます。これらのレジストリキーには、値が関連付けられています。Windowsファイルシステムのファイルパスと同様に、レジストリキーは円記号（またはバックスラッシュ）で区切られます。malwr.comは、マルウェアによって書き換えられたレジストリキーを明らかにします。図3-7には示されていませんが、malwr.comの完全なレポートを調べれば、このマルウェアが次のレジストリキーを変更したことがわかるはずです。

HKEY_LOCAL_MACHINE¥SOFTWARE¥Microsoft¥Windows¥CurrentVersion¥Run

　このレジストリキーは、ユーザーがログインするたびにWindowsにプログラムを実行させるためのものです。このレジストリキーを書き換えると、システムを起動するたびに、このマルウェアが実行される可能性が高くなります。このため、システムをいくら再起動しても、このマルウェアに感染したままになります。

　[Summary]パネルの[Mutexes]タブには、このマルウェアが作成したミューテックスの名前が含まれています（図3-8）。

図 3-8：マルウェアサンプルによって作成されたミューテックスを示す［Summary］パネルの［Mutexes］タブ

　ミューテックスは、プログラムが何らかのリソースを所有していることを知らせるロックファイルです。マルウェアは、システムに 2 回感染するのを防ぐために、ミューテックスを使用することがよくあります。つまり、マルウェアと関連があることがセキュリティコミュニティによって知られていて、ここでの目的を果たすために作成されたと思われるミューテックスが少なくとも 1 つ存在する、ということです。

```
CTF.TimListCache.FMPDefaultS-1-5-21-1547161642-507921405-839522115-1004MUTEX.
DefaultS-1-5-21-1547161642-507921405-839522115-1004ShimCacheMutex
```

◆ API 呼び出しの解析

　malwr.com の Web インターフェイスの左のパネルで［Behavioral Analysis］タブをクリックすると、マルウェアバイナリの振る舞いに関する詳細情報が表示されます（図3-9）。

　このパネルには、マルウェアによって開始された各プロセスによる API 呼び出しが、それらの呼び出しに対する引数や戻り値と一緒に表示されます。この情報を詳しく調べるには、Windows API に関する専門知識が必要であり、かなり時間がかかります。マルウェアの API 呼び出しの解析は本書の適用範囲を超えていますが、詳しく調べてみるのもよいでしょう。そうすれば、API 呼び出しをそれぞれ調べて、どのような効果があるのかを確かめることができます。

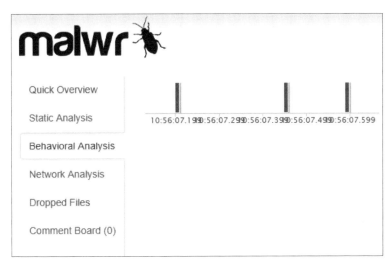

図 3-9：[Behavioral Analysis] パネルには、マルウェアの実行時に API が呼び出された時刻が表示される

　malwr.com は、マルウェアサンプルの動的解析を個別に行う分には申し分ありませんが、大量のサンプルで動的解析を行うのには向いていません。動的な環境で大量のサンプルを実行すると、マルウェアサンプルの動的実行パターンの間にどのような関係があるのかが明らかになるため、機械学習やデータ解析にとって重要となります。これらの動的実行パターンに基づいてマルウェアのインスタンスを検出できる機械学習システムを作成するには、数千単位でマルウェアサンプルを実行する必要があります。

　こうした制限に加えて、malwr.com の解析結果が XML や JSON といったマシンで解釈できる形式で提供されないという問題もあります。これらの問題に対処するには、CuckooBox[3] システムを独自に立ち上げる必要があります。幸いにも、CuckooBox はオープンソースのフリーウェアであり、動的解析環境を独自に準備するための手順も用意されています。malwr.com は内部で CuckooBox を使用しています。malwr.com の動的解析の結果を解釈する方法はわかったので、CuckooBox の結果を解析する方法もわかるはずです。

3.4　基本的な動的解析の制限

　動的解析は頼りになるツールですが、マルウェア解析の問題をすべて解決するわけで

---

†3　http://cuckoosandbox.org/

はありません。実際には、動的解析には重大な制限があります。1つは、マルウェアの作成者がCuckooBoxなどの動的解析フレームワークのことを知っていて、それらの回避を試みることです。たとえば、マルウェアがCuckooBoxで実行されていることを検出したら、実行を停止することができます。CuckooBoxの管理者は、マルウェアの作成者がそうした手を打ってくることに気づいており、CuckooBoxを回避しようとするマルウェアを逆に出し抜こうとしています。このいたちごっこに終わりはなく、あるマルウェアサンプルを実行しようとしたときに、動的解析環境で実行されていることをそのサンプルが検知して実行を停止する、という事態は避けられそうにありません。

もう1つの制限は、動的解析が回避されないまでも、マルウェアの重要な振る舞いが動的解析によって明らかにならない場合があることです。次のマルウェアバイナリについて考えてみましょう。このバイナリは、実行時にリモートサーバーに接続し、コマンドが発行されるのを待ちます。これらのコマンドは、たとえばマルウェアサンプルの餌食となったホスト上で、マルウェアサンプルに特定の種類のファイルを検索させたり、キー入力を記録させたり、Webカメラを作動させたりします。このような場合、そのリモートサーバーがコマンドをまったく送信しなかったり、そもそも稼働しなくなっているとしたら、そうした悪意を持つ振る舞いは明らかになりません。このような制限があるため、動的解析はマルウェア解析の万能薬ではありません。実際には、プロのマルウェア解析者は可能な限り最善の結果を得るために、動的解析と静的解析を組み合わせて使用します。

3.5 まとめ

本章では、malwr.comを使ってランサムウェアの動的解析を実行し、その結果を解析しました。また、動的解析の長所と短所も明らかにしました。基本的な動的解析の実行方法を学んだところで、マルウェアデータサイエンスに取り組む準備が整いました。

本書の残りの部分では、静的解析に基づくマルウェアデータに対して、マルウェアデータサイエンスを実施します。静的解析に焦点を合わせるのは、動的解析よりも単純で、よい結果を得るのが簡単であるため、マルウェアデータサイエンスに取り組むためのよい出発点になるからです。ただし、これ以降の各章では、動的解析に基づくデータにデータサイエンスの手法を適用する方法についても説明します。

4

マルウェアネットワークを使った
攻撃キャンペーンの特定

マルウェアネットワーク解析（malware network analysis）では、マルウェアデータセットを有益な脅威インテリジェンスに変えることができます。それにより、敵対的攻撃キャンペーン、一般的なマルウェア戦術、そしてマルウェアサンプルの出所を明らかにすることができます。この手法では、マルウェアサンプルの各グループのつながりを共通の属性に基づいて解析します。そうした属性は、埋め込まれたIPアドレスかもしれませんし、ホスト名、印字可能文字からなる文字列、グラフィックスかもしれません。

たとえば、**図4-1**はマルウェアネットワーク解析の威力の一端を示しています。本章で説明する手法を利用すれば、このような図をほんの数秒で生成できます。

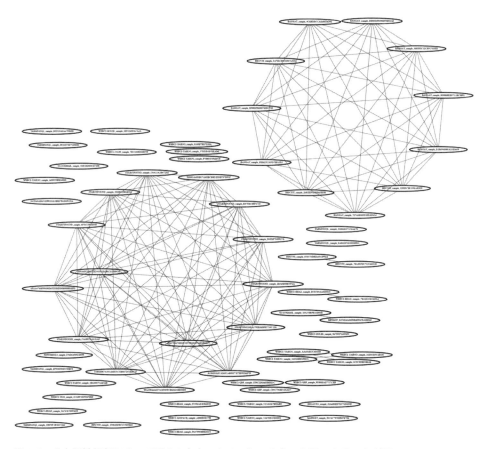

図4-1：共有属性解析によって明らかとなったソーシャルネットワークのつながり

　図4-1は、国家レベルのマルウェアサンプル（楕円形のノード）のグループと、それらのグループどうしの「ソーシャルコネクション」（ノードを結ぶ直線）を示しています。これらの「コネクション（つながり）」は、それらのサンプルが同じホスト名やIPアドレスを「コールバック」することに基づいています。このことは、これらのサンプルが同じ攻撃者によってデプロイされたものであることを示唆します。本章で説明するように、これらのつながりに基づいて、組織的な攻撃と、それぞれ異なる犯罪的動機を持つ攻撃者を区別できます。

　本章を読み終える頃には、次の知識が身についているはずです。

- ネットワーク解析理論の基礎（マルウェアからの脅威インテリジェンスの抽出に関連するため）
- 可視化に基づいてマルウェアサンプル間の関係を明らかにする方法

- Python とデータ解析 / 可視化のためのさまざまなオープンソースツールキットを使って、マルウェアネットワークからインテリジェンスを作成、可視化、抽出する方法
- これらの知識を1つにまとめることで、現実のマルウェアデータセットでの攻撃キャンペーンを明らかにし、それらを分析する方法

4.1　ノードとエッジ

　マルウェアで共有属性解析を行うには、ネットワークの基礎を理解している必要があります。**ネットワーク**（network）は、接続されたオブジェクトの集まりであり、それらのオブジェクトは**ノード**（node）と呼ばれます。そして、ノード間の接続は**エッジ**（edge）と呼ばれます。ネットワーク内のノードは抽象的かつ数学的なオブジェクトであり、ほぼどのようなものでも表すことができます。この点についてはエッジも同じです。ここで関心があるのは、ノードとエッジの相互接続の構造です。というのも、この構造からマルウェアの正体を暴く情報が明らかになることがあるからです。

　ネットワークを使ってマルウェアを解析する際には、個々のマルウェアファイルをノードの定義として扱うことができます。そして、共通のコードやネットワークアクティビティといった関心事の関係をエッジの定義として扱うことができます。似たようなマルウェアファイルはエッジを共有するため、力指向ネットワークを適用するとクラスタ（集団）を形成します（その仕組みについては後ほど説明します）。それとは別に、マルウェアサンプルと属性の両方をノードとして扱うこともできます。たとえば、コールバックIPアドレスはノードを持ち、マルウェアサンプルもノードを持ちます。マルウェアサンプルが特定のIPアドレスをコールバックするたびに、そのIPアドレスノードにサンプルが接続することになります。

　マルウェアのネットワークは、単なるノードとエッジの集まりよりも複雑なものになることがあります。具体的に言うと、これらのネットワークでは、ノードまたはエッジに**属性**（attribute）を追加することができます。たとえば、2つの接続しているサンプルが共有しているコードの割合が属性として追加されることがあります。エッジの一般的な属性の1つは**重み**（weight）です。サンプルどうしの結び付きは重みが大きいほど強くなります。ノードも独自の属性を持つことがありますが（そのノードが表すマルウェアサンプルのファイルサイズなど）、通常は単なる属性として扱われます。

4.2　2部ネットワーク

2部ネットワーク（bipartite network）とは、ノードの集合を2つのパーティション（グループ）に分割したときに、どちらのパーティション内でもノードどうしが直接つながらないネットワークのことです。この種のネットワークは、マルウェアサンプル間の共通属性を明らかにするのに役立ちます。

図4-2は、2部ネットワークの例を示しています。このネットワークでは、マルウェアサンプルを表すノードが下のパーティションに含まれており、それらのサンプルが（攻撃者と通信するために）コールバックするドメイン名が上のパーティションに含まれています。2部ネットワークの特徴として、ドメイン名どうしは直接つながっておらず、マルウェアサンプルどうしも直接つながっていません。

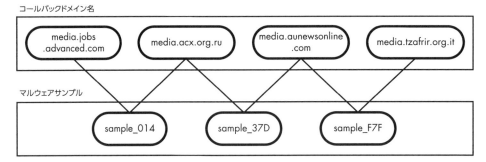

図4-2：2部ネットワーク。上の（属性）パーティション内のノードはコールバックドメイン名、下の（マルウェア）パーティション内のノードはマルウェアサンプル

このような単純な可視化でさえ、重要な情報が明らかになります。マルウェアサンプルの共通のコールバックサーバーから推測するに、sample_014はおそらくsample_37Dと同じ攻撃者によってデプロイされたものです。また、sample_37Dとsample_F7Fの攻撃者もおそらく同じです。sample_014とsample_F7Fはサンプルsample_37Dでつながっているため、どうやら同じ攻撃者によるもののようです。そして実際に、図4-2に示されているサンプルはすべて中国の「APT1」という攻撃者グループによるものです。

> **NOTE**　MandiantとMila ParkourによるAPT1サンプルのキュレーションとリサーチコミュニティへの提供に感謝します。

ネットワーク内のノードや接続の数がかなり増えてくると、マルウェアサンプルどうしの関係さえ明らかになれば十分であり、属性のつながりを1つ1つ調べなくもよいだろう、と考えるようになるかもしれません。マルウェアサンプルの類似性を調べるには、2部ネットワークの**射影**（projection）を作成します。射影は2部ネットワークを単純化したものであり、（マルウェア）パーティションのノードのうち、もう一方の（属性）パーティション内のノードが共通しているものどうしをリンクします。たとえば、**図4-1**のマルウェアサンプルの場合は、コールバックドメイン名が共通しているマルウェアサンプルどうしがリンクされたネットワークが作成されます。

図4-3のネットワークは、先ほどの中国のAPT1データセット全体を共通のコールバックサーバーに基づいて射影したものです。

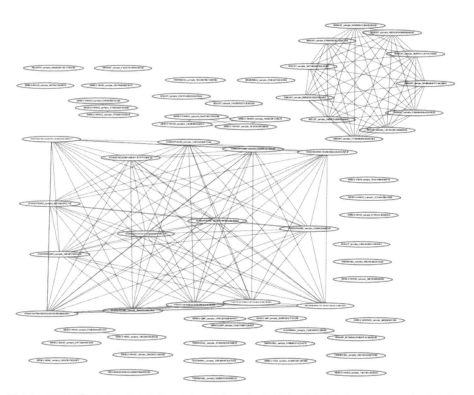

図4-3：APT1データセットからのマルウェアサンプルの射影。少なくとも1つのサーバーを共有する場合にのみマルウェアサンプルどうしが接続される。この場合は、2つの異なる攻撃キャンペーンで2つの大きなクラスタが使用されていた

この場合のノードはマルウェアサンプルであり、コールバックサーバーを1つでも共有している場合にリンクされます。コールバックサーバーを共有している場合にのみマルウェアサンプル間のつながりを示すようにすると、これらのマルウェアサンプルからなる「ソーシャルネットワーク」の全体像が見えてきます。図4-3に示されているように、2つの大きなグループが存在しています（中央左の大きな四角いクラスタと右上の丸いクラスタ）。さらに調査を進めると、このネットワークがAPT1グループの10年の歴史にわたって繰り広げられてきた2つの異なるキャンペーンに相当することが判明します。

4.3 マルウェアネットワークを可視化する

ネットワークに基づいてマルウェアの共有属性解析を行うときには、ここで示したようなネットワークを作成するにあたって、ネットワーク可視化ソフトウェアが手放せなくなるでしょう。ここでは、ネットワークを可視化する方法をアルゴリズムの観点から説明することにします。

ネットワークを可視化する上で大きな課題となるのは、**ネットワークのレイアウト**です。ネットワークのレイアウトは、2次元または3次元の座標空間内にネットワークの各ノードをレンダリングするプロセスです。どちらの空間でレンダリングするかは、それらのノードを2次元と3次元のどちらで可視化したいかによります。ネットワーク上にノードを配置する際には、ノード間の視覚的な距離が、ネットワーク上でのそれらの最短経路距離に比例するように配置するのが理想的です。つまり、2つのノードが2ホップの距離にある場合は2インチ離し、3ホップの距離にある場合は3インチ離す、といった具合になります。このようにすると、類似するノードの集団を、それらの実際の関係を正確に反映するように可視化できます。しかし、ノードの数が4つ以上になる場合は特にそうですが、このような可視化を実現するのは難しいことがよくあります。どういうことか説明しましょう。

ゆがみの問題

実際には、このネットワークレイアウトの問題を完全に解決するのはたいてい不可能です。図4-4は、この難しさを具体的に示しています。

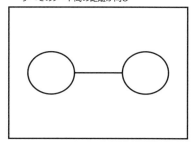
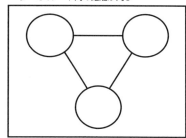
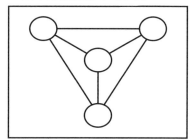
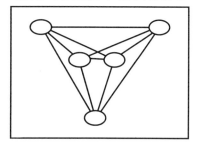

図4-4：現実のマルウェアネットワークでは、完全なネットワークレイアウトを実現するのはたいてい不可能である。(a) や (b) のような単純なケースでは、すべてのノードを等距離に配置できる。しかし、(c) ではゆがみが生じており（エッジの長さが等しくなくなっている）、(d) ではゆがみがさらにひどくなっている

　これらの単純なネットワークでは、すべてのノードが等しく重み付けされた（重み1の）エッジによってリンクされています。これらのリンクに対する理想的なレイアウトは、すべてのノードを等間隔で配置することでしょう。しかし、(c) と (d) に示されているように、ネットワークのノードの数が4つ以上になると、エッジの長さが同じではなくなるために徐々にゆがみが増していきます。残念ながら、こうしたゆがみは最小限に抑えるのが精一杯で、完全になくしてしまうことはできません。そして、そうしたゆがみを最小限に抑えることが、ネットワーク可視化アルゴリズムの主要な目標の1つとなります。

力指向アルゴリズム

　コンピュータサイエンティストは、レイアウトのゆがみを最小限に抑えるために、よく**力指向**（force-directed）のレイアウトアルゴリズムを利用します。力指向アルゴリズムは、バネのような力と磁力からなる物理シミュレーションに基づいています。ネッ

トワークエッジを物理的なバネとしてシミュレートすると、シミュレートされたバネがノードやエッジの間隔を均一にしようとして伸びたり縮んだりするため、ノードがうまく配置されることがよくあります。この概念をうまくイメージできるよう、バネの仕組みについて考えてみましょう。バネは伸びたり縮んだりすることで、平衡状態の長さに戻ろうとします。こうした特性は、ネットワークのエッジをすべて同じ長さにしたいという私たちの目的と一致します。そこで本章では、力指向アルゴリズムを重点的に見ていくことにします。

4.4 NetworkX を使ってネットワークを構築する

　マルウェアネットワークを基本的に理解したところで、NetworkX と GraphViz を使ってマルウェアの関係をネットワーク化する準備が整いました。NetworkX はネットワーク解析のためのオープンソースの Python ライブラリであり、GraphViz はオープンソースのネットワーク可視化ツールキットです。ここでは、マルウェア関連のデータをプログラムから抽出します。そして、このデータを使って、マルウェアデータセットを表すネットワークの構築、可視化、解析に取り組みます。

　NetworkX から見ていきましょう。NetworkX は、ロスアラモス国立研究所を中心とするチームによって管理されているオープンソースのプロジェクトであり、Python のネットワーク処理ライブラリのデファクトスタンダードです。NetworkX をインストールするには、次のコマンドを実行します[1]。

```
$ pip install networkx
```

　あるいは、次のコマンドを実行すると、本章で必要なライブラリをすべてインストールできます。

```
$ cd /ch4/code
$ pip install -r requirements.txt
```

　Python を知っている場合、NetworkX が驚くほど簡単であることがわかるでしょう。NetworkX をインポートし、ネットワークをインスタンス化する方法は**リスト 4-1** のようになります。

---

[1] ［訳注］本書の仮想マシンを使用する場合、必要なライブラリはすでに含まれており、これらの pip install コマンドをを実行する必要はない。また、本書のツールの使い方は付録で説明されている。

リスト 4-1：ネットワークをインスタンス化する

```
#!/usr/bin/python
import networkx

# ノードとエッジを含んでいないネットワークをインスタンス化
network = networkx.Graph()
```

NetworkX の `Graph` コンストラクタを呼び出すだけで、NetworkX に（空の）ネットワークが作成されます。

NOTE NetworkX ライブラリでは、「ネットワーク」の代わりに「グラフ」という用語を使用することがあります。コンピュータサイエンスでは、これら 2 つの用語の意味は同じであり、どちらもエッジによって接続されたノードの集まりを表します。

4.5 ノードとエッジを追加する

ネットワークをインスタンス化したところで、ノードを追加してみましょう。NetworkX ネットワークのノードは、Python オブジェクトであれば何でもよいことになっています。さまざまな種類のノードをネットワークに追加するコードを見てみましょう。

```
nodes = ["hello","world",1,2,3]
for node in nodes:
    network.add_node(node)
```

このコードは、`"hello"`、`"world"`、1、2、3 の 5 つのノードをネットワークに追加します。

次に、エッジを追加するために `add_edge` メソッドを呼び出します。

❶ `network.add_edge("hello","world")`
`network.add_edge(1,2)`
`network.add_edge(1,3)`

このコードは、5 つのノードの一部をエッジで接続しています。たとえば 1 行目のコード❶は、`"hello"` ノードと `"world"` ノードの間にエッジを作成することで、これらのノードを接続します。

属性を追加する

NetworkX では、ノードとエッジの両方に属性を簡単に追加できます。属性をノードに追加する（そして、あとからその属性にアクセスする）には、ノードをネットワークに追加するときに、属性をキーワード引数として追加します。

```
network.add_node(1,myattribute="foo")
```

属性をあとから追加する場合は、次の構文を使用することで、ネットワークの node ディクショナリにアクセスします。

```
network.node[1]["myattribute"] = "foo"
```

そして、node ディクショナリを使ってこのノードにアクセスします。

```
print network.node[1]["myattribute"]    # "foo" を出力
```

ノードの場合と同様に、エッジの追加時に属性を指定するには、キーワード引数を使用します。

```
network.add_edge("node1","node2",myattribute="attribute of an edge")
```

ネットワークにすでに追加されているエッジに属性を追加する場合は、edge ディクショナリを使用します。

```
network.edge["node1"]["node2"]["myattribute"] = "attribute of an edge"
```

edge ディクショナリのすばらしいところは、ノードの順序を逆にしても属性にアクセスできることです。このため、最初にどのノードを指定するかについて悩まずに済みます（**リスト 4-2**）。

リスト 4-2：edge ディクショナリでは、ノードの順序に関係なく属性にアクセスできる

```
❶ network.edge["node1"]["node2"]["myattribute"] = 321
❷ print network.edge["node2"]["node1"]["myattribute"]    # 321 を出力
```

1 行目のコードは、node1 と node2 を接続しているエッジに myattribute を設定します❶。2 行目のコードは、node1 と node2 の順序が逆になっているにもかかわらず、

myattribute にアクセスします❷。

ネットワークをディスクに保存する

　これらのネットワークを可視化するには、NetworkX から .dot フォーマットでディスクに保存する必要があります。.dot はネットワーク解析の世界でよく使用されているフォーマットであり、さまざまなネットワーク可視化ツールにインポートできます。ネットワークを .dot フォーマットで保存するために必要なのは、NetworkX の write_dot 関数を呼び出すことだけです（リスト 4-3）。

リスト 4-3：write_dot 関数を使ってネットワークをディスクに保存する

```
#!/usr/bin/python
import networkx
from networkx.drawing.nx_agraph import write_dot

# ネットワークをインスタンス化し、ノードを追加し、それらのノードを接続
nodes = ["hello","world",1,2,3]
network = networkx.Graph()
for node in nodes:
    network.add_node(node)
network.add_edge("hello","world")
❶ write_dot(network,"network.dot")
```

　リスト 4-3 では、最後に write_dot 関数を呼び出し、保存したいネットワーク（network）と保存先のパスまたはファイル名（"network.dot"）を指定しています❶。

4.6　GraphViz を使ってネットワークを可視化する

　NetworkX の write_dot 関数を使ってネットワークをディスクに書き込んだ後は、保存したファイルを GraphViz で可視化できます。GraphViz はネットワークの可視化に利用できる最良のコマンドラインパッケージであり、AT&T の研究者によってサポートされており、データ解析に使用される標準的なネットワーク解析ツールとなっています。GraphViz には、ネットワークのレイアウトとレンダリングに利用できるさまざまなネットワークレイアウトツールがコマンドラインインターフェイスとして含まれています。GraphViz は本書の仮想マシンにあらかじめインストールされていますが、別途ダウンロードすることも可能です[†2]。GraphViz のコマンドラインツールはそれぞれ次の構文を使って呼び出すことができます。これらのツールは、引数として指定された .dot フォー

[†2] https://graphviz.gitlab.io/download/

マットのネットワークを .png ファイルとしてレンダリングします。

```
< ツール名 > <.dot ファイル > -T < レイアウトフォーマット > -o < 出力ファイル >
```

GraphViz のツールの 1 つは、力指向ネットワークレンダラ fdp です。このツールは、GraphViz の他のツールと同じように基本的なコマンドラインインターフェイスを使用します。

```
$ fdp apt1callback.dot -T png -o apt1callback.png
```

このコマンドは、fdp ツールを使用することと、レイアウトしたいネットワークファイル（apt1callback.dot）の名前を指定しています。また、レイアウトファイルのフォーマットとして PNG を指定するために -T png を使用しています。最後に、出力ファイルの名前（-o apt1callback.png）を指定しています。

パラメータを使ってネットワークを調整する

GraphViz には、ネットワークのレイアウト方法を調整するためのさまざまなパラメータが含まれています。これらのパラメータの多くは、-G コマンドラインフラグを使って次の形式で設定されます。

```
-G< パラメータ名 >=< パラメータ値 >
```

これらのパラメータの中でも特に便利なのは、overlap と splines の 2 つです。overlap パラメータに false を指定すると、ノードが他のノードと重ならないように調整されます。splines パラメータに true を指定すると、ネットワーク上のエッジが直線ではなく曲線で描かれるようになるため、エッジをたどりやすくなります。overlap パラメータと splines パラメータの設定例をいくつか見てみましょう。

ノードが重ならないようにするには、次のように指定します。

```
< ツール名 > <.dot ファイル > -Goverlap=false -T png -o < 出力ファイル >
```

エッジを曲線（スプライン）で描いてネットワークを読みやすくするには、次のように指定します。

```
< ツール名 > <.dot ファイル > -Gsplines=true -T png -o < 出力ファイル >
```

エッジを曲線（スプライン）で描いてネットワークを読みやすくし、ノードが重ならないようにするには、次のように指定します。

```
<ツール名> <.dotファイル> -Gsplines=true -Goverlap=false -T png -o <出力ファイル>
```

`-Gsplines=true -Goverlap=false` のように、パラメータを好きな順序で指定していき、最後に `-T png -o <.png出力ファイル>` を追加すればよいことに注意してください。

GraphVizには、fdpの他にも便利なツールがあります。次項では、最も便利なツールをいくつか紹介します。

GraphVizのコマンドラインツール

ここでは、筆者が最も便利だと考えているGraphVizツールを、それぞれのツールを使用するのに適した状況と併せて示すことにします。

◆ fdp

先の例では、4.3節の「力指向アルゴリズム」で説明した力指向レイアウトを作成するためにfdpツールを使用しました。ノードの数が500に満たないマルウェアネットワークを作成している場合、fdpを使用すると、ネットワークの構造を妥当な時間内に明らかにできます。しかし、ノードの数が500を超えていて、ノードどうしが複雑に結び付いている場合、fdpのペースは急速に低下するでしょう。

図4-3に示したAPT1のコールバックサーバー共有ネットワークでfdpを試してみましょう。ch4/code/ディレクトリへ移動し、次のコマンドを実行します（このコマンドを実行するには、GraphVizがインストールされている必要があります）[†3]。

```
$ fdp callback_servers_malware_projection.dot -T png -o fdp_servers.png \
> -Goverlap=false
```

---

†3　［訳注］本書の仮想マシンを使用する場合、GraphVizはすでにインストールされている。なお、2019年9月時点の仮想マシンとダウンロードサンプルには、ch4/code/ディレクトリに該当する.dotファイルは含まれていない。fdpをAPT1サンプルで実際に試してみたい場合は、まず、.dotファイルを準備する必要がある。ch4/code/ディレクトリへ移動して、次のコマンドを実行する。

```
$ cd ch4/code
$ bash run-listing-4-8.sh
```

そうすると、ch4/code/ディレクトリにAPT1サンプルベースの射影ネットワークを表すmalware.dotなどの.dotファイルが作成される。続いて、次のようなコマンドを実行する。

```
$ fdp malware.dot -T png -o malware.png -Goverlap=false
```

そうすると、図 4-5 のようなネットワークを表示する fdp_servers.png ファイルが作成されます。

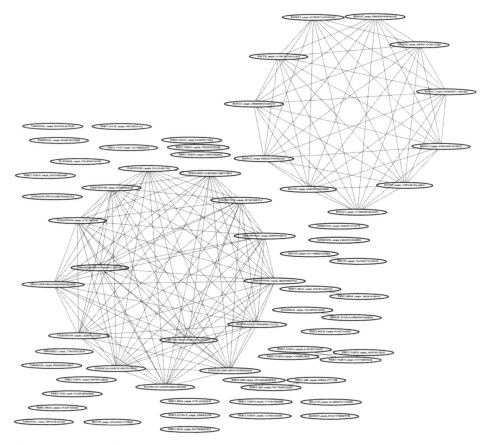

図 4-5：fdp によって作成された APT1 サンプルのコールバックサーバー共有ネットワークのレイアウト

　fdp のレイアウトにより、いくつかの点が明らかになっています。まず、2 つの大きなクラスタが図の右上と左下にあり、高い相関性があることがはっきりとわかります。次に、何らかの関係を持つサンプルペアが右下にあることがわかります。さらに、明確な関係を持たず、他のどのノードにも接続していないサンプルが大量に示されています。この可視化がノード間の「コールバックサーバー共有」関係に基づいていることを思い出してください。どこにも接続していないサンプルは、他の種類の関係によって他のサンプルとつながっている可能性があります。5 章では、そのうちの 1 つであるコードを共有する関係を取り上げます。

◆ sfdp

sfdp は fdp とほぼ同じ方法でレイアウトを処理しますが、スケーラビリティがよいという特徴があります。というのも、sfdp は**粗視化**(coarsening)という方法で単純化された階層を作成するからです。粗視化では、各ノードが近接性に基づいて「スーパーノード」にマージされます。粗視化が完了した後、sfdp はマージされたネットワーク(グラフ)をレイアウトします。このネットワークでは、ノードとエッジの数がはるかに少ないため、レイアウトプロセスがかなり高速になります。sfdp はこのようにして、より少ない計算量でネットワーク内の最適な位置を見つけ出すことができます。一般的なラップトップで数万単位のノードをレイアウトできるため、非常に大規模なマルウェアネットワークのレイアウトに最適なアルゴリズムとなっています。

ただし、このスケーラビリティには代価が伴います。sfdp によって生成されるレイアウトは、fdp によって生成された同じ規模のネットワークのレイアウトほど明確ではないことがあるのです。例として、sfdp で作成されたネットワーク(図 4-6)を、fdp で作成されたネットワーク(図 4-5)と比較してみましょう。

図 4-6 では、各クラスタのノイズがわずかに増えており、状況を把握しにくくなっています。

このネットワークを作成するには、ch4/code/ ディレクトリへ移動し、次のコマンドを実行します

```
$ sfdp callback_servers_malware_projection.dot -T png -o sfdp_servers.png \
> -Goverlap=false
```

出力ファイルの名前が sfdp_servers.png であること以外は、fdp コマンドと同じです。

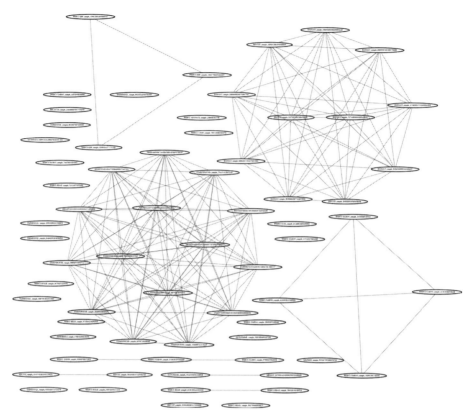

図4-6：sfdpによって作成されたAPT1サンプルのコールバックサーバー共有ネットワークのレイアウト

◆ **neato**

neatoは、GraphVizによる別の力指向ネットワークレイアウトアルゴリズムの実装です。このアルゴリズムでは、ノードを理想的な位置にレイアウトするために（接続していないものを含め）すべてのノードの間で擬似バネが作成されますが、それと引き換えに計算量が増えます。neatoがどのような状況で理想的なレイアウトを作成するのかはよくわからないため、fdpも一緒に試して、どちらのレイアウトがよいか見比べてみるとよいでしょう。APT1サンプルのコールバックサーバー共有ネットワークに適用した場合、neatoは図4-7のようなレイアウトを生成します。

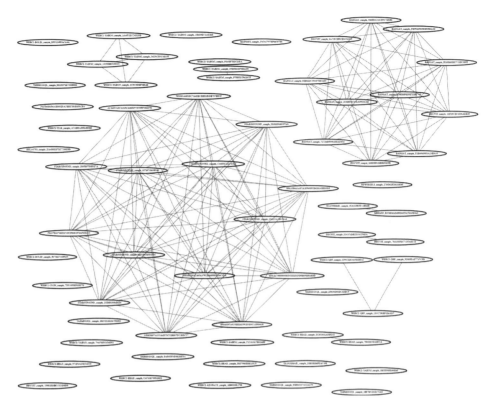

図 4-7：neato によって作成された APT1 サンプルのコールバックサーバー共有ネットワークのレイアウト

この場合、neato が生成するネットワークレイアウトは、fdp や sfdp が生成するものと似ています。ただし、neato が生成するレイアウトのほうがよいかどうかは、データセットによります。実際のデータセットで試してみて、結果を確認してみるしかありません。neato を実際に試してみるには、ch4/code/ ディレクトリへ移動し、次のコマンドを実行します。そうすると、図 4-7 の neato_servers.png ファイルが作成されるはずです。

```
$ neato callback_servers_malware_projection.dot -T png -o neato_servers.png \
> -Goverlap=false
```

出力ファイルの名前が neato_servers.png であること以外は、sfdp コマンドと同じです。

ネットワークを可視化する方法を確認したところで、次は、可視化を改良する方法について見ていきましょう。

ノードとエッジに可視化属性を追加する

　ネットワークの全体的なレイアウトを決定することに加えて、個々のノードやエッジのレンダリング方法を指定できると便利なことがあります。たとえば、2つのノード間の結び付きがどれくらい強いかに基づいてエッジの太さを調整したり、マルウェアサンプルノードに対するハックの種類に基づいてノードの色を変更したりすると、マルウェアのクラスタをより効果的に可視化できるかもしれません。NetworkXとGraphVizでは、一連の属性に値を割り当てるだけで、ノードやエッジの可視化属性を指定できます。ここで説明する属性はそのほんの一部ですが、これは非常に専門的なテーマであり、それだけで1冊の本に値します。

◆ エッジ幅

　GraphVizが描画するノードの境界線やエッジの線の太さを設定するには、ノードとエッジのpenwidth属性にさまざまな値を指定します（**リスト4-4**）。

リスト4-4：penwidth属性の設定

```python
#!/usr/bin/python
import networkx
from networkx.drawing.nx_agraph import writedot

❶ g = networkx.Graph()
  g.add_node(1)
  g.add_node(2)
❷ g.add_edge(1,2,penwidth=10)     # エッジを極太にする
  write_dot(g,'network.dot')
```

　リスト4-4のコードは、2つのノードをエッジで結ぶ単純なネットワークを作成し❶、エッジのpenwidth属性の値を10（デフォルト値は1）に設定します❷。

　このコードを実行すると、図4-8のような画像が表示されるはずです。

図4-8：エッジのpenwidth属性が10に設定された単純なネットワーク

図 4-8 に示すように、penwidth 属性の値を 10 に設定すると、かなり太いエッジになります。エッジの幅（または、ノードの penwidth 属性を指定している場合はノードの境界線の太さ）は、penwidth 属性の値に比例して太くなったり細くなったりするため、適宜に選択してください。たとえば、エッジの強さを表す値が 1 〜 1000 まであるものの、すべてのエッジが見えるようにしたい、という場合は、エッジの強さを表す値の対数スケーリングに基づいて penwidth 属性の値を設定するとよいでしょう。

◆ ノードとエッジの色

ノードの境界線やエッジの色を設定するには、color 属性を使用します（**リスト 4-5**）。

リスト 4-5：color 属性の設定

```
#!/usr/bin/python
import networkx
from networkx.drawing.nx_agraph import write_dot

g = networkx.Graph()
❶ g.add_node(1,color="blue")    # ノードの輪郭を青にする
❷ g.add_node(2,color="pink")    # ノードの輪郭をピンクにする
❸ g.add_edge(1,2,color="red")   # エッジを赤にする
write_dot(g,'network.dot')
```

リスト 4-5 のコードは、**リスト 4-4** と同じように、2 つのノードをエッジで結ぶ単純なネットワークを作成します。このコードでは、ノードを作成するたびに color 属性の値を設定します（❶、❷）。また、エッジを作成するときにも color 属性の値を設定します❸。

リスト 4-5 のコードを実行した結果は**図 4-9** のようになります。期待したとおり、1 つ目のノードと 2 つ目のノードがそれぞれの色で表示されています。color 属性に指定できる色については、GraphViz のドキュメント[†4]を参照してください。

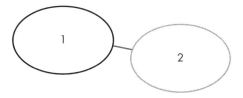

図 4-9：ノードとエッジの色の設定方法を示す単純なネットワーク

[†4] http://www.graphviz.org/doc/info/colors.html

ノードやエッジの種類は色を使って表すことができます。

◆ **ノードの形状**

ノードの形状を設定するには、GraphViz の定義[5] に従い、形状を表す文字列を shape 属性に指定します。よく使用されるのは、box、ellipse、circle、egg、diamond、triangle、pentagon、hexagon などの値です。ノードの shape 属性を設定するコードを見てみましょう（**リスト 4-6**）。

リスト 4-6：shape 属性の設定

```
#!/usr/bin/python
import networkx
from networkx.drawing.nx_agraph import write_dot

g = networkx.Graph()
g.add_node(1,shape='diamond')
g.add_node(2,shape='egg')
g.add_edge(1,2)
write_dot(g,'network.dot')
```
（❶ g.add_node(1,shape='diamond')、❷ g.add_node(2,shape='egg')）

ノードの色を設定したときと同様に、add_node メソッドでキーワード引数 shape を使って各ノードの形状を指定するだけです。ここでは、1 つ目のノードをひし形にし❶、2 つ目のノードを卵形にしています❷。**リスト 4-6** のコードを実行した結果は**図 4-10** のようになります。

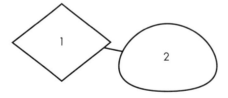

図 4-10：ノードの形状が設定可能であることを示す単純なネットワーク

リスト 4-6 で指定した形状を反映して、ひし形のノードと卵形のノードが表示されています。

---

[5] http://www.graphviz.org/doc/info/shapes.html

◆ テキストラベル

GraphVizでは、label属性を使ってノードとエッジにラベルを追加することもできます。ネットワーク内のノードには、割り当てられたIDに基づくラベルが自動的に追加されますが（たとえば、123として追加されたノードのラベルは123になります）、label=<ラベル>構文を使ってラベルを指定することも可能です。エッジの場合は、（ノードとは違って）デフォルトではラベルは追加されませんが、やはりlabel属性を使ってラベルを割り当てることができます。**リスト4-7**は、もうすっかり見慣れた2つのノードからなるネットワークの作成方法を示していますが、ノードとそれらを結ぶエッジにlabel属性が追加されています。

リスト4-7：label属性の設定

```
#!/usr/bin/python
import networkx
from networkx.drawing.nx_agraph import write_dot

g = networkx.Graph()
❶ g.add_node(1,label="first node")
❷ g.add_node(2,label="second node")
❸ g.add_edge(1,2,label="link between first and second node")
write_dot(g,'network.dot')
```

このコードは、1つ目のノードに"first node"❶、2つ目のノードに"second node"❷というラベルを追加します。また、それらのノードを結ぶエッジにも"link between first and second node"というラベルを追加します❸。**リスト4-7**のコードを実行した結果は**図4-11**のようになります。

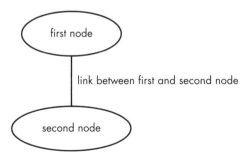

図4-11：ノードとエッジにラベルを追加できることを示す単純なネットワーク

ノードとエッジの基本的な属性の操作方法がわかったところで、次はいよいよネットワークを一から構築します。

4.7 マルウェアネットワークを構築する

マルウェアネットワークの構築については、図 4-1 のコールバックサーバー共有ネットワークの例を再現し、拡張することから始めます。続いて、マルウェアの共有画像解析を調べることにします。

ここで使用するプログラムは、マルウェアファイルからコールバックドメイン名を取り出した後、マルウェアサンプルの 2 部ネットワークを構築します。次に、ネットワークの射影を作成することで、共通のコールバックサーバーを使用するマルウェアサンプルを明らかにします。さらに、共通のマルウェアサンプルによって呼び出されるコールバックを明らかにするために、別の射影も作成します。最後に、これら 3 つのネットワーク（最初の 2 部ネットワーク、マルウェアサンプルの射影、コールバックサーバーの射影）をファイルとして保存し、GraphViz で可視化できるようにします。

このプログラムを少しずつ見ていきましょう。完全なコードは ch04/code/listing-4-8.py ファイルに含まれています。

まず、必要なモジュールをインポートします（**リスト 4-8**）。

リスト 4-8：モジュールのインポート

```
#!/usr/bin/python
❶ import pefile
import sys
import argparse
import os
import pprint
❷ import networkx
import re
from networkx.drawing.nx_agraph import write_dot
import collections
from networkx.algorithms import bipartite
```

インポートしたモジュールのうち、最も注目すべきは pefile モジュール❶と networkx モジュール❷です。pefile はターゲット PE バイナリの解析に使用する PE 解析モジュールであり、networkx はマルウェア属性ネットワークの作成に使用するライブラリです。

次に、コマンドライン引数を解析するコードを追加します（**リスト 4-9**）。

リスト 4-9：コマンドライン引数の解析

```
args = argparse.ArgumentParser("Visualize shared hostnames between
a directory of malware samples")
❶ args.add_argument("target_path",help="directory with malware samples")
❷ args.add_argument("output_file",help="file to write DOT file to")
❸ args.add_argument("malware_projection",help="file to write DOT file to")
❹ args.add_argument("hostname_projection",help="file to write DOT file to")
args = args.parse_args()
```

これらの引数には、`target_path`（解析対象のマルウェアが格納されているディレクトリへのパス）❶、`output_file`（完全なネットワークを書き出すパス）❷、`malware_projection`（属性を共有するマルウェアサンプルを示す単純化されたネットワークを書き出すパス）❸、`hostname_projection`（マルウェアサンプルが共有している属性を示す単純化されたネットワークを書き出すパス）❹が含まれています。

次は、いよいよプログラムの中心部に足を踏み入れます。ネットワークを作成するコードは**リスト 4-10** のようになります。

リスト 4-10：ネットワークの作成

```
❶ network = networkx.Graph()

  valid_hostname_suffixes = map(lambda string: string.strip(),
                                open("domain_suffixes.txt"))
  valid_hostname_suffixes = set(valid_hostname_suffixes)

❷ def find_hostnames(string):
      possible_hostnames = re.findall(
          r'(?:[a-zA-Z0-9](?:[a-zA-Z0-9\-]{,61}[a-zA-Z0-9])?\.)+[a-zA-Z]{2,6}',
          string)
      valid_hostnames = filter(
          lambda hostname: hostname.split(".")[-1].lower() \
          in valid_hostname_suffixes,possible_hostnames)
      return valid_hostnames

  # 有効な Windows PE 実行可能ファイルのターゲットディレクトリを検索
❸ for root,dirs,files in os.walk(args.target_path):
      for path in files:
          # pefile を使ってファイルを開き、PE ファイルかどうかを実際に確認
          try:
              pe = pefile.PE(os.path.join(root,path))
          except pefile.PEFormatError:
              continue
          fullpath = os.path.join(root,path)
          # ターゲットサンプルから印字可能文字列を抽出
❹         strings = os.popen("strings '{0}'".format(fullpath)).read()

          # re モジュールの関数を使ってホスト名を検索
❺         hostnames = find_hostnames(strings)
```

```
        if len(hostnames):
            # 2部ネットワークのノードとエッジを追加
            network.add_node(
                path,label=path[:32],color='black',penwidth=5,bipartite=0)
❻       for hostname in hostnames:
            network.add_node(
                hostname,label=hostname,color='blue',penwidth=10,bipartite=1)
            network.add_edge(hostname,path,penwidth=2)
        if hostnames:
            print "Extracted hostnames from:",path
            pprint.pprint(hostnames)
```

まず、networkx.Graph()コンストラクタを呼び出して、新しいネットワークを作成します❶。続いて、文字列からホスト名を取り出すfind_hostnames関数を定義します❷。この関数の仕組みについては、あまり気にしないでください。基本的には、ドメインを特定するための正規表現と文字列フィルタリングコードで構成されています。

次に、ターゲットディレクトリ内のすべてのファイルをループで処理し、それらがPEファイルかどうかを調べます。具体的には、pefile.PEクラスを使ってそれらのファイルを読み込めるかどうかを確認し、読み込めないファイルは解析の対象から除外します❸。さらに、現在のファイルから印字可能文字列をすべて抽出し❹、それらの文字列にホスト名リソースが埋め込まれているかどうかを調べることで❺、ホスト名属性を取り出します。ホスト名属性が見つかった場合は、それらをノードとしてネットワークに追加した後、現在のマルウェアサンプルのノードからホスト名リソースノードへのエッジを追加します❻。

このプログラムの完成まであとひと息です（**リスト4-11**）。

リスト4-11：ネットワークをファイルに書き出す

```
# dotファイルをディスクに書き出す
❶ write_dot(network,args.output_file)
❷ malware = set(n for n,d in network.nodes(data=True) if d['bipartite']==0)
❸ hostname = set(network) - malware

# NetworkXの2部ネットワーク射影関数を使ってマルウェア射影とホスト名射影を生成
❹ malware_network = bipartite.projected_graph(network,malware)
  hostname_network = bipartite.projected_graph(network,hostname)

# 射影されたネットワークをユーザーが指定したディスクに書き出す
❺ write_dot(malware_network,args.malware_projection)
  write_dot(hostname_network,args.hostname_projection)
```

まず、コマンドライン引数で指定されたディレクトリにネットワークを書き出します

❶。次に、マルウェアの関係とホスト名リソースの関係を表す2つの単純化されたネットワーク（射影）を作成します。そこで、マルウェアノードのIDを含んだPythonのセット（malware）❷と、リソースノードのIDを含んだセット（hostname）❸を作成します。続いて、NetworkXのprojected_graph関数を使ってmalwareとhostnameの射影を作成し❹、これらのネットワークを指定されたディレクトリに書き出します❺。

　プログラムはこれで完成です。このプログラムは、本書に登場するどのマルウェアデータセットでも使用できます。それにより、それらのファイルに埋め込まれている共通のホスト名リソース間の関係を調べることができます。このプログラムを手持ちのデータセットで実行すれば、この解析モードで探り出せる脅威インテリジェンスを確認することもできます。

4.8　共有画像関係ネットワークを構築する

　共通のコールバックサーバーに基づくマルウェアの解析に加えて、共通のアイコンやその他のグラフィカルアセットの使用に基づく解析も可能です。たとえば、図4-12は、トロイの木馬に対する共有画像解析の結果を示しています。

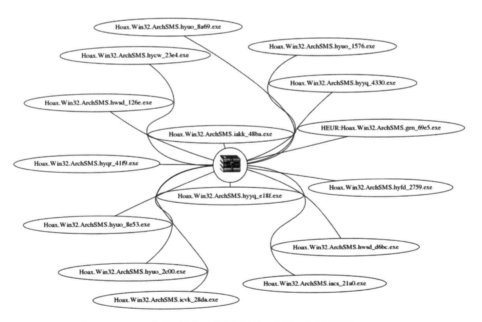

図4-12：さまざまなトロイの木馬に対する共有画像ネットワークの可視化

これらのトロイの木馬はどれもアーカイブファイルになりすましており、実際には実行可能ファイルであるにもかかわらず、同じアーカイブファイルアイコン（図 4-12 の中央）を使用していることがわかります。ユーザーの目をごまかすための工夫の 1 つとしてまったく同じ画像を使用していることから、おそらく同じ攻撃者によるものであることがわかります。念のために、このマルウェアサンプルを Kaspersky のアンチウイルスエンジンで実行してみたところ、それらすべてのファイルに同じファミリ名（ArchSMS）が付いていることが判明しました。

ここでは、マルウェアサンプル間の共有画像関係を調べるために、図 4-12 に示したような可視化を実現する方法について説明します。マルウェアからの画像の抽出には、`images` というヘルパーライブラリを使用します。このライブラリは、1 章で説明した `wrestool` を使用します。`wrestool` が Windows 実行可能ファイルから画像を抽出することを思い出してください。

共有画像ネットワークの作成手順を見ていきましょう、コードの最初の部分は**リスト 4-12** のようになります。

リスト 4-12：最初の引数の解析とファイルの読み込み

```python
#!/usr/bin/python
import pefile
import sys
import argparse
import os
import pprint
import logging
import networkx
import collections
import tempfile
from networkx.drawing.nx_agraph import write_dot
from networkx.algorithms import bipartite

# argparseを使って任意のコマンドライン引数を解析
args = argparse.ArgumentParser(
"Visualize shared image relationships between a directory of malware samples"
)
args.add_argument("target_path",help="directory with malware samples")
args.add_argument("output_file",help="file to write DOT file to")
args.add_argument("malware_projection",help="file to write DOT file to")
args.add_argument("resource_projection",help="file to write DOT file to")
args = args.parse_args()
network = networkx.Graph()

❶ class ExtractImages():
    def __init__(self,target_binary):
        self.target_binary = target_binary
        self.image_basedir = None
```

```
                self.images = []

        def work(self):
            self.image_basedir = tempfile.mkdtemp()
            icondir = os.path.join(self.image_basedir,"icons")
            bitmapdir = os.path.join(self.image_basedir,"bitmaps")
            raw_resources = os.path.join(self.image_basedir,"raw")
            for directory in [icondir,bitmapdir,raw_resources]:
                os.mkdir(directory)
            rawcmd = "wrestool -x {0} -o {1} 2> /dev/null".format(
                self.target_binary,raw_resources)
            bmpcmd = "mv {0}/*.bmp {1} 2> /dev/null".format(
                raw_resources,bitmapdir)
            icocmd = "icotool -x {0}/*.ico -o {1} 2> /dev/null".format(
                raw_resources,icondir)
            for cmd in [rawcmd,bmpcmd,icocmd]:
                try:
                    os.system(cmd)
                except Exception,msg:
                    pass
            for dirname in [icondir,bitmapdir]:
                for path in os.listdir(dirname):
                    logging.info(path)
                    path = os.path.join(dirname,path)
                    imagehash = hash(open(path).read())
                    if path.endswith(".png"):
                        self.images.append((path,imagehash))
                    if path.endswith(".bmp"):
                        self.images.append((path,imagehash))

        def cleanup(self):
            os.system("rm -rf {0}".format(self.image_basedir))

# 画像を取り出す PE ファイルをターゲットディレクトリで検索
image_objects = []
❷ for root,dirs,files in os.walk(args.target_path):
    for path in files:
        # パスを解析して有効な PE ファイルかどうかを確認
        try:
            pe = pefile.PE(os.path.join(root,path))
        except pefile.PEFormatError:
            continue
```

このプログラムの最初の部分は、**リスト 4-8** のコールバックサーバー共有ネットワークプログラムとよく似ています。まず、pefile と networkx を含むさまざまなモジュールをインポートします。ただし、このプログラムでは、ExtractImages ヘルパークラスも定義しています❶。このクラスは、ターゲットマルウェアサンプルからグラフィカルアセットを取り出すために使用されます。次に、すべてのターゲットマルウェアバイナリを順番に処理するためのループを開始します❷。

このループの中では、ExtractImagesクラスを使ってターゲットマルウェアバイナリからグラフィカルアセットを取り出します（このクラス自体は、1章で説明したicoutilsプログラムのラッパーです）。その部分のコードを見てみましょう（**リスト4-13**）。

リスト 4-13：ターゲットマルウェアからグラフィカルアセットを取り出す

```
  fullpath = os.path.join(root,path)
❶ images = ExtractImages(fullpath)
❷ images.work()
  image_objects.append(images)

  # マルウェアサンプルを画像に結び付けることでネットワークを作成
❸ for path, image_hash in images.images:
      # imageノードの画像属性を設定し、
      # これらのノードに含まれている画像をGraphVizに表示させる
      if not image_hash in network:
❹         network.add_node(image_hash,image=path,label='',type='image')
      node_name = path.split("/")[-1]
      network.add_node(node_name,type="malware")
❺     network.add_edge(node_name,image_hash)
```

まず、ターゲットマルウェアバイナリへのパスをExtractImagesクラスに渡します❶。そして、結果として得られたインスタンスのworkメソッドを呼び出します❷。これにより、ExtractImagesクラスによって一時ディレクトリが作成されます。このディレクトリには、マルウェア画像が格納されます。さらに、各画像に関するデータを保持するディクショナリにimagesクラス属性が格納されます。

次に、ExtractImagesによって抽出された画像のリストをループで処理します❸。そして、画像のハッシュがまだ検出されていないものである場合は、新しい画像ノードを作成し❹、現在処理されているマルウェアサンプルをネットワーク上の画像にリンクします❺。

マルウェアサンプルとその中に含まれている画像をリンクするネットワークが作成されたら、このネットワークをディスクに書き出します（**リスト 4-14**）。

リスト 4-14：ネットワークをディスクに書き出す

```
# 2部ネットワークを書き出し、2つの射影を作成し、それらも書き出す
❶ write_dot(network, args.output_file)
  malware = set(n for n,d in network.nodes(data=True) if d['type']=='malware')
  resource = set(network) - malware
  malware_network = bipartite.projected_graph(network,malware)
  resource_network = bipartite.projected_graph(network,resource)

❷ write_dot(malware_network,args.malware_projection)
  write_dot(resource_network,args.resource_projection)
```

　この部分の仕組みは**リスト 4-11** とまったく同じです。まず、完全なネットワークをディスクに書き出し❶、次に、2つの射影を書き出します❷。これらはマルウェアの射影と、ここで「リソース」と呼んでいる画像の射影です。

　このプログラムを利用すれば、本書のすべてのマルウェアデータセットでグラフィカルアセットを解析できます。また、手持ちのマルウェアデータセットから脅威インテリジェンスを抽出することも可能です。

4.9　まとめ

　本章では、手持ちのマルウェアデータセットで共有属性解析を行うために必要なコードと手法について説明しました。具体的には、ネットワーク、2部ネットワーク、そして2部ネットワークの射影がマルウェアサンプル間のソーシャルコネクションの特定にどのように役立つのかを確認しました。また、ネットワークレイアウトがなぜネットワークの可視化の中心となるのか、そして力指向ネットワークの仕組みがどのようなものであるかについても確認しました。さらに、Python と NetworkX などのオープンソースツールを使ってマルウェアネットワークを作成し、それらを可視化する方法もわかりました。次章では、サンプル間の共有コード関係に基づいてマルウェアネットワークを構築する方法について説明します。

5

共有コード解析

　ネットワーク上で新しいマルウェアサンプルを発見したとしましょう。解析はどのように始めればよいでしょうか。VirusTotalなどのマルチエンジンのアンチウイルススキャナにアップロードすれば、どのマルウェアファミリに属するものであるかは判明するでしょう。しかし、アンチウイルスエンジンは「エージェント」のような何の意味もない総称でマルウェアを分類することが多いため、そうした結果は不明確であいまいなものになりがちです。また、CuckooBoxなどのマルウェアサンドボックスを使ってサンプルを実行すれば、限定的ながら、マルウェアサンプルのコールバックサーバーや振る舞いに関するレポートを取得できるかもしれません。

　これらの方法では十分な情報が得られない場合、サンプルのリバースエンジニアリングが必要になるでしょう。このステージでは、共有コード解析によってワークフローを劇的に改善できます。共有コード解析では、以前に解析されたサンプルの中に新しいマルウェアサンプルに似ているものがあるかどうかが特定され、共通しているコードが明らかになります。このように、過去の解析を新しいマルウェアに再利用できるため、作業を一から始める必要がなくなります。以前に確認したマルウェアの出所がわかってい

れば、そのマルウェアをデプロイしたと見られる人物を突き止めるのにも役立つかもしれません。

共有コード解析（shared code analysis）は、共通しているプリコンパイルソースコードの割合を見積もることで 2 つのマルウェアサンプルを比較するプロセスであり、**類似度解析**（similarity analysis）とも呼ばれます。共有コード解析は共有属性解析とは異なります。共有属性解析では、外部属性（使用しているデスクトップアイコン、コールバックするサーバーなど）に基づいてマルウェアサンプルを比較します。

リバースエンジニアリングでは、共有コード解析は「まとめて」解析できるサンプルの特定に役立ちます（まとめて解析できるのは、同じマルウェアツールキットから生成されたか、同じマルウェアファミリの異なるバージョンだからです）。これにより、それらのマルウェアサンプルのグループが同じ開発者によって管理されている可能性があるかどうかを判断できます。

リスト 5-1 に示すプログラムの出力を見てください。このプログラムは、マルウェアの共有コード解析の価値を具体的に示すために本章で後ほど構築するものです。この出力には、新しいサンプルと同じコードを含んでいる可能性がある過去のサンプルと、それらの古いサンプルに関するコメントが示されています。

リスト 5-1：基本的な共有コード解析の結果

```
Showing samples similar to WEBC2-GREENCAT_sample_E54CE5F0112C9FDFE86DB17E85...
Sample name                                                Shared code
[*] WEBC2-GREENCAT_sample_55FB1409170C91740359D1D96364F17B  0.9921875
[*] GREENCAT_sample_55FB1409170C91740359D1D96364F17B        0.9921875
[*] WEBC2-GREENCAT_sample_E83F60FB0E0396EA309FAF0AED64E53F  0.984375
    [comment] This sample was determined to definitely have come from the
advanced persistent threat group observed last July on our West Coast network
[*] GREENCAT_sample_E83F60FB0E0396EA309FAF0AED64E53F        0.984375
```

新しいサンプルがある場合は、共通するコードを見積もることで、コードを共有している可能性があるサンプルと、そうしたサンプルについてわかっている情報をほんの数秒で確認できます。この例では、非常によく似たサンプルがおなじみの APT（Advanced Persistent Threat）によるものであることが明らかとなり、この新たなマルウェアのコンテキスト（背景情報）がすぐに得られます。

また、前章で説明したネットワークの可視化を用いて、サンプルの共有コード関係を可視化することもできます。たとえば**図 5-1** は、APT データセット内のサンプル間の共有コード関係のネットワークを示しています。

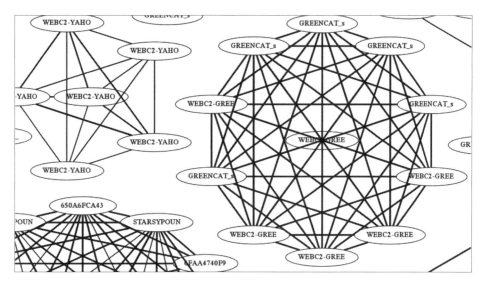

図 5-1：本章で作成する可視化の一例。APT1 サンプル間の共有コード関係を示している

　この可視化を見てわかるように、手動解析では発見するのに数日あるいは数週間もかかるようなマルウェアファミリの存在が、自動化された共有コード解析手法ではすぐに明らかになります。本章では、これらの手法を用いて次の作業を行う方法について説明します。

- **マルウェアファミリの特定**
  同じマルウェアツールキットで作成された、あるいは同じ攻撃者によって作成された新しいマルウェアファミリを特定する。
- **類似度の特定**
  新しいサンプルと既知のサンプルのコードの類似度を特定する。
- **マルウェアの関係の可視化**
  マルウェアサンプル間のコード共有パターンへの理解を深め、結果を他の人と共有できるようにするために、マルウェアの関係を可視化する。
- **概念実証ツールによる共有コード関係の確認**
  これらの概念を実装する概念実証ツールを構築し、マルウェアの共有コード関係を確認できるようにする。

　まず、本章で使用するテスト用のマルウェアサンプルを紹介します。テストに使用するのは、前章で使用した APT1 サンプルと、クライムウェアサンプルの取り合わせです。続いて、数学的な類似度の比較と、**ジャカール係数**（Jaccard index）の概念を取り上げ

ます。ジャカール係数は、共通の特徴量に基づいてマルウェアサンプルを比較するための集合論的手法です。次に、特徴量の概念を取り上げ、特徴量とジャカール係数を使って2つのマルウェアサンプルが共有しているコードの量を概算する方法を示します。また、マルウェアの特徴量をそれらの有益性の観点から評価する方法も示します。最後に、前章で得たネットワークの可視化の知識を活用することで、図5-1に示したように、マルウェアのコード共有をさまざまなスケールで可視化します。

本章で使用するマルウェアサンプル

本章のテストには、大量のコードを共有している現実のマルウェアファミリを使用します。これらのデータセットを利用できるのは、MandiantとMila Parkourのおかげです。MandiantとMila Parkourはそれらのサンプルのキュレーションを行い、リサーチコミュニティに提供しています。ですが現実には、マルウェアサンプルがどのファミリに属しているのか、あるいは新しいマルウェアサンプルが既知のサンプルとどれくらい類似しているのかがわからないことがあります。しかし、そのことが実際にわかっているサンプルを使用するのはよいプラクティスです。そのようにすると、サンプルの類似度に関する自動的な推定が、実際に同じグループに属しているサンプルに関する知識と一致することを検証できるからです。

まず、共有リソース解析を具体的に示すために、前章で使用したAPT1データセットに含まれているサンプルを使用します。他のサンプルは、数千ものクライムウェアサンプルで構成されています。これらのサンプルは、クレジットカードを盗んだり、コンピュータをゾンビホストに変えてボットネットに接続させたりするために、攻撃者によって開発されたものです。これらは現実のサンプルであり、脅威インテリジェンスの研究者向けの有料サービスとして提供されているマルウェアフィードから取得されたものです。

これらのサンプルのファミリ名を特定するために、各サンプルをKasperskyアンチウイルスエンジンに入力したところ、これらのサンプルのうち30,104個がロバスト階層分類（**jorik. skor**ファミリを示す**trojan.win32.jorik.skor.akr**など）によって分類され、41,830個のサンプルが「未知」に分類されました。そして、残りの28,481個のサンプルに「win32 Trojan」などの汎用的なラベルが割り当てられました。

Kasperskyのラベルには一貫性がありません（jorikファミリなどのラベルグループがかなりまとまりのないマルウェアを表すのに対し、webprefixなどはかなり限定的なマルウェアを表します）。また、Kasperskyがマルウェアを見逃したり、分類を誤ったりすることもよくあります。そこで、Kasperskyが高い信頼度で検出する7種類のマルウェアを選択しました。具体的には、dapato、pasta、skor、vbna、webprefix、xtoober、zangoの7つのファミリが含まれています。

5.1 特徴抽出で比較するためのサンプルを準備する

2つの悪意を持つバイナリがあり、攻撃者によってコンパイルされる前の状態では、共通するコードを含んでいたとしましょう。その量を推定するとしたら、そもそもどこから手を付けたらよいのでしょうか。この問題に取り組む方法はいろいろ考えられますが、このトピックに関するコンピュータサイエンスの数百もの研究論文には、ある共通のテーマがあります —— バイナリ間の共有コードの量を推定するために、マルウェアサンプルをBoF（Bags of Features）にまとめてから比較するのです。

特徴量（feature）とは、サンプル間のコードの類似度を推定するときに考慮の対象になり得るマルウェアの属性のことです。たとえば、バイナリから抽出できる印字可能文字列を特徴量として使用することが考えられます。これらのサンプルを関数や動的なライブラリのインポートなどからなる相互接続されたシステムとして考えるのではなく、数学的に都合がよいように、それぞれが一意な特徴量からなるBoF（マルウェアから抽出された文字列の集合など）として考えます。

BoF モデルの仕組み

BoF の仕組みを理解するために、2つのマルウェアサンプルのベン図を見てみましょう（図 5-2）。

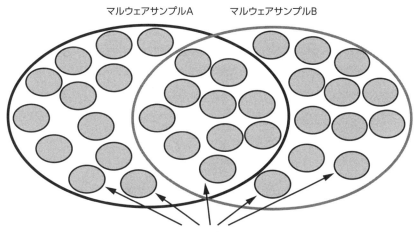

図 5-2：マルウェアの共有コード解析のための BoF モデル

図 5-2 では、サンプル A とサンプル B が BoF として示されています（ベン図では、特徴量は楕円で表されます）。これら 2 つのサンプルを比較するには、それらのサンプルに共通している特徴量を調べます。2 つの BoF のオーバーラップを計算する処理は高速であり、任意の特徴量に基づいてマルウェアサンプルの類似度を比較するのに役立ちます。

たとえば、パッキングされたマルウェアを扱うときには、マルウェアを動的に実行したときのログに基づいて特徴量を使用したいことがあります。というのも、マルウェアをサンドボックスで実行すると、マルウェアのパッキングが解除されるからです。また、静的なマルウェアバイナリから抽出した文字列を使って比較を行うこともあります。

マルウェアの動的解析では、サンプルに共通する振る舞いだけでなく、それらの振る舞いの順序でもサンプルを比較したいことがあります。振る舞いの順序は、振る舞いの**シーケンス**と呼ばれます。シーケンス情報をマルウェアサンプルの比較に組み込むための一般的な方法は、シーケンスデータに適合させるために BoF モデルを N グラムで拡張することです。

N グラムとは

N グラム (N-gram) とは、何らかのイベントシーケンスのうち、特定の長さ N を持つサブシーケンスのことです。大きなシーケンスからサブシーケンスを取り出すには、このシーケンシャルデータの上でウィンドウ（要素の幅）をスライドさせます。言い換えると、N グラムを取得するには、シーケンスをループで処理し、イテレーションごとにインデックス i のイベントからインデックス $i + N - 1$ のイベントまでのサブシーケンスを記録します（図 5-3）。

図 5-3 では、整数のシーケンス (1,2,3,4,5,6,7) が、長さが 3 の 5 つのサブシーケンス (1,2,3)、(2,3,4)、(3,4,5)、(4,5,6)、(5,6,7) に変換されます。

もちろん、N グラムの抽出はどのようなシーケンスデータでも可能です。たとえば、長さが 2 の単語の N グラムを使用する場合、"how now brown cow" というシーケンスは "how now"、"now brown"、"brown cow" の 3 つのサブシーケンスになります。マルウェア解析では、マルウェアサンプルによって実行されたシーケンシャル API 呼び出しからなる N グラムを抽出します。そして、そのサンプルを BoF として表し、N グラムの特徴量を使ってそのサンプルを他のサンプルの N グラムと比較します。そのようにして、シーケンス情報を BoF 比較モデルに組み込みます。

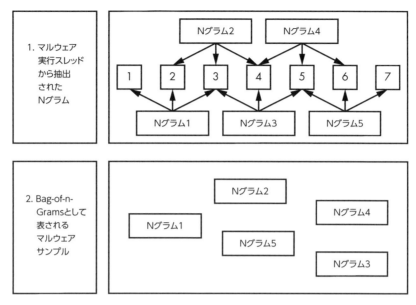

図 5-3：マルウェアのアセンブリ命令と動的 API 呼び出しシーケンスから N グラムを抽出する方法（N = 3）

　シーケンス情報をマルウェアサンプルの比較に使用することには長所と短所があります。長所は、比較において順序が重要となる場合に、順序を捕捉できるようになることです。たとえば、API 呼び出し A が API 呼び出し B の前に観測され、API 呼び出し B が API 呼び出し C の前に観測されることが重要になることがあります。一方で、順序が重要ではない（たとえば、マルウェアが実行されるたびに A、B、C の呼び出し順序が無作為に選択される）場合は、共有コードをうまく推定できないことがあります。順序の情報を共有コードの推定に含めるかどうかの判断は、どのような種類のマルウェアを扱っているかによります。このため、実際に試してみる必要があります。

5.2　ジャカール係数を使って類似度を数量化する

　マルウェアサンプルを BoF として表したら、そのサンプルの BoF と他のサンプルの BoF との類似度を測定する必要があります。2 つのマルウェアサンプル間のコード共有の度合いを推定するには、次のような特性を持つ**類似度関数**（similarity function）を使用します。

- 2 つのマルウェアサンプル間で共通の尺度を用いて類似度を比較できるようにするために、正規化された値を生成する。類似度関数では、0（コードはまったく共有され

ていない）から1（コードが100%共有されている）までの値を返すのが慣例となっている。

- 2つのサンプル間のコード共有を正確に推定するのに役立つ（実験を通じて経験的に判断できる）。
- この関数がコードの類似度をうまくモデル化する理由を簡単に理解できる（理解や説明に苦労するような複雑な数学的ブラックボックスであってはならない）。

ジャカール係数（Jaccard index）は、これらの特性を持つ単純な関数です。実際には、セキュリティ研究コミュニティでは、コードの類似度の推定に他の数学的手法（コサイン距離、L1距離、ユークリッド[L2]距離など）が試されていますが、最も広く採用されているのはジャカール係数であり、それにはもっともな理由があります。ジャカール係数は、2つのマルウェアのBoFがどれくらいオーバーラップしているのかを単純かつ直観的に表現します。2つのBoFに共通する特徴量の割合は、どちらか一方のBoFに存在する一意な特徴量の割合によって正規化されます。

図5-4は、ジャカール係数の値の例を示しています。

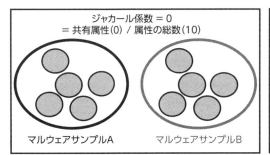
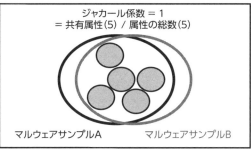
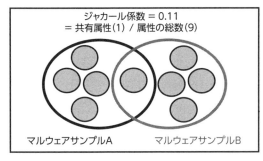
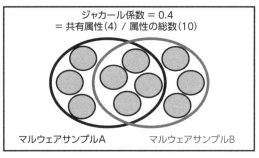

図5-4：ジャカール係数の概念

図5-4は、マルウェアサンプルの4つのペアから抽出されたマルウェア特徴量の4つのペアを示しています。それぞれの図は、2つのBoF間で共有されている特徴量、2つ

の BoF 間で共有されていない特徴量、そして特定のマルウェアサンプルのペアと関連する特徴量に対するジャカール係数を示しています。サンプル間のジャカール係数は、サンプル間で共有されている特徴量の数をベン図に描かれた特徴量の総数で割ったものであることがわかります。

5.3 類似度行列を使ってマルウェア共有コード推定法を評価する

2つのマルウェアサンプルが同じファミリのものかどうかを判断するために、命令シーケンスに基づく類似度、文字列に基づく類似度、インポートアドレステーブル (IAT) に基づく類似度、動的 API 呼び出しに基づく類似度の 4 つの方法について説明することにします。これら 4 つの手法を比較するために、ここでは**類似度行列** (similarity matrix) という可視化手法を使用します。サンプル間の共有コード関係を明らかにする能力に関して、それぞれの手法の長所と短所を相対的に比較することがここでの目標となります。

最初に、類似度行列の概念を確認しておきましょう。**図 5-5** は、類似度行列を使って架空の 4 つのマルウェアサンプルを比較したものです。

	サンプル1	サンプル2	サンプル3	サンプル4
サンプル1	1と1の類似度	1と2の類似度	1と3の類似度	1と4の類似度
サンプル2	2と1の類似度	2と2の類似度	2と3の類似度	2と4の類似度
サンプル3	3と1の類似度	3と2の類似度	3と3の類似度	3と4の類似度
サンプル4	4と1の類似度	4と2の類似度	4と3の類似度	4と4の類似度

図 5-5：概念的な類似度行列

この類似度行列では、すべてのサンプル間の類似度の関係を確認できます。そして、この行列に無駄な空間があることがわかります。たとえば、網掛けのボックスで表されているエントリは、単にサンプルをそれ自体と比較したものなので、類似度とは無関係です。また、網掛けボックスの両側で同じ情報が繰り返されているため、どちらか1つを調べればよいこともわかります。

図 5-6 は、マルウェアの類似度行列の実例です。この図には大量のマルウェアサンプルが含まれているため、類似度の値がそれぞれ影付きのピクセルで表されていることに注意してください。また、各サンプルの名前を表示する代わりに、水平軸と垂直軸に沿って各サンプルのファミリ名を表示しています。理想的な類似度行列では、白い正方形が左上から右下に向かう対角線上に並ぶはずです。というのも、各ファミリを表す行と列がグループにまとめられ、特定のファミリのサンプルはすべて互いに類似しているものの、他のファミリのサンプルとは類似していないことが想定されるからです。

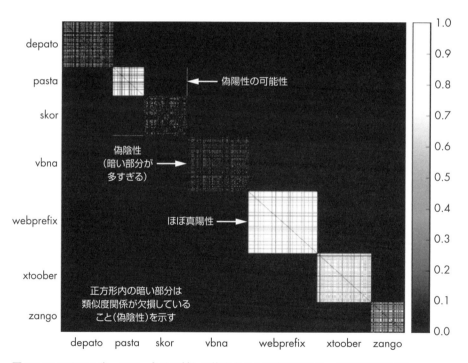

図 5-6：7つのマルウェアファミリに対して算出された現実のマルウェアの類似度行列

図 5-6 の結果では、完全に白い正方形（ファミリ）があることがわかります。これらはよい結果であり、正方形内の白いピクセルは同じファミリのサンプル間で推測される類

似度関係を表しています。もっと暗い正方形もあり、強い類似度関係が検出されなかったことを意味します。さらに、正方形の外側にピクセルの線ができているものがあります。それらのピクセルは関連するマルウェアファミリまたは偽陽性の兆候を表しており、本質的に異なるファミリ間で共通のコードが検出されたことを意味します。

次に、図5-6のような類似度行列を可視化して、4種類の共有コード推定法の結果を比較します。命令シーケンスに基づく類似度解析から見ていきましょう。

命令シーケンスに基づく類似度

2つのマルウェアバイナリを共有コードの量という観点から比較するとしたら、最も直観的な方法は、それらのバイナリのx86アセンブリ命令シーケンスを比較することです。というのも、命令シーケンスを共有しているサンプルは、コンパイルする前の実際のソースコードが同じである可能性が高いからです。そこで、2章で説明した**線形逆アセンブリ**などを使ってマルウェアサンプルを逆アセンブルする必要があります。続いて、前述のNグラム抽出法を用いて、マルウェアファイルの.textセクションに含まれている順に命令シーケンスを取り出すことができます。最後に、命令を特徴量とするNグラムを用いてサンプル間のジャカール係数を計算することで、それらのサンプルが共有していると思われるコードの量を見積もることができます。

Nグラムの抽出時に使用するNの値は、解析の目標によって決まります。Nの値が大きいほど、抽出される命令シーケンスが大きくなるため、マルウェアサンプルのシーケンスが一致しにくくなります。Nを大きな値にすると、互いにコードを共有している可能性が高いサンプルだけを特定するのに役立ちます。これに対し、サンプル間の微妙な類似性を調べる場合、あるいはサンプルが命令の順序を入れ替えることで類似度解析の目を逃れようとしている疑いがある場合は、Nを小さな値にするとよいでしょう。

図5-7では、Nが5に設定されています。サンプルが一致しにくくなる強気の設定です。

図5-7の結果はそれほど目覚ましいものではありません。命令に基づく類似度解析では、一部のファミリの類似度が正しく特定されるものの、他のファミリの類似度は特定されません（たとえば、dapato、skor、vbnaでは、類似度関係がほとんど検出されていません）。ただし、この解析では偽陽性（異なるファミリに属しているサンプル間の類似度の誤った推定と、同じファミリに属しているサンプル間での類似度の正しい推定）がほとんどないことに注目してください。

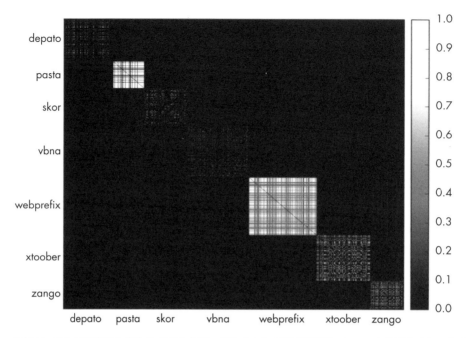

図 5-7：命令を特徴量とする N グラムを使って生成された類似度行列。N = 5 を使用すると、多くのファミリの類似度関係が欠測となるが、webprefix と pasta ではよい結果が得られている

このように、命令シーケンスに基づく共有コード解析の欠点は、サンプル間の多くの共有コード関係を見逃す可能性があることです。なぜなら、マルウェアサンプルがパッキングされていると、それらのマルウェアサンプルを実行し、サンプルにパッキングを解除させなければ、ほとんどの命令が見えないからです。マルウェアサンプルのパッキングを解除しない限り、命令シーケンスに基づく共有コード推定法はあまりうまくいかないでしょう。

マルウェアサンプルのパッキングを解除したとしても、ソースコードのコンパイルによってノイズが混入するため、この手法には問題があるかもしれません。実際には、同じソースコードであっても、コンパイラによってまったく異なるアセンブリ命令シーケンスにコンパイルされることがあります。例として、C で書かれた次の簡単な関数を見てみましょう。

```
int f(void) {
    int a = 1;
    int b = 2;
❶   u return (a*b)+3;
}
```

コンパイラが何であろうと、この関数は同じアセンブリ命令シーケンスに変換される、と考えたかもしれません。ですが実際には、コンパイルは使用するコンパイラだけでなく、コンパイラの設定にも大きく左右されます。たとえば、clang コンパイラを使って、デフォルトの設定でコンパイルすると、❶の行に対応するアセンブリ命令は次のようになります。

```
movl    $1, -4(%rbp)
movl    $2, -8(%rbp)
movl    -4(%rbp), %eax
imull   -8(%rbp), %eax
addl    $3, %eax
```

これに対し、-O3 フラグ（高速化のための最適化）を設定した上でコンパイルした場合は、次のアセンブリ命令が生成されます。

```
movl    $5, %eax
```

結果がこのように異なるのは、1つ目のコンパイルの例では関数の結果が明示的に計算されるのに対し、2つ目のコンパイルの例ではコンパイラが関数の結果を事前に計算するからです。つまり、このような関数を命令シーケンスに基づいて比較した場合は、実際にはまったく同じソースコードからコンパイルされているにもかかわらず、ちっとも同じものには見えなくなります。

まったく同じ C や C++ のコードが、そのアセンブリ命令を調べてみるとまったく違って見えるという問題の他にも、バイナリをアセンブリコードとして比較したときに生じる問題があります。多くのマルウェアバイナリは、現在は C# のような高級言語で作成されています。これらのバイナリには、こうした高級言語のバイトコードを解釈するだけの定型のアセンブリコードが含まれています。このため、同じ高級言語で書かれたバイナリの x86 命令が非常によく似ていたとしても、実際のバイトコードには、それらのソースコードがまったく異なるものであることが反映されているかもしれません。

文字列に基づく類似度

文字列に基づくマルウェアの類似度を比較するには、まず、サンプルから連続する印字可能文字からなる文字列をすべて抽出します。そして、マルウェアサンプルのペアごとに、それらの共有文字列関係に基づいてジャカール係数を計算します。

このアプローチでは、コンパイラ問題が回避されます。バイナリから抽出される文字

列はプログラムによって定義された**フォーマット文字列**である可能性が高く、原則としてコンパイラによって変換されないからです。このことは、マルウェアの作成者がどのコンパイラを使用していたとしても、あるいはコンパイラにどのようなパラメータを指定していたとしても変わりません。たとえば、マルウェアバイナリから抽出される典型的な文字列の1つに、"Started key logger at %s on %s and time %s" のようなものがあります。この文字列は、コンパイラの設定に関係なく、複数のバイナリ間でまったく同じになる傾向にあります。このため、同じソースコードベースに基づいているかどうかに関連しています。

図5-8 は、文字列に基づくコード共有メトリクス（類似度）がクライムウェアデータセットの正しい共有コード関数をどれくらいうまく特定するのかを示しています。

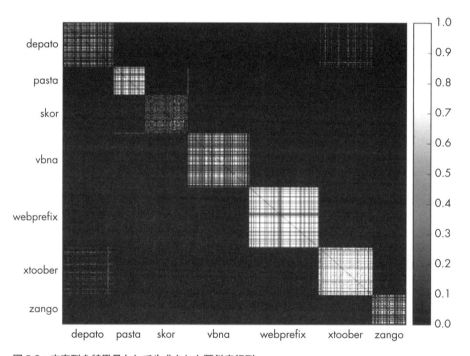

図5-8：文字列を特徴量として生成された類似度行列

一見したところ、この手法は命令に基づく手法よりもマルウェアファミリをはるかにうまく特定しており、7つのファミリのすべてで類似度関係の多くが正しく再現されています。ただし、命令に基づく類似度とは異なり、偽陽性がいくつか存在します。xtoober と dapato がコードをある程度共有していると誤って予測しているからです。また、ango、skor、dapato の 3 つのファミリでは特にそうですが、サンプル間の類

似度がうまく検出されないファミリがあることもわかります。

インポートアドレステーブルに基づく類似度

マルウェアバイナリによってインポートされるDLLを比較すると、「インポートアドレステーブル (IAT) に基づく類似度」と呼ばれるものを計算できます。考え方としては、マルウェアの作成者が命令を並べ替え、マルウェアバイナリの初期化されたデータセクションを難読化し、アンチデバッガやアンチVM/アンチ解析の手法を実装していたとしても、インポート宣言はそのままかもしれません。図5-9は、IAT手法の結果を示しています。

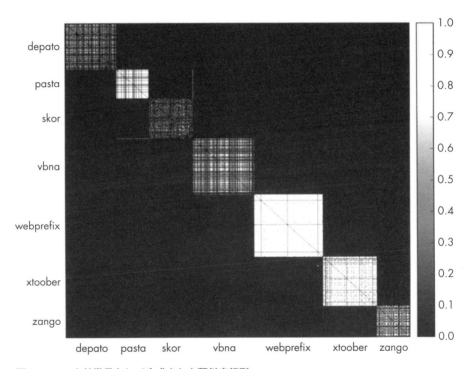

図5-9：IATを特徴量として生成された類似度行列

図5-9から、IAT手法が他のどの手法よりもwebprefixとxtooberのサンプル間の類似度関係をうまく推定していることがわかります。skor、dapato、vbnaではサンプル間の類似度関係の多くが見逃されているものの、全体的には非常によい結果が得られています。また、クライムウェアデータセットにおいて偽陽性がほとんど見られないことも注目に値します。

動的な API 呼び出しに基づく類似度

本章で紹介する最後の比較法は、動的なマルウェアの類似度です。動的なシーケンスを比較する利点は、マルウェアサンプルが極度に難読化またはパッキングされていたとしても、同じコードに基づいているか、互いのコードを呼び出している限り、サンドボックス化された仮想マシン内で同じようなアクションシーケンスを実行する傾向にあることです。この手法を実装するには、まず、マルウェアサンプルをサンドボックスで実行する必要があります。続いて、それらの API 呼び出しを記録し、動的ログから API 呼び出しの N グラムを抽出します。そして最後に、これらの N グラムの間でジャカール係数を計算することでサンプルを比較します。

図 5-10 は、N グラムによる動的な類似度手法が、ほとんどの場合、インポートに基づく手法や文字列に基づく手法と同じくらい効果的であることを示しています。

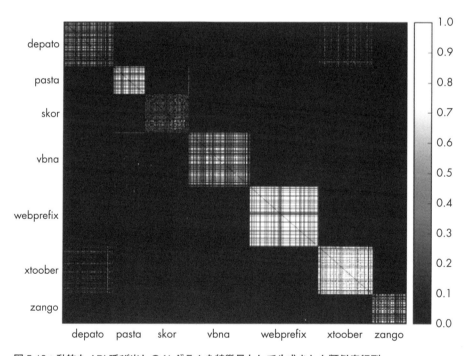

図 5-10：動的な API 呼び出しの N グラムを特徴量として生成された類似度行列

この不完全な結果から、この手法が「万能薬」ではないことがわかります。マルウェアをサンドボックスで実行するだけでは、その振る舞いの多くを再現するのに十分ではありません。たとえば、コマンドラインベースのマルウェアツールによっては、重要なコードモジュールを有効にできる場合とできない場合があります。このため、コードのほと

んどを共有していたとしても、一連の振る舞いが異なることがあります。

　もう1つの問題は、サンプルによっては、サンドボックスで実行されていることを検知し、すぐに実行を停止するものがあることです。その場合、比較を行うための情報はほとんど残されません。要するに、ここで紹介した他の類似度手法と同様に、動的なAPI呼び出しに基づく類似度も完璧ではありませんが、サンプル間の類似度に関してすばらしい洞察が得られることがあります。

5.4　類似度グラフを作成する

　マルウェアのコード共有を特定する手法の背後にある概念を理解したところで、類似度解析をマルウェアデータセットで行うための単純なシステムを構築してみましょう。

　まず、使用したい特徴量を抽出することにより、サンプルが共有するコードの量を推定する必要があります。IAT に基づく関数、文字列、命令のNグラム、動的な振る舞いのNグラムなど、前節で説明した特徴量であればどのようなものでもかまいません。ここでは特徴量として印字可能文字列を使用します。印字可能文字列は効率的で、抽出したり理解したりするのも簡単です。

　文字列特徴量を抽出したら、マルウェアサンプルの各ペアをループで処理し、ジャカール係数を使ってそれらの特徴量を比較する必要があります。続いて、類似度（共有コード）グラフ[†1]を構築する必要があります。まず、2つのサンプルが共有しているコードの量を定義するしきい値を決める必要があります。筆者が調査に使用している標準的な値は0.8です。マルウェアサンプルのペアのジャカール係数がこの値を上回る場合は、それらの間にリンクを作成するという方法で可視化します。最後に、完成したグラフを調べて、共有コード関係で結ばれているサンプルを確認します。

　リスト5-2 からリスト5-6 は、このサンプルプログラムを示しています。コードが長いので、少しずつ区切って説明することにします。リスト5-2 では、このプログラムで使用するライブラリをインポートし、jaccard関数を宣言しています。この関数は、2つのサンプルの特徴セット（BoF）からジャカール係数を計算します。

リスト5-2：Python モジュールのインポートと、ジャカール係数を計算するヘルパー関数

```
#!/usr/bin/python
import argparse
import os
import networkx
```

[†1]　[訳注] 本章でも「グラフ」と「ネットワーク」は同じ意味で使用されている。

```
from networkx.drawing.nx_pydot import write_dot
import itertools
import pprint

def jaccard(set1, set2):
    """
    2つのデータセットの積集合と和集合を求め、
    積集合の要素の数を和集合の要素の数で割ることで、
    2つのデータセット間のジャカール係数を求める。
    """
    intersection = set1.intersection(set2)
    intersection_length = float(len(intersection))
    union = set1.union(set2)
    union_length = float(len(union))
    return intersection_length / union_length
```

リスト5-3では、ユーティリティ関数をさらに2つ宣言します。getstrings関数は、解析するマルウェアファイル内で印字可能文字列を検索します。pecheck関数は、ターゲットファイルが実際にWindows PEファイルであることを確認します。これらの関数は、後ほどターゲットマルウェアバイナリで特徴抽出を行うときに使用します。

リスト5-3：特徴抽出で使用する関数を宣言する

```
def getstrings(fullpath):
    """
    fullpathパラメータによって指定されたバイナリから文字列を抽出し、
    そのバイナリに含まれている一意な文字列の集合を返す。
    """
    strings = os.popen("strings '{0}'".format(fullpath)).read()
    strings = set(strings.split("\n"))
    return strings

def pecheck(fullpath):
    """
    簡単なサニティチェックを行うことで、fullpathパラメータの値が
    Windows PE実行ファイル（'MZ'の2バイトで始まるPE実行ファイル）
    であることを確認する。
    """
    return open(fullpath).read(2) == "MZ"
```

リスト5-4では、ユーザーのコマンドライン引数を解析します。これらの引数には、ターゲットディレクトリ、出力ファイル（.dot）、ジャカール係数のしきい値が含まれています。ターゲットディレクトリは、解析するマルウェアが含まれているディレクトリです。出力ファイルには、ここで構築する共有コードグラフが書き出されます。ジャカール係数のしきい値は、2つのサンプルがコードベースを共有しているかどうかをプログラムが判断するときの目安となります。

リスト 5-4：ユーザーのコマンドライン引数を解析する

```python
If __name__ == "__main__":
    parser = argparse.ArgumentParser(
        description="Identify similarities between malware samples and build similarity graph"
    )

    parser.add_argument(
        "target_directory",
        help="Directory containing malware"
    )

    parser.add_argument(
        "output_dot_file",
        help="Where to save the output graph DOT file"
    )

    parser.add_argument(
        "--jaccard_index_threshold", "-j",
        dest="threshold", type=float, default=0.8,
        help="Threshold above which to create an 'edge' between samples"
    )

    args = parser.parse_args()
```

リスト 5-5 では、先ほど宣言したヘルパー関数を使って、このプログラムのメインの作業を行います —— ターゲットディレクトリで PE バイナリを検索し、それらのバイナリから特徴量を抽出し、共有コードグラフを初期化します。このグラフは、バイナリ間の類似度関係を表現するために使用されます。

リスト 5-5：PE ファイルから特徴量を抽出し、共有コードグラフを初期化する

```python
    malware_paths = []              # マルウェアファイルのパスを格納
    malware_attributes = dict()     # マルウェアの文字列を格納
    graph = networkx.Graph()        # 類似度（共有コード）グラフ

    for root, dirs, paths in os.walk(args.target_directory):
        # ターゲットディレクトリツリーを調べてすべてのファイルパスを格納
        for path in paths:
            full_path = os.path.join(root, path)
            malware_paths.append(full_path)

    # PE ファイルではないパスを除外
    malware_paths = filter(pecheck, malware_paths)

    # すべてのマルウェアの PE ファイルで文字列を取得して格納
    for path in malware_paths:
        attributes = getstrings(path)
        print "Extracted {0} attributes from {1} ...".format(len(attributes),
                                                              path)
```

```
        malware_attributes[path] = attributes

        # マルウェアファイルをグラフに追加
        graph.add_node(path, label=os.path.split(path)[-1][:10])
```

ターゲットサンプルから特徴量を抽出した後は、**リスト 5-6** に示すように、マルウェアサンプルの各ペアをループで処理し、ジャカール係数を使ってそれらの特徴量を比較する必要があります。また、共有コードグラフを構築し、ユーザーが定義したしきい値よりもジャカール係数が大きい場合はそれらのサンプルをリンクします。筆者の調査では、最もうまくいくしきい値は 0.8 であることがわかっています。

リスト 5-6：Python で共有コードグラフを作成する

```
    # すべてのマルウェアのペアをループで処理する
    for malware1, malware2 in itertools.combinations(malware_paths, 2):

        # 現在のペアのジャカール係数を計算
        jaccard_index = jaccard(malware_attributes[malware1],
                                malware_attributes[malware2])

        # ジャカール係数がしきい値を上回る場合はエッジを追加
        if jaccard_index > args.threshold:
            print malware1, malware2, jaccard_index
            graph.add_edge(malware1, malware2,
                           penwidth=1+(jaccard_index-args.threshold)*10)

    # グラフをディスクに書き出し、可視化できるようにする
    write_dot(graph, args.output_dot_file)
```

リスト 5-2 から**リスト 5-6** のコードを APT1 マルウェアサンプルに適用すると、**図 5-11** の図が生成されます。この図を可視化するには、GraphViz の fdp ツールを使って次のコマンドを入力する必要があります[†2]。

```
fdp network.dot -Tpng -o network.png
```

[†2] [訳注] 次のコマンドを使って本章で必要なライブラリをすべてインストールしておく必要がある。ただし、本書の仮想マシンを使用する場合、必要なライブラリはすでに含まれており、これらのコマンドを実行する必要はない。また、本書のツールの使い方は付録で説明されている。

```
$ cd /ch5/code
$ pip install -r requirements.txt
```

また、**リスト 5-2** から**リスト 5-6** のコードの実行とグラフの可視化は次の方法でも実行できる。

```
$ cd /ch5/code
$ bash run_listing_5_1_example.sh
```

5.4　類似度グラフを作成する　　093

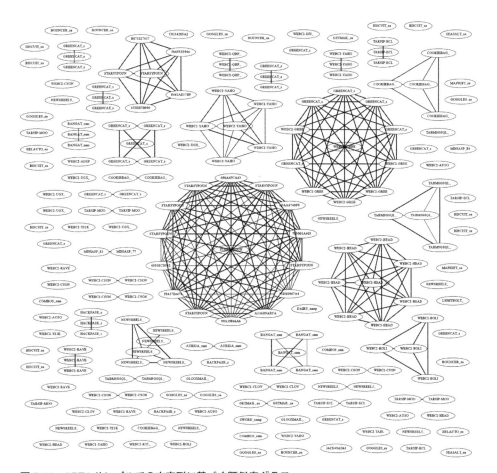

図 5-11：APT1 サンプルでの文字列に基づく類似度グラフ

　すごいことに、APT1 を最初に手がけたアナリストが苦労して生成したレポートの内容の多くがものの数分で再現され、国家レベルの攻撃者が使用するマルウェアファミリの多くが特定されています。
　このプログラムの性能は、それらのアナリストが手動で行ったリバースエンジニアリングよりも高いことがわかっています。というのも、各ノードの名前は Mandiant のアナリストが付けた名前だからです。このことは、**図 5-11** の類似度グラフの中央にある円形の「STARSYPOUN」サンプルをはじめ、同じような名前のサンプルがグループ化されていることからもわかります。この類似度グラフのマルウェアは、これらのファミリ名と対応するように自動的にグループ化されるため、このプログラムの見解は Mandiant のアナリストと一致しているようです。**リスト 5-2 〜 5-6** のコードを拡張して各自のマルウェアに適用すれば、同じようなインテリジェンスが得られるでしょう。

5.5 類似度の比較のスケーリング

リスト 5-2 ～ 5-6 のコードは、小さなマルウェアデータセットではうまくいきますが、大量のマルウェアサンプルではあまりうまくいきません。なぜなら、マルウェアサンプルの各ペアの比較は、サンプルの数の 2 乗に比例して増えるからです。具体的に言うと、サイズ n のデータセットで類似度行列を計算するために必要なジャカール係数の数を求める式は次のようになります。

$$\frac{n^2 - n}{2}$$

図 5-5 の類似度行列に戻って、4 つのサンプルを計算するのに必要なジャカール係数の数を調べてみましょう。最初は、ジャカール係数の数はこの類似度行列のセルの数（$4^2 = 16$）と同じであると考えるかもしれません。しかし、この類似度行列の下の三角形は上の三角形と重複しているため、これらを 2 回計算する必要はありません。つまり、計算の総数から 6 を引くことができます。さらに、マルウェアサンプルをそのサンプル自体と比較する必要はないため、この類似度行列から対角線も取り除き、さらに 4 つの計算を引くことができます。

必要な計算の数は次のようになります。

$$\frac{4^2 - 4}{2} = \frac{16 - 4}{2} = 6$$

たとえば、データセットのマルウェアサンプルの数が 10,000 個になるまでは、これで対処できるように思えます。サンプルの数が 10,000 個の場合は、49,995,000 回の計算が必要になります。サンプルの数が 50,000 個の場合は、ジャカール係数の計算が 1,249,975,000 回も必要になります。

マルウェアの類似度の比較をスケールアップするには、ランダム化された比較近似アルゴリズムを使用する必要があります。基本的な考え方としては、計算時間の短縮と引き換えに、比較の計算に多少の誤差があってもよいことにします。ここでの目的には、**MinHash** という近似比較法がぴったりです。MinHash 法では、近似値を使ってジャカール係数を計算することで、類似性のない（あらかじめ定義された類似度のしきい値に満たない）マルウェアサンプル間では、類似度の計算を省略します。これにより、数百万ものサンプル間で共有コード関係を解析できるようになります。

MinHash の仕組みについて説明する前に、この複雑なアルゴリズムを理解するには多少時間がかかることを指摘しておきます。この後の「MinHash の詳細」を読み飛ばすことにした場合は、「MinHash の概要」を読み、掲載されているコードを使用するだけでも、共有コード解析のスケーリングを問題なく行えるはずです。

MinHash の概要

MinHash は、マルウェアサンプルの特徴量を k 個のハッシュ関数でハッシュ化します。ハッシュ関数ごとに、すべての特徴量にわたって計算されたハッシュ値の最小値だけを残すことで、マルウェアの特徴セット（BoF）を k 個の整数からなる固定サイズの配列に削減します。この配列を「minhash」と呼びます。minhash 配列に基づいて 2 つのサンプル間のジャカール係数を概算するには、k 個の minhash のうち一致するものの数を調べ、その数を k で割ればよいだけです。

不思議なことに、これらの計算から導出される数は、任意の 2 つのサンプル間の実際のジャカール係数にかなり近いものになります。ジャカール係数を忠実に計算する代わりに minhash を使用すると、計算時間が大幅に短縮されます。

実際には、ハッシュ値は少なくとも 1 つは一致するため、minhash を使ってデータベース内のマルウェアをうまくインデックス付けすると、類似している可能性が高いマルウェアサンプルを比較するだけで済むようになります。このようにすると、マルウェアデータセットでの類似度の計算を劇的に高速化できます。

MinHash の詳細

MinHash のベースとなっている数学について詳しく説明しましょう。図 5-12 は、2 つのマルウェアサンプルの特徴セット（BoF、網掛けの円）と、それらがハッシュ化され、ハッシュ値に基づいて格納される方法、そして各リストの最初の要素の値に基づいてそれらのマルウェアが最終的に比較される方法を示しています。

最初の要素が一致する確率はサンプル間のジャカール係数に等しくなります。その仕組みについて説明することは本書の適用外ですが、この思わぬ発見をもとに、ハッシュ値を使ってジャカール係数を概算できます。

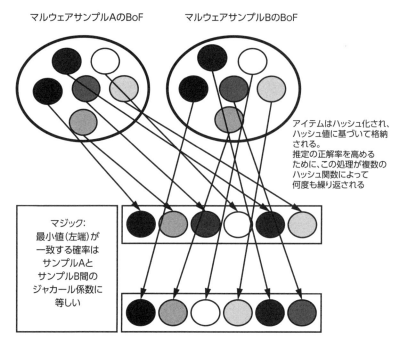

図 5-12：MinHash の背景にある概念

　もちろん、この「ハッシュ化、ソート、最初の要素のチェック」を 1 回しか行わないとしたら、それほど多くの情報は得られません。ハッシュ値は一致するかしないかのどちらかであり、そのたった 1 つの一致に基づいてジャカール係数を正確に近似することは不可能です。ジャカール係数をより正確に推定するには、k 個のハッシュ関数を使用しなければならず、この処理を k 回繰り返さなければなりません。そして、最初の要素が一致した回数を k で割ることで、ジャカール係数を推定します。ジャカール係数の推定に期待される「誤差」は次のようになります。

$$\frac{1.0}{\sqrt{k}}$$

　したがって、この手続きを実行する回数が多ければ多いほど、確実性が高くなります（筆者は k を 256 に設定し、推定の平均誤差が 6% になるようにしています）。

　たとえば、100 万個のマルウェアサンプルを含んだマルウェアデータセットのサンプルごとに minhash 配列を計算するとしましょう。このデータセットのマルウェアファミリの検索を高速化するには、minhash をどのように使用すればよいでしょうか。このデータセットに含まれているマルウェアサンプルの各ペアをループで処理すること

で、それらの minhash 配列を計算しようと思えばできないことはありません。その場合は、比較を 499,999,500,000 回行うことになります。ジャカール係数を計算するよりも minhash 配列を比較するほうが高速であることは確かですが、それでも現代のハードウェアで行うにしては比較の数が多すぎます。minhash をうまく使って比較をさらに最適化する方法が必要です。

　この問題に対する標準的なアプローチは、スケッチの作成とデータベースのインデックスの作成を組み合わせ、類似している可能性が高いことがすでにわかっているサンプルだけを比較することです。スケッチを作成するには、複数の minhash をまとめてハッシュ化します。

　新しいサンプルを取得したら、新しいサンプルのスケッチと一致するスケッチがデータベースに含まれているかどうかチェックします。そのようなスケッチが存在する場合は、新しいサンプルを（スケッチが）一致しているサンプルと比較し、それらの minhash 配列を使って新しいサンプルと古いサンプル間のジャカール係数を概算します。このようにすると、新しいサンプルをデータベース内のすべてのサンプルと比較する必要がなくなり、ジャカール係数の値が大きい可能性が高いサンプルだけが新しいサンプルと比較されるようになります。

5.6　永続的なマルウェア類似度検索システムを構築する

　さて、マルウェアのさまざまな特徴量を使ってマルウェアサンプル間の共有コード関係を推定する方法には長所と短所があることがわかりました。また、ジャカール係数と類似度行列がどのようなものであるか、そして非常に大きなデータセットに含まれているマルウェアサンプル間の類似度の計算でさえ minhash によって簡単になる、ということもわかりました。スケーラブルなマルウェア共有コード検索システムの構築に必要な基礎知識はすべて揃っています。

　リスト 5-7 から**リスト 5-12** のコードは、文字列の特徴量に基づいてマルウェアサンプルをインデックス付けする単純なシステムの例を示しています。ここまでくれば、自信を持ってこのプログラムを拡張できるはずです。たとえば、マルウェアの他の特徴量を使用するためにプログラムを変更したり、他の可視化機能をサポートするように拡張したりできます。このプログラムのコードは長いため、少しずつ説明することにします。

　リスト 5-7 では、このプログラムに必要な Python パッケージをインポートしています。

リスト 5-7：Python モジュールをインポートし、MinHash 関連の定数を宣言する

```
#!/usr/bin/python
import argparse
import os
import murmur
import shelve
from numpy import *
from listing_5_1 import *

NUM_MINHASHES = 256
NUM_SKETCHES = 8
```

リスト 5-7 では、murmur や shelve などのパッケージをインポートしています。たとえば murmur は、前述の MinHash アルゴリズムの計算に使用されるハッシュライブラリです。この例では、Python の標準ライブラリに含まれている単純なデータベースモジュールである shelve を使って、類似度の計算に使用するサンプルとそれらの minhash に関する情報を格納します。また、サンプルの類似度を計算するための関数を listing_5_1.py から取得しています。

リスト 5-7 では、NUM_MINHASHES と NUM_SKETCHES の 2 つの定数も宣言しています。これらの定数はそれぞれ、minhash の数と、サンプルごとに計算する minhash とスケッチの比率を表します。使用する minhash とスケッチの数が多ければ多いほど、類似度計算の正解率が高くなります。たとえば、256 個の minhash と 8 個のスケッチは、計算コストを抑えた上で、許容可能な正解率を実現するのに十分です。

リスト 5-8 では、データベースヘルパー関数を実装します。これらの関数は、マルウェアサンプルの情報を格納する shelve データベースの初期化、アクセス、削除に使用されます。

リスト 5-8：データベースヘルパー関数

```
❶ def wipe_database():
      """
      この例では、情報の保存に Pyhton 標準ライブラリの 'shelve' データベースを使用する。
      このデータベースは、実際の Python スクリプトと同じディレクトリにある
      'samples.db' ファイルに格納される。
      wipe_database 関数は、このファイルを削除することで、システムを実質的にリセットする。
      """
      dbpath = "/".join(__file__.split('/')[:-1] + ['samples.db'])
      os.system("rm -f {0}".format(dbpath))

❷ def get_database():
      """
      'shelve' データベース（単純なキー / 値ストア）を取得するためのヘルパー関数。
      """
```

```
        dbpath = "/".join(__file__.split('/')[:-1] + ['samples.db'])
        return shelve.open(dbpath,protocol=2, writeback=True)
```

wipe_database 関数❶は、格納済みのサンプル情報を消去して一からやり直したい場合に、このプログラムのデータベースを削除するための関数です。get_database 関数❷は、このデータベースを開いて (データベースがまだ存在しない場合は作成し)、データベースオブジェクトを返す関数です。これにより、マルウェアサンプルに関するデータの格納と取得が可能になります。

リスト 5-9 では、この共有コード解析の中心的な要素である MinHash を実装します。

リスト 5-9：サンプルの minhash とスケッチを取得する

```
def minhash(attribute):
    """
    サンプルの属性の minhash とそれらの minhash のスケッチを計算する。
    計算される minhash とスケッチの数は、
    このスクリプトの先頭で宣言されているグローバル変数
    NUM_MINHASHES と NUM_SKETCHES によって制御される。
    """
    minhashes = []
    sketches = []
❶   for i in range(NUM_MINHASHES):
        minhashes.append(min(
❷          [murmur.string_hash(`attribute`, i) for attribute in attributes])
        )
❸   for i in xrange(0, NUM_MINHASHES, NUM_SKETCHES):
❹       sketch = murmur.string_hash(`minhashes[i:i+NUM_SKETCHES]`)
        sketches.append(sketch)
    return np.array(minhashes),sketches
```

ループを NUM_MINHASHES 回繰り返し❶、イテレーションのたびに minhash 値を 1 つ追加します。各 minhash 値は、すべての特徴量をハッシュ化し、ハッシュ値の最小値を取得するという方法で計算されます。特徴量のハッシュ化には murmur パッケージの string_hash 関数を使用し、ハッシュ値の最小値の取得には Python の min 関数を使用します❷。

string_hash 関数の 2 つ目の引数は、ハッシュ関数を別のハッシュ値にマッピングするためのシード値です。256 個の minhash 値が同じにならないようにするには、minhash 値ごとに一意なハッシュ関数が必要です。そこで、イテレーションのたびに string_hash 関数のシード値としてカウンタ値 i を渡します。これにより、イテレーションのたびに特徴量が別のハッシュ値にマッピングされます。

続いて、minhash をループで処理し、minhash を使ってスケッチを計算します❸。

スケッチが複数の minhash のハッシュ値であることを思い出してください。マルウェアサンプルのデータベースのインデックス付けにスケッチを使用すると、類似している可能性が高いサンプルをデータベースからすばやく取り出せるようになります。さらに、すべてのサンプルの minhash をステップサイズが NUM_SKETCHES のループで処理することで、スケッチを取得するために各ハッシュブロックをハッシュ化します。最後に、murmur パッケージの string_hash 関数を使って、これらの minhash をまとめてハッシュ化します❹。

リスト 5-10 では、サンプルをデータベースに追加してインデックス付けする関数を定義します。この処理には、**リスト 5-8** の get_database 関数、インポートした（**リスト 5-3** の）getstrings 関数、そして**リスト 5-9** の minhash 関数を使用します。

リスト 5-10：スケッチをキーとしてサンプルの minhash を shelve データベースに格納する

```
def store_sample(path):
    """
    サンプルと、その minhash とスケッチを 'shelve' データベースに格納する関数。
    """
❶   db = get_database()
❷   attributes = getstrings(path)
❸   minhashes,sketches = minhash(attributes)

❹   for sketch in sketches:
        sketch = str(sketch)
❺       if not sketch in db:
            db[sketch] = set([path])
        else:
            obj = db[sketch]
❻           obj.add(path)
            db[sketch] = obj
    db[path] = {'minhashes':minhashes,'comments':[]}
    db.sync()

    print "Extracted {0} attributes from {1} ...".format(len(attributes),path)
```

get_database()❶、getstrings()❷、minhash()❸を呼び出した後、❹でサンプルのスケッチのループ処理を開始します。次に、データベース内のサンプルにインデックスを付けるために、**転置インデックス**（inverted indexing）と呼ばれる手法を使用します。これにより、ID ではなく「スケッチの値」に基づいてサンプルを格納できるようになります。もう少し具体的に言うと、サンプルの 8 個のスケッチ値ごとに、データベースでそのスケッチのレコードを調べて、そのスケッチに関連付けられているサンプルのリストにそのサンプルの ID を追加します。ここでは、サンプルの ID としてサンプルのファイルシステムのパスを使用しています。

この部分がどのように実装されているのかをコードで確認してみましょう。サンプルのために計算したスケッチをループで処理します❹。スケッチがまだ存在しない場合は、レコードを作成します（ついでに、このサンプルをスケッチに関連付けます）❺。スケッチのレコードが存在する場合は、スケッチに関連付けられているサンプルパスの集合にこのサンプルのパスを追加します❻。

リスト 5-11 では、comment_sample() と search_sample() の 2 つの重要な関数を宣言します。

リスト 5-11：comment_sample() と search_sample() を宣言する

```
❶ def comment_sample(path):
      """
      ユーザーがサンプルにコメントを付けるための関数。
      ユーザーが指定するコメントは、新しいサンプルと類似しているサンプルのリストに
      このサンプルが含まれるたびに表示される。
      """
      db = get_database()
      comment = raw_input("Enter your comment:")
      if not path in db:
          store_sample(path)
      comments = db[path]['comments']
      comments.append(comment)
      db[path]['comments'] = comments
      db.sync()
      print "Stored comment:", comment

❷ def search_sample(path):
      """
      path パラメータによって指定されたサンプルと類似するサンプルを検索し、
      それらのコメント、ファイル名、類似度を表示する関数。
      """
      db = get_database()
      attributes = getstrings(path)
      minhashes, sketches = minhash(attributes)
      neighbors = []

❸     for sketch in sketches:
          sketch = str(sketch)

          if not sketch in db:
              continue

❹         for neighbor_path in db[sketch]:
              neighbor_minhashes = db[neighbor_path]['minhashes']
              similarity = \
                  (neighbor_minhashes == minhashes).sum() / float(NUM_MINHASHES)
              neighbors.append((neighbor_path, similarity))

      neighbors = list(set(neighbors))
❺     neighbors.sort(key=lambda entry:entry[1], reverse=True)
```

```
    print ""
    print "Sample name".ljust(64), "Shared code estimate"
    for neighbor, similarity in neighbors:
        short_neighbor = neighbor.split("/")[-1]
        comments = db[neighbor]['comments']
        print str("[*] "+short_neighbor).ljust(64), similarity
        for comment in comments:
            print "\t[comment]", comment
```

comment_sample 関数❶は、ユーザーが定義したコメントのレコードをサンプルのデータベースレコードに追加します。この便利な機能により、このプログラムのユーザーがサンプルのリバースエンジニアリングから得た洞察をデータベースに追加できるようになります。そして、コメントを付けておいたサンプルと似ている新しいサンプルを検出したときに、それらのコメントを活用することで、新しいサンプルの出所と目的をすばやく理解できるようになります。

search_sample 関数❷は、minhash を利用することで、指定されたサンプル（クエリサンプル）に似ているサンプルを検索します。まず、クエリサンプルから文字列の特徴量、minhash、スケッチを抽出します。次に、クエリサンプルのスケッチをループで処理することで、データベースに格納されているサンプルのうち、そのスケッチを持つものを調べます❸。そして、クエリサンプルと同じスケッチを持つサンプルごとに、minhashを使ってジャカール係数を概算します❹。最後に、クエリサンプルに最も類似しているサンプルをユーザーに報告します。その際には、それらのサンプルに関連付けられているデータベース内のコメントも提供します❺。

リスト 5-12 では、このプログラムを完成させるために、このプログラムの引数解析部分を実装します。

リスト 5-12：ユーザーのコマンドライン引数に基づく類似度データベースの更新とクエリ

```
if __name__ == '__main__':
    parser = argparse.ArgumentParser(
        description="""
Simple code-sharing search system which allows you to build up a database of
malware samples (indexed by file paths) and then search for similar samples
given some new sample
"""
    )

    parser.add_argument(
        "-l", "--load", dest="load", default=None,
        help="Path to directory containing malware, or individual malware file,
to store in database"
    )
```

```
    parser.add_argument(
        "-s", "--search", dest="search", default=None,
        help="Individual malware file to perform similarity search on"
    )

    parser.add_argument(
        "-c", "--comment", dest="comment", default=None,
        help="Comment on a malware sample path"
    )

    parser.add_argument(
        "-w", "--wipe", action="store_true", default=False,
        help="Wipe sample database"
    )

    args = parser.parse_args()

    if len(sys.argv) == 1:
        parser.print_help()
❶   if args.load:
        malware_paths = []          # マルウェアファイルのパスを格納
        malware_attributes = dict() # マルウェアの文字列を格納

        for root, dirs, paths in os.walk(args.load):
            # ターゲットディレクトリツリーを調べてすべてのファイルパスを格納
            for path in paths:
                full_path = os.path.join(root, path)
                malware_paths.append(full_path)

        # PE ファイルではないパスを除外
        malware_paths = filter(pecheck, malware_paths)

        # すべてのマルウェアの PE ファイルで文字列を取得して格納
        for path in malware_paths:
            store_sample(path)

❷   if args.search:
        search_sample(args.search)

❸   if args.comment:
        comment_sample(args.comment)

❹   if args.wipe:
        wipe_database()
```

リスト5-12では、ユーザーがマルウェアサンプルをデータベースに読み込めるようにすることで、データベースで類似するサンプルを検索するときに、それらのサンプルを新しいサンプルと比較できるようにします❶。次に、ユーザーが指定したサンプルに似ているサンプルを検索し❷、結果をターミナルに出力できるようにします。また、データベースにすでに含まれているサンプルにユーザーがコメントを追加できるようにしま

す❸。最後に、ユーザーが既存のデータベースを消去できるようにします❹。

5.7 類似度検索システムを実行する

　コードを実装したところで、類似度検索システムを実行してみましょう。このシステムは、次に示す4つの単純なオペレーションで構成されています。

◆ 読み込み

　サンプルをシステムに読み込むと、それらのサンプルがシステムデータに格納され、それ以降の共有コード検索に使用できるようになります。サンプルは個別に読み込むこともできますし、ディレクトリで指定することもできます。ディレクトリを指定すると、システムがPEファイルを再帰的に検索し、サンプルをデータベースに読み込みます。サンプルをデータベースに読み込むコマンドは次のようになります。

```
$ cd ch5/code
$ python listing_5_2.py -l <ディレクトリまたは個々のマルウェアサンプル>
```

◆ コメント

　サンプルにコメントを追加すると、そのサンプルに関する知識を保存できます。また、そのサンプルに似ている新しいサンプルを検出したときに、それらのサンプルで類似度検索を実施すると、類似するサンプルのコメントを確認できるため、ワークフローを効率化できます。マルウェアサンプルのコメントを追加するコマンドは次のようになります。

```
$ cd ch5/code
$ python listing_5_2.py -c <マルウェアサンプルのパス>
```

◆ 検索

　1つのマルウェアサンプルに基づき、データベースを検索して類似するサンプルをすべて洗い出し、最も類似度の高いものから順番に出力します。また、それらのサンプルのコメントもすべて出力できます。特定のサンプルに似ているサンプルを検索するコマンドは次のようになります。

```
$ cd ch5/code
$ python listing_5_2.py -s <マルウェアサンプルのパス>
```

◆ 消去

データベースを消去すると、データベースからレコードがすべて削除されます。データベースを消去するコマンドは次のようになります。

```
$ cd ch5/code
$ python listing_5_2.py -w
```

このシステムに APT1 のサンプルを読み込むと、**リスト 5-13** のような出力が生成されます。

リスト 5-13：類似度検索システムにサンプルを読み込んだときの出力

```
$ cd ch5/code
$ python listing_5_2.py -l ../data
Extracted 240 attributes from ../data/APT1_MALWARE_FAMILIES/WEBC2-YAHOO/WEBC2-
YAHOO_sample/WEBC2-YAHOO_sample_A8F259BB36E00D124963CFA9B86F502E ...
Extracted 272 attributes from ../data/APT1_MALWARE_FAMILIES/WEBC2-YAHOO/WEBC2-
YAHOO_sample/WEBC2-YAHOO_sample_0149B7BD7218AAB4E257D28469FDDB0D ...
Extracted 236 attributes from ../data/APT1_MALWARE_FAMILIES/WEBC2-YAHOO/WEBC2-
YAHOO_sample/WEBC2-YAHOO_sample_CC3A9A7B026BFE0E55FF219FD6AA7D94 ...
Extracted 272 attributes from ../data/APT1_MALWARE_FAMILIES/WEBC2-YAHOO/WEBC2-
YAHOO_sample/WEBC2-YAHOO_sample_1415EB8519D13328091CC5C76A624E3D ...
Extracted 236 attributes from ../data/APT1_MALWARE_FAMILIES/WEBC2-YAHOO/WEBC2-
YAHOO_sample/WEBC2-YAHOO_sample_7A670D13D4D014169C4080328B8FEB86 ...
...
```

そして、類似度検索を実行すると、**リスト 5-14** のような出力が生成されます[†3]。

リスト 5-14：類似度検索システムで検索を行ったときの出力

```
$ cd ch5/code
$ python listing_5_2.py -s ../data/APT1_MALWARE_FAMILIES/GREENCAT/\
> GREENCAT_sample/GREENCAT_sample_AB208F0B517BA9850F1551C9555B5313

Sample name                                             Shared code estimate
[*] GREENCAT_sample_5AEAA53340A281074FCB539967438E3F    1.0
[*] GREENCAT_sample_1F92FF8711716CA795FBD81C477E45F5    1.0
[*] GREENCAT_sample_3E69945E5865CCC861F69B24BC1166B6    1.0
[*] GREENCAT_sample_AB208F0B517BA9850F1551C9555B5313    1.0
[*] GREENCAT_sample_3E6ED3EE47BCE9946E2541332CB34C69    0.99609375
[*] GREENCAT_sample_C044715C2626AB515F6C85A21C47C7DD    0.6796875
[*] GREENCAT_sample_871CC547FEB9DBEC0285321068E392B8    0.62109375
[*] GREENCAT_sample_57E79F7DF13C0CB01910D0C688FCD296    0.62109375
```

---

†3 ［訳注］**リスト 5-13** と**リスト 5-14** は次の方法でも実行できる。

```
$ cd /ch5/code
$ bash run_listing_5_2_example.sh
```

このシステムは、クエリサンプル（GREENCATサンプル）が他のGREENCATサンプルとコードを共有していることを正しく判断しています。これらのサンプルがGREENCATファミリのメンバーであることを私たちがまだ知らなかったとしたら、このシステムのおかげで多くのリバースエンジニアリング作業から解放されたことになります。

この類似度検索システムは、本番環境の類似度検索システムで実装される機能のほんの一例にすぎません。しかし、ここまでの知識があれば、可視化機能を追加したり、複数の類似度検索手法をサポートするにあたって何ら問題はないはずです。

5.8 まとめ

本章では、マルウェアサンプル間で共有コード関係を特定する方法、新しいマルウェアファミリを特定するために数千ものマルウェアサンプルでコード共有類似度を計算する方法、すでに確認されている数千ものマルウェアサンプルに対して新しいマルウェアサンプルのコード類似度を特定する方法、そしてコード共有のパターンを理解するためにマルウェア関係を可視化する方法について説明しました。

この時点で、共有コード解析を各自のマルウェア解析ツールボックスに心置きなく追加できるはずです。そして、共有コード解析により、大量のマルウェアに関するインテリジェンスをすばやく獲得し、マルウェア解析ワークフローの高速化を図ることができます。

次の6章～8章では、マルウェアを検出するための機械学習システムの構築について説明します。ここまでの知識をそれらの検出手法と組み合わせれば、他のツールでは見逃されるような高度なマルウェアを捕捉し、既知のマルウェアとの関係を解析することで、そのマルウェアを誰かデプロイしたのか、その目的は何かについて手がかりを得ることができるでしょう。

6

機械学習に基づく
マルウェア検出器の概要

　現在提供されているオープンソースの機械学習ツールを利用すれば、機械学習に基づくマルウェア検出ツールを比較的簡単に構築できます。これらのマルウェア検出ツールは、主要な検出ツールとしても、あるいは市販のソリューションを補完する目的でも使用できます。

　しかし、アンチウイルスソリューションがすでに販売されているというのに、機械学習ツールを独自に構築するのはなぜでしょうか。あなたのネットワークを標的として特定の攻撃者グループが使用したマルウェアなど、特定の脅威のサンプルが手元にある場合、機械学習ベースの検出ツールを構築すれば、そうした脅威の新しいサンプルを捕捉することが可能になります。

　対照的に、市販のアンチウイルスエンジンは、こうした脅威のシグネチャをすでに含んでいる場合を除いて、そうした脅威を見逃してしまうことがあります。また、市販のツールは「閉じた本」であり、どのような仕組みになっているのかが必ずしもわかるわけではなく、ツールを調整する機能も限られています。検出手法を独自に構築するとしたら、その仕組みはわかっており、偽陽性や偽陰性を減らすための調整も自由に行うことができます。これは願ってもないことです —— アプリケーションによっては、偽陰性

の減少と引き換えに偽陽性の増加を大目に見ることもあれば、偽陽性の減少と引き換えに偽陰性の増加を大目に見ることもあるからです。偽陰性を減らしたい状況として考えられるのは、ネットワークで不審なファイルを検索し、悪意を持つものかどうかを判断するために手動で調査できるようにする場合です。偽陽性を減らしたい状況として考えられるのは、悪意を持つと判断されたプログラムの実行をブロックする場合です。そのような場合、偽陽性はユーザーに悪影響をおよぼします。

　本章では、独自の検出器の開発プロセスをざっと説明します。まず、特徴空間、決定境界、訓練データ、学習不足、過学習を含め、機械学習の背後にある重要な概念について説明します。次に、ロジスティック回帰、k最近傍法、決定木、ランダムフォレストという4つの基本的な手法と、これらの手法を用いて検出を行う方法を重点的に見ていきます。

　その後は、本章の内容をもとに、機械学習システムの正解率を評価する方法を7章で説明し、機械学習システムをPythonで実装する方法を8章で説明します。さっそく始めましょう。

6.1 機械学習に基づく検出器の構築手順

　機械学習と他の種類のコンピュータアルゴリズムの間には根本的な違いがあります。従来のアルゴリズムはコンピュータに何をすべきかを指示しますが、機械学習システムは問題の解決方法をサンプルから学習します。たとえば、機械学習のセキュリティ検知システムでは、あらかじめ設定された一連のルールを単に照合するのではなく、悪意を持つファイルとそうではないファイルのサンプルから学習することで、ファイルの良し悪しを判断するための訓練を行うことができます。

　コンピュータセキュリティ用の機械学習システムでは、シグネチャの作成作業が自動化されます。これまで確認されたことのない（未知の）新しいマルウェアに関しては特にそうですが、シグネチャに基づくアプローチよりもマルウェアを正確に検出できる可能性があります。

　決定木を含め、機械学習に基づく検出器を構築するためのワークフローは、基本的に次の4つのステップにまとめることができます。

1. **収集** … マルウェアとビナインウェア[1]のサンプルを集めます。これらの**訓練サンプル**（training example）と呼ばれるサンプルを使って、マルウェアを認識するための訓

---

[1] ［訳注］benignware マルウェアの対義語。本書においては無害な（悪意を持たない）プログラムを表すために使用されている。

練を機械学習システムで行います。

2. **抽出** … 各訓練サンプルから特徴量を抽出し、数値の配列にまとめます。このステップでは、よい特徴量を設計するための調査も行います。よい特徴量は機械学習システムが正確な推測を行うのに役立ちます。
3. **訓練** … 抽出した特徴量を使って、マルウェアを認識するための訓練を機械学習システムで行います。
4. **テスト** … 訓練サンプルに含まれていないデータでテストを行うことで、機械学習システムの性能を確認します。

以降の節では、これらのステップを詳しく見ていきます。

訓練サンプルを収集する

　機械学習に基づくマルウェア検出器を生かすも殺すも訓練データ次第です。不審なバイナリを認識するマルウェア検出器の能力は、マルウェア検出器に与えられる訓練サンプルの量と質に大きく左右されます。機械学習に基づくマルウェア検出器を構築する際には、訓練サンプルの収集にかける時間を十分に見ておいてください。マルウェア検出器の正解率は、マルウェア検出器に与えられるサンプルが多いほど高くなると考えられているからです。

　訓練サンプルの品質も重要です。収集するマルウェアとビナインウェアは、新しいバイナリが悪意を持つものかどうかを判断するときにマルウェア検出器が「調べる」はずのマルウェアとビナインウェアの種類を反映していなければなりません。

　たとえば、特定の脅威アクターグループのマルウェアを検出したい場合は、そのグループのマルウェアをできるだけ多く集めて訓練に使用しなければなりません。ランサムウェアといった広い括りでマルウェアを検出したい場合は、このクラスの代表的なサンプルをできるだけ多く集めることが不可欠です。

　同様に、訓練に使用するビナインウェアのサンプルは、マルウェア検出器が導入後に解析する悪意のないファイルの種類を反映したものにすべきです。たとえば、大学のネットワークでマルウェアの検出に取り組んでいる場合、偽陽性を回避するには、学生や大学の職員が使用しているビナインウェアの幅広いサンプルを使って訓練を行う必要があります。こうしたビナインウェアのサンプルには、コンピュータゲーム、ドキュメントエディタ、大学のIT部門が作成したカスタムソフトウェア、およびその他の悪意のないプログラムが含まれます。

　現実の例を挙げると、筆者は現在の仕事で、悪意を持つOfficeドキュメントを検出

する検出器を構築しました。このプロジェクトの半分近くの時間は訓練データの収集に費やされました。これには、弊社の1,000人を超える従業員によって生成されたビナインドキュメントを収集することも含まれていました。これらのサンプルを使って検出器を訓練したところ、偽陽性率が大幅に低下しました。

特徴量を抽出する

ファイルを「悪意を持つもの」と「悪意を持たないもの」に分類するために、検出器を訓練し、ソフトウェアバイナリの特徴量を学習させます。特徴量はファイルの分類を手助けするファイル属性です。たとえば、ファイルを分類するために次の特徴量が使用されるかもしれません。

- デジタル署名されているかどうか
- 不正な形式のヘッダーの有無
- 暗号化されたデータの有無
- 100台以上のネットワークワークステーションで検出されているかどうか

これらの特徴量を取得するには、ファイルからそれらの特徴量を抽出する必要があります。たとえば、ファイルがデジタル署名されているか、不正な形式のヘッダーを含んでいるか、暗号化されたデータを含んでいるかについて判断するコードを記述することになるでしょう。セキュリティデータサイエンスでは、機械学習に基づく検出器で膨大な量の特徴量を使用することがよくあります。たとえば、問題のAPI呼び出しを行っているバイナリはその特徴量を有しているといったように、Win32 APIの各ライブラリ呼び出しに対する特徴量を作成することが考えられます。この特徴抽出というプロセスについては、8章で改めて取り上げます。その際には、より高度な特徴抽出の概念と、それらの概念を使ってPythonで機械学習システムを実装する方法を紹介します。

よい特徴量を設計する

最も正確な結果が得られる特徴量を選択することが目標となります。ここでは、そのために従うべき一般的なルールをいくつか紹介します。

まず、特徴量を選択する際には、最も妥当と思われるものを選択します。つまり、機械学習システムが悪いファイルをよいファイルから区別する上で助けになりそうなものを選択します。たとえば、マルウェアには暗号化されたデータがよく含まれていることがわかっています。ビナインウェアに暗号化されたデータが含まれていることは滅多に

ないと推測されるため、「暗号化されたデータを含んでいる」という特徴量はマルウェアのよい目印になるかもしれません。機械学習のすばらしい点は、この仮説が間違っていて、ビナインウェアにもマルウェアと同じくらい頻繁に暗号化されたデータが含まれている場合、この特徴量を事実上無視することです。この仮説が正しい場合、システムは「暗号化されたデータを含んでいる」特徴量を用いてマルウェアを検出することを学習します。

次に、機械学習システムの訓練サンプルの数に対して特徴セット（BoF）の特徴量の数が多すぎることがないように注意する必要もあります。これは機械学習の専門家が「次元の呪い」と呼ぶものです。たとえば、特徴量が1,000個あり、訓練サンプルが1,000個しかないとしましょう。このような場合、それぞれの特徴量が表す与えられたバイナリの特性を機械学習システムに学習させるには、訓練サンプルが足りない可能性があります。統計からわかっているのは、訓練サンプルの数よりも特徴量の数を少なくするほうが効果的であることです。そのようにすると、どの特徴量がマルウェアの本当の目印なのかを、十分な根拠に基づいて判断できるようになります。

最後に、これらの特徴量は、マルウェアまたはビナインウェアの特性に関するさまざまな仮説を表すものでなければなりません。たとえば、暗号化に関連する特徴量を構築することにしたとしましょう。これらの特徴量は、ファイルが暗号関連のAPIを呼び出すかどうか、あるいはPKI（Public Key Infrastructure）を使用するかどうかを表すものになるかもしれません。ただし、保険をかけておくために、暗号化とは無関係な特徴量も必ず使用してください。そうすれば、暗号化に関する特徴量ではマルウェアを検出できない場合でも、他の特徴量で検出できるかもしれません。

機械学習システムを訓練する

訓練サンプルから特徴量を抽出したら、次はいよいよ機械学習システムを訓練します。アルゴリズムの観点から言うと、訓練がどのようなものになるかは、使用する機械学習法次第です。たとえば、後ほど説明する決定木の訓練には、（やはり後ほど説明する）ロジスティック回帰の訓練とは異なる学習アルゴリズムが必要になります。

幸いなことに、機械学習に基づくどの検出器でも基本的なインターフェイスは同じです。これらの検出器には、次の2種類の訓練データを提供します。1つは、サンプルバイナリから抽出された特徴量を含んでいる訓練データであり、もう1つは、どのバイナリがマルウェアで、どのバイナリがビナインウェアかを表すラベルを含んでいる訓練データです。続いて、新しい未知のバイナリが悪意を持つものかどうかを判断する方法

をアルゴリズムが学習します。訓練については、後ほど詳しく説明します。

> **NOTE** 本書では、**教師あり機械学習**（supervised machine learning）と呼ばれる機械学習アルゴリズムに焦点を合わせています。これらのアルゴリズムを使ってモデルを訓練する際には、訓練データセットのどのサンプルがマルウェアで、どのサンプルがビナインウェアかをアルゴリズムに教えます。また、**教師なし機械学習**（unsupervised machine learning）と呼ばれる機械学習アルゴリズムもあります。これらのアルゴリズムを使用する場合は、訓練データセットのどのサンプルがマルウェアで、どのサンプルがビナインウェアかを知っている必要はありません。教師なし機械学習アルゴリズムは悪意を持つソフトウェアや悪意を持つ振る舞いの検出にはあまり効果的ではないため、本書では取り上げません。

機械学習システムをテストする

機械学習に基づくマルウェア検出器を訓練した後は、その性能を確認する必要があります。そこで、訓練された検出器を、訓練に使用されていないデータで実行することで、それらのバイナリがマルウェアかどうかをどれくらいうまく判断するのかを測定します。セキュリティの観点から言うと、一般的な方法は次のようになります。まず、収集されているバイナリのうち、ある時点までのバイナリを使って検出器を訓練します。次に、その時点以降のバイナリを使ってテストを実行することで、検出器が新しいマルウェアをどれくらいうまく検出するのか、そして新しいビナインウェアでの偽陽性をどれくらいうまく回避するのかを測定します。機械学習のほとんどの研究では、「機械学習システムを構築する、訓練する、テストする、調整する、再び訓練する、再びテストする」というイテレーションを、結果に満足がいくまで数千回も繰り返します。機械学習システムのテストについては、8章で取り上げます。

ここからは、さまざまな機械学習アルゴリズムの仕組みについて見ていきます。本章において最も難解な部分ですが、時間をかけて理解すれば、最も見返りの大きい部分でもあります。これらのアルゴリズムの根底にある共通する概念を紹介した後、各アルゴリズムを詳しく見ていくことにします。

6.2 特徴空間と決定境界

機械学習に基づく検出アルゴリズムをすべて理解するのに役立つ単純な幾何学的概念が2つあります —— 幾何学的特徴空間の概念と、決定境界の概念です。**特徴空間**（feature space）とは、選択された特徴量によって定義される幾何学的空間のことです。

決定境界 (decision boundary) とは、この空間を横切る幾何学的構造のことであり、この境界の片側に属するバイナリはマルウェアとして定義され、もう片側に属するバイナリはビナインウェアとして定義されます。機械学習アルゴリズムを使ってバイナリをマルウェアかビナインウェアに分類する際には、特徴量を抽出することで、サンプルを特徴空間に配置できるようにします。そして、サンプルが決定境界のどちら側にあるかを調べることで、それらのバイナリがマルウェアかどうかを判断します。

特徴空間と決定境界を幾何学的に理解するこの方法は、1次元、2次元、または3次元の特徴空間を使用するシステムでは正確です。100万単位の次元を持つ特徴空間でも有効ですが、それだけの次元（特徴量）を持つ特徴空間を可視化したりイメージしたりするのは不可能です。本章では、2次元のサンプルを示すにとどめますが、セキュリティ関連の現実の機械学習システムでは、数百、数千、あるいは数百万もの次元を使用するものもざらにあることを覚えておいてください。なお、2次元のコンテキストで説明する基本的な概念は、現実の3次元以上のシステムにも当てはまります。

特徴空間での決定境界という概念を明確にするために、簡単なマルウェア検出問題について考えてみましょう。マルウェアサンプルとビナインウェアサンプルからなる訓練データセットがあり、各バイナリから次の2つの特徴量を抽出するとします。1つは、圧縮されていると思われるバイナリの割合であり、もう1つは、各バイナリがインポートしているあやしい関数の数です。この訓練データセットを可視化すると、**図6-1**のようになります（図中のデータは、この例のために人工的に作成したものであることに注意してください）。

図6-1に示されている2次元空間は、この例のサンプルデータセットの特徴空間であり、2つの特徴量によって定義されています。黒い点（マルウェア）が特徴空間の右上に集中しているという明確なパターンが確認できます。特徴空間の左下に集中しているビナインウェアと比較すると、これらの黒い点には、不審なインポートされた関数の呼び出しや圧縮されたデータがより多く含まれる傾向にあります。このグラフを見た後、ここで使用している2つの特徴量だけを使ってマルウェア検出器を作成するように依頼されたとしましょう。このデータから次のようなルールを定義できることは間違いなさそうです。あるバイナリに圧縮されたデータとインポートされた関数の呼び出しが大量に含まれているとしたら、そのバイナリはマルウェアであり、インポートされた関数の呼び出しも圧縮されたデータもそれほど含まれていないとしたら、そのバイナリはビナインウェアです。

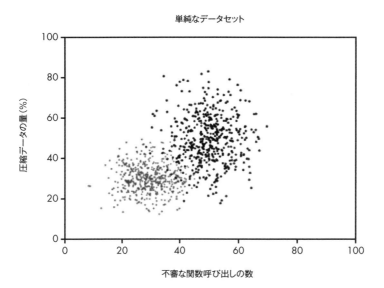

図6-1：本章で使用するサンプルデータセットのグラフ。灰色の点はビナインウェア、黒い点はマルウェアを表す

このルールを幾何学的に可視化すると、特徴空間においてマルウェアサンプルとビナインウェアサンプルを区切る対角線になります。圧縮されたデータやインポートされた関数の呼び出しを含んでいるバイナリ（マルウェア）は対角線の上にあり、残りのバイナリ（ビナインウェア）は対角線の下にあります。**図6-2** はそのような直線を示しています。ここでは、このような直線を**決定境界**（decision boundary）と呼びます。

この直線からわかるように、黒い点（マルウェア）の「大部分」は決定境界の片側に集中しており、灰色の点（ビナインウェア）の「大部分」は決定境界の反対側に集中しています。「すべて」のサンプルを分離する直線を描画することは不可能です。というのも、このデータセットの黒い雲と灰色の雲は互いに重なり合っているからです。しかし、この例から次のことがわかります。ここで描かれている直線は、ほとんどの場合、新しいマルウェアサンプルとビナインウェアサンプルを正しく分類します（ただし、それらのサンプルがこのグラフのデータに見られるパターンに従っていることが前提となります）。

図6-2 では、この例のデータに決定境界が手描きされています。しかし、もっと正確な決定境界が必要で、しかも自動的に描画したい場合はどうすればよいでしょうか。機械学習はまさにそのためにあります。言い換えるなら、機械学習に基づくすべての検出アルゴリズムは、データを調べて、理想的な決定境界を自動的に判断します。理想的な決定境界は、新しい未知のデータを正しく検出する可能性が最も高いものになります。

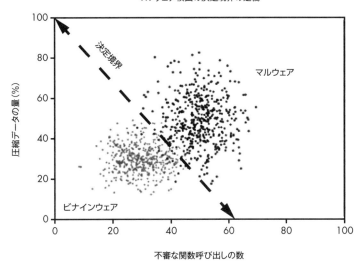

図6-2：サンプルデータセットを使って描画された決定境界（マルウェアを検出するためのルールを定義する）

実際に広く使用されている機械学習アルゴリズムが、**図6-3**に示されているサンプルデータから決定境界を特定する方法を見てみましょう。この例では、ロジスティック回帰と呼ばれるアルゴリズムを使用します。

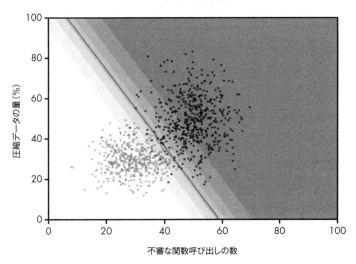

図6-3：ロジスティック回帰モデルを訓練することによって自動的に作成される決定境界

サンプルデータは図6-1〜6-2で使用したものと同じであり、灰色の点はビナインウェア、黒い点はマルウェアを表しています。図6-3の中央を横切っている直線は、ロジスティック回帰アルゴリズムがデータを調べることによって「学習」する決定境界です。ロジスティック回帰アルゴリズムによって割り当てられた「これらのバイナリがマルウェアである確率」は、この直線の右側では50%以上、この直線の左側では50%未満となります。

図6-3のグラデーション部分に注目してください。濃い灰色の領域は、これらのバイナリがマルウェアであることをロジスティック回帰モデルが強く確信している領域です。新しいバイナリがこの領域に分類される特徴量を持っているとロジスティック回帰モデルが判断した場合、それらのバイナリはどれも高い確率でマルウェアであると見なされます。決定境界に近づけば近づくほど、それらのバイナリがマルウェアかどうかに関するロジスティック回帰モデルの確信度は低下していきます。ロジスティック回帰モデルでは、マルウェアをどれくらい積極的に検出したいかに応じて、決定境界を明るい領域か暗い領域へ移動させることができます。たとえば、決定境界を左へ移動させると、より多くのマルウェアが捕捉されるようになりますが、偽陽性も増えることになります。決定境界を右へ移動させると、捕捉されるマルウェアは少なくなりますが、偽陽性も少なくなります。

ここで強調しておきたいのは、ロジスティック回帰（およびその他すべての機械学習アルゴリズム）は特徴量がどれだけ高次元であっても対応できることです。図6-4は、少し高次元の特徴空間でロジスティック回帰がどのように機能するのかを示しています。

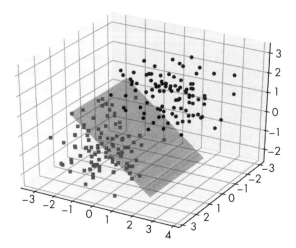

図6-4：ロジスティック回帰によって作成された架空の3次元特徴空間での平面的な決定境界

この少し高次元の特徴空間では、決定境界は直線ではなく、3次元空間内の点を分離する**平面**（plane）で表されています。4次元以上の空間へ移行した場合、ロジスティック回帰は**超平面**（hyperplane）を生成するはずです。超平面はn次元の空間のような構造であり、この高次元空間においてマルウェアの点をビナインウェアの点から切り離します。

ロジスティック回帰は比較的単純な機械学習アルゴリズムなので、作成できるのは線、平面、高次元平面といった単純な幾何学的決定境界だけです。他の機械学習アルゴリズムでは、もっと複雑な決定境界を作成できます。たとえば、図6-5に示されている決定境界は、後ほど説明するk最近傍法によって作成されたものです。

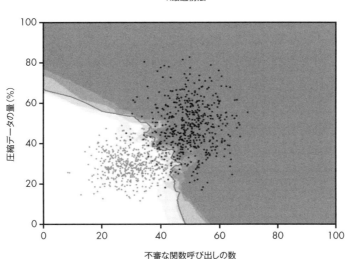

図6-5：k最近傍法によって作成された決定境界

この決定境界は平面ではなく、かなり不規則な構造をしています。また、分断された決定境界を生成する機械学習アルゴリズムもあります。つまり、特徴空間の領域が連続していなかったとしても、それらの領域の一部をマルウェアとして定義し、他の部分をビナインウェアとして定義できます。図6-6は、この不規則な構造を持つ決定境界を示しています。この決定境界の作成には、特徴空間でのマルウェアとビナインウェアのパターンがもっと複雑である別のサンプルデータセットが使用されています。

機械学習分野では、決定境界が分断されていても、それらの決定境界を単に「決定境界」と呼んでいます。さまざまな機械学習アルゴリズムを使って、さまざまな種類の決定境

界を表現できます。特定のプロジェクトに対して機械学習アルゴリズムの1つを選択するのは、このように表現に差があるためです。

特徴空間や決定境界といった機械学習の基本的な概念を理解したところで、次は機械学習の実践者が「過学習」と「学習不足」と呼ぶものについて説明します。

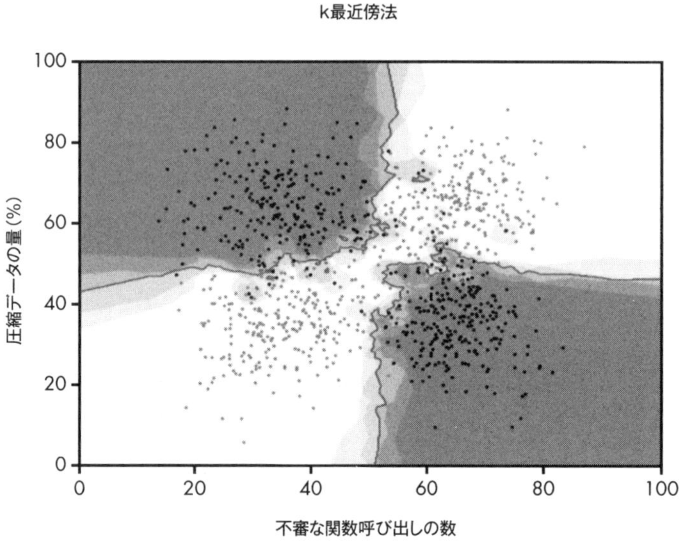

図6-6：k最近傍法によって作成された、分断された決定境界

6.3　過学習と学習不足：よいモデルの条件

　機械学習において過学習と学習不足がいかに重要性であるかについては、いくら強調しても足りないぐらいです。過学習と学習不足を回避することは、よい機械学習アルゴリズムの条件です。機械学習において性能のよい検出モデルは、一般的な傾向を捉えるものです。そうしたモデルは、外れ値や例外に惑わされることなく、訓練データが物語るマルウェアとビナインウェアの違いについての一般的な傾向を捕捉します。

　学習不足に陥っているモデルは外れ値を無視しますが、一般的な傾向を捉えることができません。結果として、新しい未知のバイナリでは性能がよくありません。過学習に陥っているモデルは、外れ値に邪魔されて一般的な傾向を反映しません。このため、新しい未知のバイナリでは性能がよくありません。機械学習に基づくマルウェア検出モデルの構築では、マルウェアとビナインウェアを区別する一般的な傾向を捉えることが最も重要となります。

学習不足に陥っているモデル、うまく適合しているモデル、過学習に陥っているモデルを使って、これらの用語を具体的に示すことにします。**図6-7**は、学習不足に陥っているモデルを示しています。

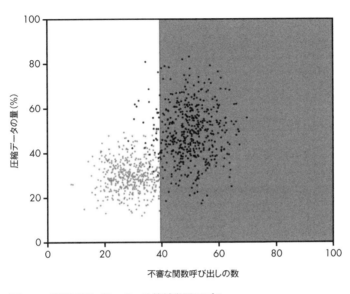

図6-7：学習不足に陥っている機械学習モデル

図6-7では、黒い点（マルウェア）が右上部分に集中しており、灰色の点（ビナインウェア）が左下に集中しています。ただし、この機械学習モデルはこれらの点を真っ二つに分割しているだけで、斜めの傾向を捕捉することなくデータをぞんざいに分類しています。このモデルは一般的な傾向を捕捉しないため、学習不足と見なすことができます。

また、このモデルはグラフのどの領域でも確実度を2色（濃い灰色か白のどちらか）でしか提供しません。つまり、このモデルは特徴空間内の点をマルウェアであると絶対的に確信しているか、ビナインウェアであると絶対的に確信しているかのどちらかです。このように確実度を正しく表現できないことも、このモデルが学習不足と見なされる理由の1つです。

図6-7の学習不足に陥っているモデルを、**図6-8**の適合しているモデルと比較してみましょう。

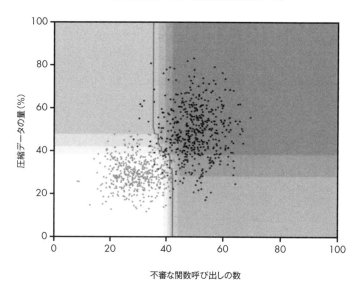

図 6-8：うまく適合している機械学習モデル

　この場合は、データの一般的な傾向を捉えるだけでなく、確実度に関しても妥当なモデルが作成されています。つまり、特徴空間においてマルウェアであることが確実な領域、ビナインウェアであることが確実な領域、そしてどちらであるとも言い切れない領域がうまく推定されています。

　図 6-8 では、決定境界が上から下へ走っていることがわかります。マルウェアとビナインウェアを分かつものに関するこのモデルの理論は単純で、中央付近にギザギザがある縦の線として表されています。また、グラデーションになっている領域から、グラフの右上にあるバイナリがマルウェア、左下にあるバイナリがビナインウェアであると確信しているだけであることもわかります。

　最後に、図 6-9 の過学習に陥っているモデルを、図 6-7 の学習不足に陥っているモデルと図 6-8 の適合しているモデルと対比させてみましょう。

　図 6-9 の過学習に陥っているモデルは、データの一般的な傾向を捉えていません。このモデルはデータに含まれている例外に注意を逸らされ、灰色の点（ビナインウェアである訓練サンプル）の集団に交じっている少数の黒い点（マルウェアである訓練サンプル）のまわりに決定境界を描いています。同様に、マルウェアの集団に交じっている少数のビナインウェアを重視し、それらのまわりにも決定境界を描いています。

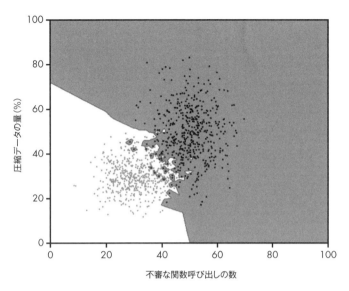

図6-9：過学習に陥っている機械学習モデル

　つまり、外れ値の近くに配置されるような特徴量を新しい未知のバイナリがたまたま持っていた場合、この機械学習モデルはビナインウェアであることがほぼ確実なバイナリをマルウェアと見なすことになります。逆に、ほぼ確実にマルウェアであるものをビナインウェアと見なすこともあるでしょう。実際には、このモデルは本来の性能を発揮できません。

6.4　主な機械学習アルゴリズム

　ここまでは、機械学習についてざっと説明し、ロジスティック回帰とk最近傍法の2つの機械学習モデルを取り上げました。本章の残りの部分では、ロジスティック回帰、k最近傍法、決定木、ランダムフォレストの4つのアルゴリズムをさらに詳しく見ていきます。これらのアルゴリズムはセキュリティデータサイエンスコミュニティにおいて非常によく使用されるものです。これらのアルゴリズムは複雑ですが、それらの背景にある考え方は直観的で、すんなり理解できます。

　まず、各アルゴリズムの長所と短所を理解するために使用するサンプルデータセットを見ておきましょう（図6-10）。

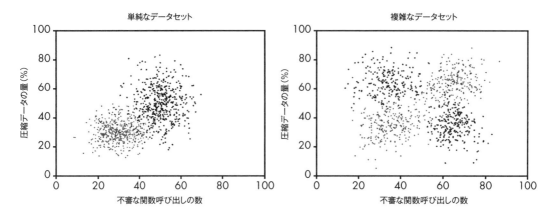

図6-10：本章で使用する2つのサンプルデータセット。黒い点はマルウェア、灰色の点はビナインウェアを表す

　これらのデータセットは、この例のために作成したものです。左図は、**図6-7～6-9**で使用した単純なデータセットを示しています。この場合は、線などの単純な幾何学的構造を用いて、黒の訓練サンプル（マルウェア）を灰色の訓練サンプル（ビナインウェア）から切り離すことができます。

　右図のデータセットは**図6-6**ですでに示したものであり、単純な線を使ってマルウェアをビナインウェアから切り離すことができない点で複雑です。しかし、このデータにはやはり明確なパターンがあり、決定境界の作成にもう少し複雑な手法を用いればよいだけです。これら2つのサンプルデータセットを使って、さまざまなアルゴリズムの性能を確認してみましょう。

ロジスティック回帰

　先に述べたように、ロジスティック回帰は、訓練用のマルウェアを訓練用のビナインウェアから幾何学的に分離する線、平面、または超平面を作成する機械学習アルゴリズムです。線、平面、超平面のどれを作成するかは、アルゴリズムに与えられる特徴量の数によります。訓練されたモデルを使って新しいマルウェアを検出する際、ロジスティック回帰は未知のバイナリが決定境界のマルウェア側とビナインウェア側のどちらにあるかを調べることで、そのバイナリが悪意を持つものかどうかを判断します。

　ロジスティック回帰の欠点は、線や超平面を使って分離できないデータには適していないことです。手元の問題にロジスティック回帰を使用できるかどうかは、データと特徴量次第です。たとえば、マルウェア（またはビナインウェア）を強く示唆する特徴量が

いくつも存在するような問題には、ロジスティック回帰が適しているかもしれません。バイナリをマルウェアとして分類するには特徴量の間の複雑な関係を用いる必要があるとしたら、k最近傍法、決定木、ランダムフォレストなどの別のアルゴリズムが適しているかもしれません。

　ロジスティック回帰の長所と短所を具体的に示すために、2つのサンプルデータセットでロジスティック回帰の性能を調べてみましょう。図 6-11 の左図から、単純なデータセットでは、ロジスティック回帰がマルウェアとビナインウェアを非常にうまく分類することがわかります。対照的に、複雑なデータセットでは、ロジスティック回帰の性能はあまりよくありません。複雑なデータセットをうまく分類できないのは、ロジスティック回帰が線形の決定境界しか表現できないためです。右図では、決定境界の両側に両方の種類のバイナリがプロットされていることがわかります。そして、グラデーションになっている信頼帯は、このデータではあまり意味をなしません。この複雑なデータセットに必要なのは、より多くの幾何学的構造を表現できるアルゴリズムです。

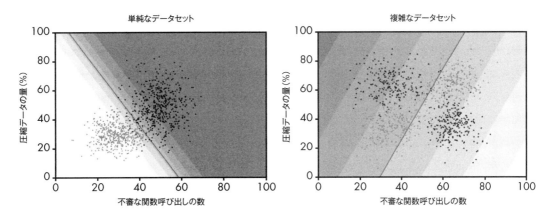

図 6-11：ロジスティック回帰によって描かれたサンプルデータセットの決定境界

◆ ロジスティック回帰に使用されている数学

　ロジスティック回帰によるマルウェアサンプルの検出の背後では、どのような数学が使用されているのでしょうか。ロジスティック回帰を使ってバイナリがマルウェアである確率を計算する方法を Python 風の擬似コードで表すと、**リスト 6-1** のようになります。

リスト 6-1：ロジスティック回帰を使って確率を計算する疑似コード

```
❶ def logistic_regression(compressed_data, suspicious_calls, learned_parameters):
      compressed_data =
❷         compressed_data * learned_parameters["compressed_data_weight"]
      suspicious_calls =
          suspicious_calls * learned_parameters["suspicious_calls_weight"]
❸     score = compressed_data + suspicious_calls + bias
      return logistic_function(score)

❹ def logistic_function(score):
      return 1/(1.0+math.e**(-score))
```

このコードの意味を理解するために、コードを順番に見ていきましょう。まず、logistic_regression 関数とそのパラメータが定義されています❶。compressed_data と suspicious_calls はこのバイナリの特徴量であり、それぞれ圧縮されたデータの量と不審な呼び出しの数を表します。learned_parameters は、ロジスティック回帰モデルのパラメータです。これらのパラメータは、このモデルを訓練データで訓練することによって学習されたものです。これらのパラメータの学習方法については、後ほど説明します。この時点では、訓練データから抽出されるものであると考えてください。

次に、特徴量 compressed_data にパラメータ compressed_data_weight を掛けます❷。このパラメータ（重み）は、この特徴量がロジスティック回帰モデルによってマルウェアのどれくらい強い指標と見なされるかに応じて、この特徴量をスケーリング（重み付け）します。この重みは負になることもあり、その場合は、その特徴量がロジスティック回帰モデルによってビナインウェアの指標と見なされることを意味します。

次の行では、特徴量 suspicious_calls で同じ手順を繰り返します。続いて、重み付けされた 2 つの特徴量を足し合わせ、さらに bias というパラメータを足します❸。bias も訓練データから学習されたパラメータです。要するに、悪意の度合いで重み付けされた特徴量 compressed_data に、同じく悪意の度合いで重み付けされた特徴量 suspicious_calls を足し、さらに、ロジスティック回帰モデルがこれらのバイナリ全体をどれくらい疑ってかかるべきかを表すパラメータ bias を足します。これらの加算と乗算の結果が score であり、与えられたバイナリがマルウェアである可能性がどれくらいあるか（疑わしさのスコア）を示します。

最後に、logistic_function を使って疑わしさのスコア（不審度）を確率に変換します❹。この関数の仕組みを可視化すると図 6-12 のようになります。

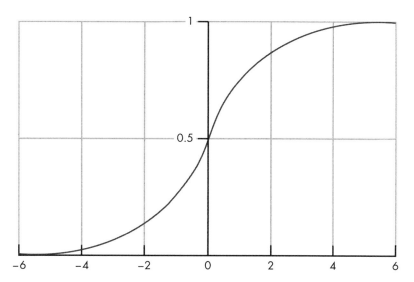

図6-12：ロジスティック回帰で使用されるロジスティック関数のグラフ

このロジスティック関数がスコア（x軸）を受け取り、0〜1の範囲の値（確率）に変換することがわかります。

◆ ロジスティック回帰に使用されている数学の仕組み

図6-11の決定境界に戻って、この計算の仕組みを実際に確かめてみましょう。確率の計算方法を思い出してください。

```
logistic_function(feature1_weight*feature1 + feature2_weight*feature2 + bias)
```

たとえば、同じ特徴量の重みとbiasパラメータを使用し、結果として得られた確率を図6-11に示されている特徴空間内のすべての点でプロットするとしましょう。そうすると、図6-11のようなグラデーション領域とその確信度が得られます。図6-11のグラデーション領域は、マルウェアサンプルとビナインウェアサンプルが分布しているとこのモデルが「考えている」場所を表します。

しきい値を0.5とした場合（確率が50%を超えるとバイナリがマルウェアとして定義されます）、決定境界として図6-11の線が描かれるはずです。ぜひ本書のサンプルコードを使って、特徴量の重みとバイアス項を入力し、実際に試してみてください。

> **NOTE** ロジスティック回帰で使用する特徴量は 2 つに制限されているわけではありません。実際には、複数のスコアを使用することや、数百あるいは数千もの特徴量を使用することもよくあります。ただし、数学は変わりません。特徴量の数に関係なく、次の方法で確率を計算するだけです。
>
> ```
> logistic_function(feature1*feature1_weight + feature2*feature2_weight +
>                   feature3*feature3_weight ... + bias)
> ```

では、ロジスティック回帰は決定境界を正しい場所に配置することを訓練データからどのようにして学習するのでしょうか。ロジスティック回帰が使用するのは、**勾配降下法** (gradient descent) と呼ばれる反復的な微積分法です。簡単に説明すると、勾配降下法では、線、平面、または超平面を (使用している特徴量の数に応じて) 反復的に調整します。そのようにして、ロジスティック回帰モデルが訓練データセット内のデータ点をマルウェアサンプルかビナインウェアサンプルに分類するときの正解率を最大化します。

ロジスティック回帰モデルを訓練すると、モデルにバイアスをかけることができます。つまり、マルウェアとビナインウェアの特性に関するより単純な理論か、より複雑な理論に向かわせることができます。こうした訓練の手法は本書の適用外ですが、詳しく知りたい場合は、Google で「ロジスティック回帰」と「正則化」を検索し、それらの説明を読んでみてください。

◆ ロジスティック回帰を使用する状況

ロジスティック回帰の場合は、他の機械学習アルゴリズムよりも長所と短所がはっきりしています。ロジスティック回帰の長所は、このモデルがビナインウェアとマルウェアの特性として考えているものが簡単にわかることです。たとえば、特徴量の重みを調べれば、そのロジスティック回帰モデルを理解することができます。大きな重みを持つ特徴量は、そのモデルがマルウェアとして解釈するものです。負の重みを持つ特徴量は、そのモデルがビナインウェアとして解釈するものです。ロジスティック回帰はかなり単純なアルゴリズムであり、扱っているデータに悪意を明確に示唆するものが含まれている場合はうまくいく可能性がありますが、より複雑なデータではうまくいかないことがよくあります。

次に、単純な機械学習アルゴリズムをもう 1 つ見てみましょう。この k 最近傍法というアルゴリズムでは、はるかに複雑な決定境界を表現できます。

k最近傍法

k最近傍法は、次のような考え方に基づく機械学習アルゴリズムです —— バイナリの特徴量が特徴空間において他の悪意を持つバイナリの近くにある場合、そのバイナリはマルウェアです。そのバイナリの特徴量がビナインウェアであるバイナリの近くにある場合、そのバイナリはビナインウェアのはずです。もう少し厳密に言うと、未知のバイナリの最も近くにある k 個のバイナリ（近傍）の過半数がマルウェアである場合、そのバイナリはマルウェアです。k の値は、あるサンプルがマルウェアかビナインウェアかを判断するために必要と思われる近傍の数に基づいて選択されます。

現実に当てはめてみると、このことを直観的に理解できます。たとえば、バスケットボール選手と卓球選手の体重と身長からなるデータセットがあるとしましょう。この場合、それぞれのバスケットボール選手の体重や身長は卓球選手よりも似通ったものになる可能性があります。同様に、セキュリティ環境では、マルウェアは他のマルウェアと同じような特徴量を持つことが多く、ビナインウェアは他のビナインウェアと同じような特徴量を持つことがよくあります。

この考え方をk最近傍法の観点から言い換えると、バイナリがマルウェアかどうかを判定する方法は次のようになります。

1. バイナリの特徴量を抽出し、特徴空間において最も近くにある k 個のサンプル（最近傍）を特定します。
2. このバイナリの近くにあるマルウェアサンプルの数を k で割り、最近傍に含まれているマルウェアの割合を求めます。
3. マルウェアの割合が十分である場合は、このバイナリをマルウェアとして定義します。

図6-13 は、k最近傍法の大まかな仕組みを示しています。

左上にマルウェアである訓練サンプル、右下にビナインウェアである訓練サンプルが確認できます。また、新しい未知のバイナリが最近傍の3つのサンプルにリンクされています。この場合、k は3に設定されており、未知のバイナリに対する3つの最近傍を調べることになります。これら3つの最近傍はすべてマルウェアであるため、この新しいバイナリはマルウェアに分類されます。

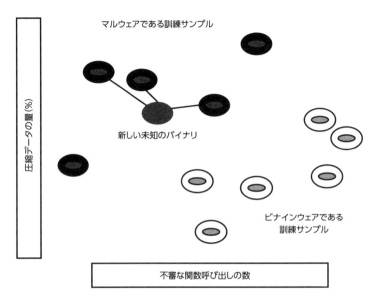

図 6-13：k 最近傍法を使って未知のマルウェアを検出する方法

◆ **k 最近傍法に使用されている数学**

　ここで説明するのは、新しい未知のバイナリの特徴量と訓練データセット内のサンプルとの距離を求める方法です。この計算には**距離関数**（distance function）を使用します。距離関数は、新しいサンプルと訓練データセット内のサンプルとの距離を明らかにします。最もよく使用される距離関数は**ユークリッド距離**（Euclidean distance）であり、特徴空間内の 2 点間の最短経路の長さを表します。本章で使用している 2 次元の特徴空間内のユークリッド距離を擬似コードで表すと、**リスト 6-2** のようになります。

リスト 6-2：euclidean_distance 関数を定義する擬似コード

```
  import math
❶ def euclidean_distance(compression1, suspicious_calls1,
                         compression2, suspicious_calls2):
❷     comp_distance = (compression1 - compression2)**2
❸     call_distance = (suspicious_calls1 - suspicious_calls2)**2
❹     return math.sqrt(comp_distance + call_distance)
```

　このコードの仕組みについて説明しましょう。**リスト 6-2** のコードは、ペアのサンプルの距離を、それらの特徴量の差に基づいて計算します。まず、呼び出し元からこれらのバイナリの特徴量が渡されます❶。1 つ目のサンプルの特徴量は、圧縮に関する compression1 と不審な呼び出しに関する suspicious_calls1 です。2 つ目のサン

プルの特徴量は、圧縮に関する compression2 と不審な呼び出しに関する suspicious_calls2 です。

次に、各サンプルの圧縮に関する特徴量の平方差を求め❷、各サンプルの不審な呼び出しに関する特徴量の平方差を求めます❸。ここで平方差を使用する理由は割愛しますが、結果が常に正であることを指摘しておきます。最後に、2 つの平方差の平方根を求めます❹。結果は 2 つの特徴ベクトル間のユークリッド距離であり、この値を呼び出し元に返します。サンプル間の距離を求める方法は他にもありますが、k 最近傍法で最もよく使用されるのはユークリッド距離です。この手法はセキュリティデータサイエンスの問題に適しています。

◆ 投票する近傍の数を選択する

k 最近傍法は本章で使用しているサンプルデータセットでどのような決定境界と確率を生成するでしょうか。図 6-14 では、k を 5 に設定しているため、5 つの最近傍が「投票」に参加できます。

k最近傍法（5つの最近傍）

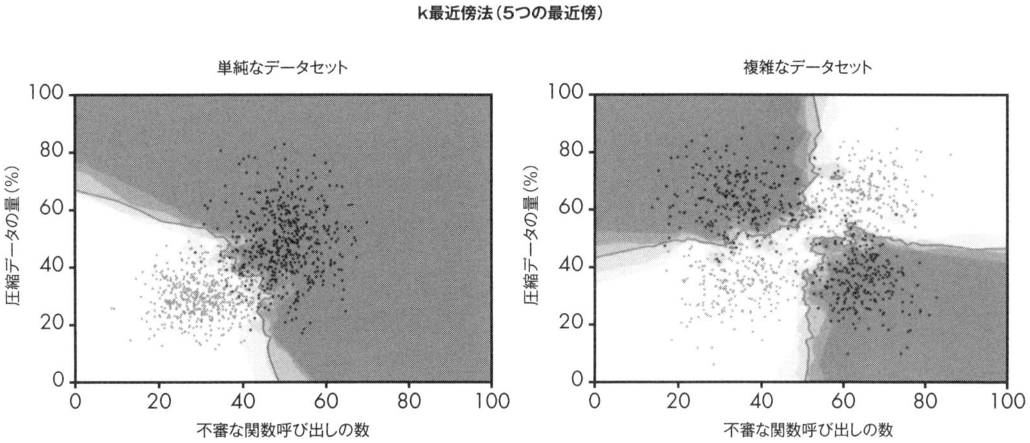

図 6-14：k=5 の場合に k 最近傍法によって作成される決定境界

これに対し、図 6-15 では k を 50 に設定しているため、50 個の最近傍が「投票」に参加できます。

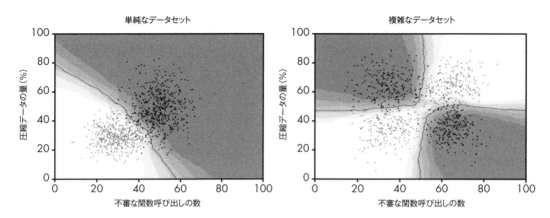

図6-15：k=50の場合にk最近傍法によって作成される決定境界

　投票する最近傍の数によってモデルに大きな違いが生じることに注目してください。図6-14のモデルは、どちらのデータセットでもゴツゴツとした複雑な決定境界を生成しています。外れ値のまわりに局所的な決定境界を描いている点では過学習ですが、単純な一般的傾向を捕捉できていない点では学習不足です。対照的に、図6-15のモデルは、外れ値に惑わされることなく一般的傾向を明確に特定しているため、両方のデータセットにうまく適合しています。

　このように、k最近傍法では、ロジスティック回帰よりもずっと複雑な決定境界を生成できます。kの値（サンプルがマルウェアかビナインウェアかに投票できる近傍の数）を変更しながら決定境界の複雑度を制御することで、過学習と学習不足を防ぐことができます。図6-11のロジスティック回帰モデルは完全に間違っていますが、k最近傍法はマルウェアをビナインウェアからうまく分離しています。50個の近傍に投票させる例では、特によい性能が得られています。k最近傍法は線形構造による制約を受けず、単に各データ点の最近傍を調べて判断を下すため、任意の形状の決定境界を生成できます。このため、複雑なデータセットをはるかに効果的にモデル化できます。

◆ k最近傍法を使用する状況

　「特徴量は疑わしさの概念に直接対応しているわけではないが、マルウェアとの距離の近さは悪意を強く示唆する」という特性を持つデータがある場合は、k最近傍法を検討してみるとよいでしょう。たとえば、共通のコードを持つファミリにマルウェアを分類したい場合は、k最近傍法を試してみるとよいかもしれません。なぜなら、与えられた

ファミリの既知のサンプルと同じような特徴量を持つサンプルは、同じファミリに分類したいからです。

k最近傍法を使用するもう1つの理由は、そのように分類された「理由」が明確に説明されることです。言い換えるなら、サンプルと未知のサンプルの類似度を比較すれば、k最近傍法が未知のサンプルをマルウェアまたはビナインウェアとして分類した理由を簡単に突き止めることができます。

決定木

マルウェア検出問題の解決によく使用されるもう1つの機械学習法は決定木です。「20の質問」ゲームと同様に、決定木は与えられたバイナリがマルウェアかどうかを判断するために、訓練プロセスを通じて一連の質問を自動的に生成します。図6-16に示す決定木は、本章で使用している単純なデータセットでの訓練によって自動的に生成されたものです。この決定木のロジックをたどってみましょう。

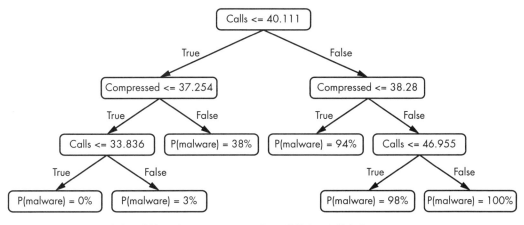

図6-16：本章の単純なデータセットサンプルで訓練された決定木

この決定木は、新しい未知のバイナリから抽出された特徴量を入力するところから始まります。そうすると、この決定木がこのバイナリの特徴量に関する質問を定義します。決定木の一番上のボックスは、「このバイナリに含まれている不審な呼び出しの数は40.111以下か」という最初の質問を表しています（これらのボックスはノード［node］と呼ばれます）。ここで浮動小数点数が使用されているのは、各バイナリに含まれている不審な呼び出しの数を0～100の範囲に正規化しているためです。答えが「True」である場合は、「このバイナリに含まれている圧縮されたデータの割合は37.254以下か」

という次の質問に進みます。その答えが「True」である場合は、「このバイナリに含まれている不審な呼び出しの数は33.836以下か」という次の質問に進みます。その答えが「True」である場合は、決定木の終端に到達します。この時点で、このバイナリがマルウェアである確率は0%となります。

この決定木の幾何学的解釈をプロットすると、図6-17のようになります。

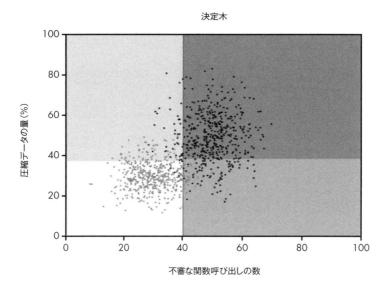

図6-17：本章の単純なデータセットサンプルに対して決定木が作成した決定境界

図6-17の濃い灰色の領域は、この決定木が「サンプルはマルウェアである」と考えている場所を表しています。薄い灰色の領域は、この決定木が「サンプルはビナインウェアである」と考えている場所を表しています。図6-16の一連の質問と答えによって導出される確率は、図6-17の各領域に対応するはずです。

◆ 適切なルートノードを選択する

では、機械学習アルゴリズムを使って訓練データからこのような決定木を生成するにはどうすればよいのでしょうか。基本的には、決定木は**ルートノード**（root node）と呼ばれる最初の質問から始まります。最もよいルートノードは、一方の種類のサンプルでは、「すべてではないにせよほとんど」の答えが「はい」になり、もう一方の種類のサンプルでは、「すべてではないにせよほとんど」の答えが「いいえ」になるものです。たとえば図6-16では、ルートノードの質問は「未知のバイナリに含まれている不審な呼び出しの

数が40.111以下かどうか」です（浮動小数点数が使用されているのは、バイナリあたりの呼び出しの数が0～100の範囲に正規化されるためです）。**図6-17**の縦の線が示しているように、悪意のないバイナリのほとんどで不審な呼び出しの数がこの数を下回っている一方、悪意を持つバイナリのほとんどで不審な呼び出しの数がこの数を上回っています。したがって、最初にするにはよい質問です。

◆ 次の質問を選択する

ルートノードを選択した後は、ルートノードを選択したときと同じ要領で、その後のノードを選択します。たとえば、このルートノードでは、サンプルを2つのグループに分割することができました。一方のグループでは、不審な呼び出しの数は40.111以下であり（負の特徴空間）、もう一方のグループでは、不審な呼び出しの数は40.111を超えています（正の特徴空間）。次のノードを選択するには、特徴空間内の各領域のサンプルをさらにマルウェア訓練サンプルとビナインウェア訓練サンプルに分類するための質問が必要です。

図6-16と**図6-17**の決定木は、この方法で構造化されています。たとえば**図6-16**では、バイナリによる不審な呼び出しの数に関する最初の質問（ルート）をした後、それらのバイナリに含まれている圧縮されたデータの量に関する質問をしています。データをこのように処理する理由は**図6-17**に示されています。不審な呼び出しに関する最初の質問の後、このプロットにおいて大部分のマルウェアを大部分のビナインウェアから分離する大まかな決定境界が定義されます。この決定境界を2つ目以降の質問でさらに改善するにはどうすればよいでしょうか。この決定境界を改善する次の最も効果的な質問は明白です。その質問は、それらのバイナリに含まれている圧縮されたデータの量に関するものになるでしょう。

◆ 質問をどこでやめるか

決定木を作成する際には、質問をやめるタイミングを判断する必要があります。そして、質問の答えの確実性に基づいてバイナリがマルウェアかどうかを判断する必要があります。1つの方法は、単に決定木の質問の数を制限するか、あるいは決定木の**深度**（depth）を制限することです。決定木の深度は、任意のバイナリに関する質問の最大数を表します。もう1つの方法は、訓練データセット内の各サンプルがマルウェアかどうかについて100%確信できるまで、決定木を成長させることです。

決定木のサイズを制限することには、決定木が単純であるほど正しい答えが得られる可能性が高くなるという利点があります（オッカムの剃刀のように、理論は単純であれ

ばあるほどよいのです）。言い換えれば、決定木を小さく保てば、訓練データを過学習する可能性が低くなります。

　逆に、決定木が最大サイズまで成長できるようになっていると、学習不足に陥っている場合に役立つことがあります。たとえば、決定木をさらに成長させると、決定境界がより複雑になります。学習不足に陥っている場合は、より複雑な決定境界が必要です。一般に、機械学習の実践者は複数の深度を試してみるか、新しい未知のバイナリに最大深度を適用できるようにし、最も正確な結果が得られるまでこのプロセスを繰り返します。

◆ 疑似コードを使って決定木生成アルゴリズムを調べる

　ここで、自動的な決定木生成アルゴリズムを実際に見てみましょう。すでに説明したように、このアルゴリズムの基本的な考え方は、決定木のルートノードを作成し、さらにノードを追加していく、というものです。決定木のルートノードは、訓練サンプルがマルウェアかどうかについての確信度を最もうまく引き上げる質問を見つけ出す、という方法で作成されます。その後のノードを構成する質問は、この確信度をさらに高めるものとなります。このアルゴリズムは、訓練サンプルについての確信度が事前に設定したしきい値を超えた時点で質問をやめ、訓練サンプルがマルウェアかどうかを判断します。

　プログラムでは、このアルゴリズムを再帰的に実装できます。決定木の構築プロセス全体を Python 風の単純な擬似コードで表すと、**リスト 6-3** のようになります。

リスト 6-3：決定木アルゴリズムを構築するための疑似コード

```
tree = Tree()

def add_question(training_examples):
❶    question = pick_best_question(training_examples)
❷    uncertainty_yes,yes_samples=ask_question(question,training_examples,"yes")
❸    uncertainty_no,no_samples=ask_question(question,training_examples,"no")
❹    if not uncertainty_yes < MIN_UNCERTAINTY:
          add_question(yes_samples)
❺    if not uncertainty_no < MIN_UNCERTAINTY:
          add_question(no_samples)

❻ add_question(training_examples)
```

リスト 6-3 の擬似コードは、決定木に質問を再帰的に追加します。この決定木はルートノードから始まり、新しいバイナリがマルウェアかどうかについてかなり確実が答えを提供できるという確証が得られるまで、下に向かって伸びていきます。

決定木の構築を開始したら、まず、`pick_best_question` 関数を使ってルートノードを選択します❶。この関数の仕組みについては、ひとまず気にしないでください。次に、この最初の質問に対する答えが「はい」である訓練サンプルの不確実度を調べます❷。不確実度がわかれば、これらのサンプルに関する質問をさらに続ける必要があるか、それとも質問をやめて、これらのサンプルがマルウェアかどうかを予測できるかを判断するのに役立ちます。最初の質問の答えが「いいえ」のサンプルについても、同じことを行います❸。

次に、質問への答えが「はい」であるサンプルの不確実度 (`uncertainty_yes`) が、サンプルがマルウェアかどうかを判断できるほど低いかどうかを調べます❹。この時点でサンプルがマルウェアかどうかを判断できる場合は、そこで質問を打ち切ります。この時点では判断できない場合は、`add_question` 関数を再び呼び出し、答えが「はい」であるサンプルの数 (`yes_samples`) を入力として渡します。これは関数が自身を呼び出す**再帰 (recursion)** の典型的な例です。ここでは再帰を使用することで、ルートノードで実行したプロセスを訓練サンプルのサブセットで繰り返します。次の if 文は、質問への答えが「いいえ」であるサンプルで同じプロセスを繰り返します❺。最後に、この決定木構築関数を訓練サンプルで呼び出します❻。

`pick_best_question` 関数の仕組みを詳しく説明することは本書の適用外ですが、考え方は単純です。決定木構築プロセスの任意のポイントで最適な質問を選択するには、まだ不確実度が高い訓練サンプルを調べて、それらのサンプルに関する有効な質問をすべて洗い出します。そして、それらのサンプルがマルウェアかどうかについての不確実度を最もうまく低下させる質問を選択します。この不確実度の低下を測定するには、**情報利得 (information gain)** と呼ばれる統計学的指標を使用します。最もよい質問を選択するこの単純な手法は驚くほどうまくいきます。

> **NOTE** この例は現実の決定木生成アルゴリズムの仕組みを単純化したものです。サンプルがマルウェアかどうかについての確実度が特定の質問によってどれくらい高まるかに関する計算は省略しています。

本章の2つのサンプルデータセットでの決定木の振る舞いを見てみましょう。図 6-18 は、決定木モデルが学習した決定境界を示しています。

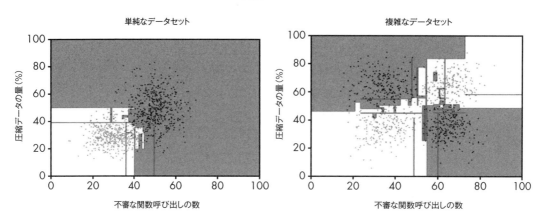

図 6-18：決定木モデルによって生成されたサンプルデータセットの決定境界

この例では、決定木の最大深度を設定するのではなく、訓練データに対する偽陽性や偽陰性が存在せず、すべての訓練サンプルが正しく分類される状態まで決定木を伸ばせるようにしています。

曲線や斜線のほうが明らかに適しているように見える状況でも、決定木が特徴空間で描画できるのは縦線と横線だけであることに注意してください。というのも、決定木で表現できるのは個々の特徴量に関する単純な条件（以上、以下など）だけであり、それらの条件は常に縦線か横線として表現されるからです。

また、これらのサンプルの決定木はビナインウェアをマルウェアからうまく分離していますが、決定境界がかなり不規則で、不自然な結果になっていることもわかります。たとえば、マルウェア領域がおかしな形でビナインウェア領域に伸びており、ビナインウェア領域もおかしな形でマルウェア領域に伸びています。とはいえ、複雑なデータセットでの決定境界の作成に関しては、決定木のほうがロジスティック回帰よりもはるかによい結果が得られます。

今度は、図 6-18 の決定木を図 6-19 の決定木と比較してみましょう。

図 6-19 の決定木の生成に使用されたアルゴリズムは図 6-18 と同じものですが、決定木の深度が5ノードに制限されています。つまり、どのバイナリについても、その特徴量に関する質問は5つまでとなります。

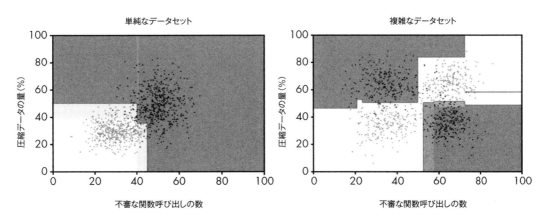

図6-19：深度が制限された決定木によって生成されたサンプルデータセットの決定境界

その結果は目を見張るものです。図6-18の決定木は明らかに過学習に陥っており、外れ値を重視し、一般的な傾向を捉えない過度に複雑な決定境界を描いています。これに対し、図6-19の決定木は訓練データにはるかにうまく適合しており、外れ値に惑わされることなく、両方のデータセットの一般的な傾向を捉えています（ただし、右図の右上部分に細い決定領域が見えます）。このように、決定木の最大深度の選択は決定木に基づく機械学習検出器に大きな影響を与えることがあります。

◆ 決定木を使用する状況

単純ながら表現力に富む決定木は、「はい」か「いいえ」で答える単純な質問に基づき、単純な決定境界とかなり不規則な決定境界を学習できます。また、最大深度を設定することで、マルウェアとビナインウェアを分類するためのロジックを単純にも複雑にもできます。

残念ながら、決定木の欠点は、あまり正確なモデルになりようがないことです。その理由は複雑ですが、決定木がギザギザの決定境界を表現することに関連しています。決定境界がギザギザになるのは、新しい未知のサンプルにうまく汎化するような方法で訓練データに適合しないためです。

同様に、決定木はたいてい決定境界の周囲で正確な確率を学習しません。図6-19で、決定境界の周囲の濃い灰色の領域を調べてみるとわかります。減衰が不自然だったり、グラデーションになっていなかったり、然るべき領域（マルウェアとビナインウェアのサンプルがオーバーラップする部分）で発生していなかったりします。

次は、ランダムフォレストについて見てみましょう。ランダムフォレストは、はるかによい結果を得るために複数の決定木を組み合わせます。

ランダムフォレスト

　セキュリティコミュニティはマルウェアの検出に関して決定木に大きく依存していますが、決定木を単体で使用することはまずありません。代わりに、**ランダムフォレスト**（random forest）と呼ばれるアルゴリズムに基づき、数百あるいは数千もの決定木を組み合わせて使用します。1つの決定木を訓練するのではなく、多くの（通常は100個以上の）決定木を訓練しますが、データを異なる視点で捉えるために、決定木ごとに異なる方法で訓練します。そして最後に、新しいバイナリがマルウェアかどうかを判断するために、各決定木に投票させます。新しいバイナリがマルウェアである確率は、肯定的な投票の数を決定木の総数で割ったものになります。

　当然ながら、決定木がすべて同一であるとしたら、同じように投票するはずであり、ランダムフォレストは個々の決定木の結果を再現するだけでしょう。この問題に対処するには、決定木ごとにマルウェアとビナインウェアに対する見方が異なるようにする必要があります。そして、次に説明する2つの方法を使って、決定木のコレクションがこのような多様性を持つようにします。多様性を持たせることにより、このモデルで「集合知」の仕組みが再現されます。このようにすると、通常はより正確なモデルになります。

　ランダムフォレストアルゴリズムを生成する手順は次のようになります。

1. 計画した数（通常は100以上）の決定木ごとに訓練を行います。
   - 訓練データセットから訓練サンプルをランダムにサンプリングする。
   - ランダムなサンプルから決定木を構築する。
   - 各決定木の「質問」について検討する際には、ほんのひと握りの特徴量に関する質問を定義し、他の特徴量は無視する。
2. 新しい未知のバイナリで検出を行います。
   - そのバイナリで決定木ごとに検出を行う。
   - 「はい」に投票した決定木の数に基づき、そのバイナリがマルウェアかどうかを判断する。

　これらの手順を詳しく理解するために、ランダムフォレストが2つのサンプルデータセットで生成した結果を見てみましょう（図6-20）。これらの結果は、100個の決定木を使って生成されたものです。

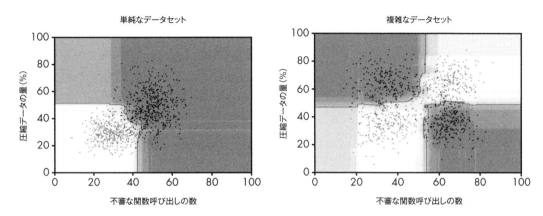

図 6-20：ランダムフォレストによって生成されたサンプルデータセットの決定境界

　図 6-18 と図 6-19 の単一の決定木による結果とは対照的に、ランダムフォレストでは、単純なデータセットでも複雑なデータセットでも、はるかになめらかでより直観的な決定境界を表現できます。実際のところ、ランダムフォレストモデルは訓練データセットに非常にうまく適合しており、縁がギザギザになっていません。どちらのデータセットでも、ランダムフォレストモデルは「マルウェアとビナインウェア」を分類するロジックをうまく学習しているようです。

　それに加えて、グラデーションになっている領域も直観的です。たとえば、ビナインウェアサンプルやマルウェアサンプルから遠ざかるほど、サンプルがマルウェアかどうかに関するランダムフォレストの確信度は低下しています。このため、新しい未知のバイナリでも性能がよいことが期待できます。実際には、本章で説明したモデルの中で、ランダムフォレストは新しい未知のバイナリに関して最も性能のよいモデルです。この点については、次章で改めて説明します。

　ランダムフォレストが個々の決定木よりも明確な決定境界を描画する理由を理解するために、100 個の決定木が行うことについて考えてみましょう。決定木はそれぞれ訓練データのおよそ 3 分の 2 しか調べず、どのような質問をするのかを決めるたびにランダムに選択された特徴量について検討するだけです。つまり、内部には 100 個の異なる決定境界があり、最終的な決定境界（およびグラデーション領域）を作成するためにそれらの決定境界が**平均化**されます。この「集合知」の仕組みによって得られる「総意」に基づき、個々の決定木よりもはるかに洗練された方法でデータの傾向を特定することができます。

6.5 まとめ

本章では、機械学習に基づくマルウェアの検出と、ロジスティック回帰、k最近傍法、決定木、ランダムフォレストという4つの主な機械学習アルゴリズムをざっと紹介しました。機械学習に基づく検出システムでは、検出シグネチャを作成する作業を自動化できます。多くの場合、そのようにして作成されたシグネチャは手動で作成されたシグネチャよりも的確です。

次章からは、現実のマルウェア検出問題においてこれらの手法の性能を確認します。具体的には、オープンソースの機械学習ソフトウェアを使って、バイナリをマルウェアかビナインウェアとして正確に分類する機械学習検出器を構築します。また、基本的な統計量を用いて、新しい未知のバイナリで検出器の性能を評価する方法も示します。

7

機械学習に基づく
マルウェア検出器の評価

前章では、機械学習がマルウェア検出器の構築にどのように役立つのかについて説明しました。本章では、マルウェア検出器の性能を予測するのに必要な、基本的な概念を紹介します。あなたが構築するマルウェア検出器を改善する上で、これらの概念はきわめて重要です。システムの性能を測定する方法がなければ、システムをどのように改善すればよいかはわからないからです。本章の目的は、評価に関する基本的な概念を紹介することにあります。8章では引き続き、交差検証など、きわめて重要な評価の概念を紹介します。

　まず、検出器の正解率の評価に関する基本的な概念を紹介します。検出器の性能を評価するには、実際にデプロイしてみる必要があります。そこで、そうしたデプロイメント環境に関する、より高度な概念を紹介します。その際には、架空のマルウェア検出器を評価する手順を示します。

7.1 4種類の検出結果

ソフトウェアバイナリでマルウェア検出器を実行し、そのバイナリがマルウェアかどうかに関する「見解」を検出器から取得するとしましょう。検出結果として、**図7-1** に示す4種類が考えられます。

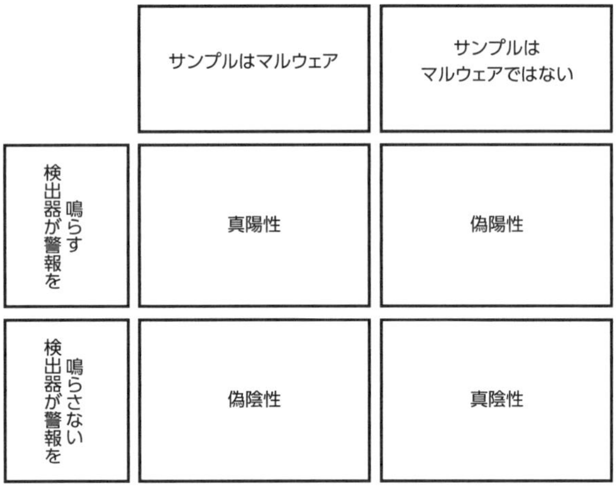

	サンプルはマルウェア	サンプルはマルウェアではない
検出器が警報を鳴らす	真陽性	偽陽性
検出器が警報を鳴らさない	偽陰性	真陰性

図7-1：考え得る4つの検出結果

これらの結果は次のように定義できます。

真陽性
    バイナリはマルウェアであり、検出器はマルウェアであると報告する。
偽陰性
    バイナリはマルウェアであり、検出器はマルウェアではないと報告する。
偽陽性
    バイナリはマルウェアではなく、検出器はマルウェアであると報告する。
真陰性
    バイナリはマルウェアではなく、検出器はマルウェアではないと報告する。

このように、偽陰性と偽陽性の2つのシナリオでは、マルウェア検出器が不正確な結果を生成する可能性があります。実際には、望ましい結果は真陽性と真陰性ですが、これらの結果を得るのは難しいことがよくあります。

これらの用語が本章のあちこちに登場することがわかるでしょう。実際には、検出評価理論のほとんどは、この単純な用語に基づいています。

真陽性率と偽陽性率

マルウェアとビナインウェアからなるデータセットを使って検出器の正解率をテストしたいとしましょう。各バイナリで検出器を実行し、テストデータセット全体での4種類の結果の数をカウントします。この時点で、検出器の全体的な正解率（検出器が偽陽性または偽陰性を生成する可能性がどれくらいあるか）を把握するために、何らかの要約統計量が必要になります。

検出器の**真陽性率**（true positive rate）は、そうした要約統計量の1つです。真陽性率を求めるには、テストデータセットでの真陽性の数をテストデータセット内のマルウェアサンプルの総数で割ります。これにより、検出器が検出できるマルウェアサンプルの割合が計算されるため、検出器がマルウェアを「調べた」ときにマルウェアとして認識できる能力が測定されます。

ただし、検出器がマルウェアを調べたときに警報を鳴らすことがわかっているだけでは、その正解率を評価するのに十分ではありません。たとえば、評価の条件として真陽性率だけを使用するとしたら、すべてのバイナリを「マルウェア」として判定する単純な関数は申し分のない真陽性率をたたき出すでしょう。しかし、検出器の現実のテストでは、検出器がマルウェアを調べたときに「これはマルウェアです」と答え、ビナインウェアを調べたときに「これはマルウェアではありません」と答えるかどうかをテストします。

何かがマルウェアではないことを判定する検出器の能力を測定するには、検出器の**偽陽性率**（false positive rate）も測定しなければなりません。偽陽性率は、検出器がビナインウェアを調べたときにマルウェア警報を鳴らす割合です。検出器の偽陽性率を求めるには、検出器がマルウェアとして判定するビナインウェアサンプルの数を、テストデータセット内のビナインウェアサンプルの数で割ります。

真陽性率と偽陽性率の関係

マルウェア検出器を設計する際には、偽陽性率をできるだけ低く保つ一方、真陽性率をできるだけ高く保つようにしたいところです。常に正しい（本当の意味で完全な）検出器を構築するのではない限り、高い真陽性率に対する願望と低い偽陽性率に対する願望は常に緊張関係にあります（進化し続けるマルウェアの性質を考えると、完全な検出器を構築するのは実際には不可能ですが）。

その理由を理解するために、次のような検出器を想像してみてください。この検出器は、バイナリがマルウェアかどうかを判断する前に、そのバイナリがマルウェアである証拠をすべて合計し、そのバイナリの疑わしさのスコア —— つまり**不審度**（suspiciousness score）を計算します。この架空の検出器をMalDetectと呼ぶことにします。図7-2は、MalDetectが12個のサンプルバイナリに対して出力する値の例を示しています。図中の円は、個々のサンプルバイナリを表しています。MalDetectが生成する不審度が右へ行くほど高くなることがわかります。

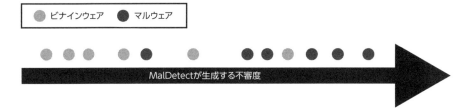

図7-2：個々のサンプルバイナリに対して架空のMalDetectシステムが出力する不審度

不審度は参考になりますが、バイナリに関するMalDetectの真陽性率と偽陽性率を求めるには、MalDetectの不審度を変換する必要があります。つまり、これらの不審度を、与えられたバイナリがマルウェアかどうかに関する「はい」または「いいえ」の答えに変換します。この変換には「しきい値」を使用します。たとえば、不審度がしきい値以上である場合は問題のバイナリでマルウェア警報が鳴りますが、不審度がしきい値に満たない場合は警報は鳴りません。

しきい値は不審度をマルウェア検出の選択肢に変換する標準的な手段ですが、しきい値はどこに設定すればよいのでしょうか。残念ながら、正しい答えはありません。しきい値を大きくすると偽陽性の可能性が低くなりますが、一方で偽陰性の可能性が高くなります。図7-3は、この解決困難な状況を示しています。

たとえば、図7-3の一番左のしきい値について考えてみましょう。このしきい値の左側にあるバイナリはビナインウェアとして分類され、その右側にあるバイナリはマルウェアとして分類されます。このしきい値は小さいため、真陽性率は申し分ありませんが（マルウェアサンプルは100%正しく分類されます）、偽陽性率は目も当てられません（ビナインウェアの33%がマルウェアとして誤分類されます）。

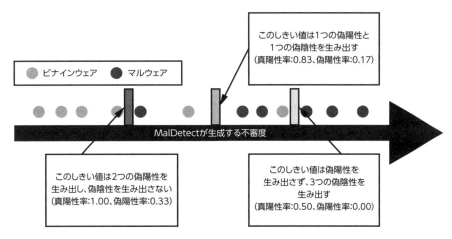

図7-3：しきい値を決定するときの偽陽性率と真陽性率の関係

　直観的に、しきい値を大きくして不審度の高いサンプルだけがマルウェアとして分類されるようにすればよい、と考えたかもしれません。**図7-3**の真ん中にあるのはまさにそうしたしきい値です。この場合、偽陽性率は0.17に低下しますが、残念ながら真陽性率も0.83に低下します。右端のしきい値に示されているように、しきい値を右へ移動し続ければ偽陽性率は0.00になりますが、マルウェアは50%しか検出されなくなります。

　このように、完璧なしきい値というものは存在しません。偽陽性率を引き下げる（望ましい）しきい値はマルウェアを見逃しやすい傾向にあり、真陽性率を引き下げます（望ましくない）。逆に、真陽性率を引き上げる（望ましい）しきい値は、偽陽性率も引き上げます（望ましくない）。

ROC曲線

　検出器の真陽性率と偽陽性率のトレードオフは、マルウェア検出器だけでなく、すべての検出器にとって普遍的な問題です。エンジニアや統計学者は、この現象について考え抜いたすえ、この現象を説明 / 分析する **ROC**（Receiver Operating Characteristic）曲線と呼ばれるものを考え出しました。

> **NOTE**　受信者操作特性（Receiver Operating Characteristic：ROC）という用語に戸惑っているかもしれません。この用語はそもそもわかりにくく、ROC曲線が最初に開発された背景（レーダーに基づく物体の検出）に関係しています。

ROC 曲線は、さまざまなしきい値設定での偽陽性率と真陽性率の関係をプロットすることで、検出器の特性を明らかにします。このため、低い偽陽性率と高い真陽性率のトレードオフを評価し、その状況に「最適な」しきい値を特定するのに役立ちます。

たとえば、**図 7-3** に示す架空の MalDetect システムでは、偽陽性率が 0 のとき（しきい値が小さいとき）の真陽性率は 0.5、偽陽性率が 0.33 のとき（しきい値が大きいとき）の真陽性率は 1.00 です。

図 7-4 は、この関係をさらに詳しく示しています。

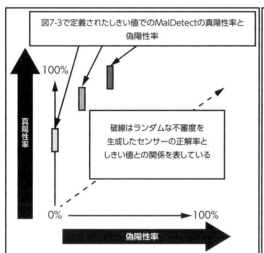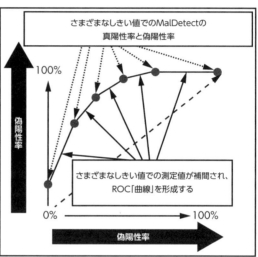

図 7-4：ROC 曲線の意味と構造

図 7-4 の左図は、**図 7-3** で使用した 3 つのしきい値を出発点として ROC 曲線を作成し、結果として得られた偽陽性率と真陽性率をプロットしたものです。**図 7-4** の右図も同じですが、考え得るすべてのしきい値でプロットされており、偽陽性率が高くなるほど真陽性率が高くなることがわかります。同様に、偽陽性率が低くなるほど真陽性率も低くなります。

ROC 曲線の「曲線」は、2 次元の ROC プロットを横切る「線」であり、私たちがこの検出器（MalDetect）をどのように考えているのかを表します。つまり、ありとあらゆる偽陽性率に対して MalDetect がどのような真陽性率を生成するのか、そしてありとあらゆる真陽性率に対して MalDetect がどのような偽陽性率を生成するのかに関する私たちの考えを反映したものとなります。このような曲線を生成する方法は他にもあるため、ぜひ調べてみてください。

ただし、単純な方法が1つあります。多くのしきい値を試しながら、そのつど偽陽性率と真陽性率を観測し、それらをプロットし、プロットされた点を直線で結ぶという方法です。このようにして結ばれた線（**図7-4**の右図）がROC曲線となります。

7.2 評価の基準率

　ROC曲線では、検出器の性能を「割合」で表すことができます。それらの割合は、悪意を持つバイナリをマルウェアとして分類する割合（真陽性率）と、悪意を持たないバイナリをマルウェアとして分類する割合（偽陽性率）です。ただし、検出器の警報が実際に真陽性である割合までは教えてくれません。この割合は**適合率**（precision）と呼ばれます。適合率は実際にマルウェアであるバイナリに検出器が遭遇する割合に関連しており、この割合は**基準率**（base rate）と呼ばれます。それぞれの用語の定義は次のようになります。

適合率
　　検出器の警報が真陽性である（検出器が実際にマルウェアを検出している）割合。つまり、あるデータセットに対してテストを行ったときの真陽性と偽陽性に対する真陽性の割合。

$$\frac{真陽性}{(真陽性 + 偽陽性)}$$

基準率
　　検出器に供給されたデータのうち、私たちが求めている品質を持つものの割合。この場合は「実際にマルウェア」であるバイナリの割合。

　次項では、これら2つの指標がどのような関係にあるのかについて説明します。

基準率は適合率にどのような影響を与えるか

　検出器の真陽性率と偽陽性率は、マルウェアの基準率が変化しても変化しませんが、適合率は基準率の変化に左右されます。多くの場合、その影響は劇的です。その理由を理解するために、次の2つのケースについて考えてみましょう。
　MalDetectの偽陽性率が1%、真陽性率が100%であるとしましょう。ここで、マ

ルウェアが存在しないことが事前にわかっているネットワーク（おそらく研究室で一から作成されたばかりのネットワーク）に MalDetect が放たれます。このネットワーク上にマルウェアが存在しないことはすでにわかっているため、MalDetect はビナインウェアであるバイナリにしか遭遇しません。このため、当然ながら、MalDetect の警報はどれも偽陽性ということになります。言い換えると、適合率は 0% となります。

対照的に、マルウェアだけで構成されたデータセットで MalDetect を実行した場合、MalDetect の警報が偽陽性になることはあり得ません。このデータセットにビナインウェアは存在しないため、MalDetect が偽陽性を生成するチャンスはまったくないからです。このため、適合率は 100% になります。

こうした極端な状況では、基準率は MalDetect の適合率 ── MalDetect の警報が偽陽性である確率 ── に非常に大きな影響を与えます。

デプロイメント環境で適合率を推定する

テストデータセットに含まれているマルウェアの割合（基準率）によって、検出器が生成する適合率に大きな差が生じることがわかりました。検出器がデプロイされる環境の基準率の推定値に基づいて、検出器の適合率を推定したい場合はどうすればよいでしょうか。デプロイメント環境の推定基準率を用いて、次に示す適合率の式の変数を推定すればよいだけです。

$$\frac{真陽性}{(真陽性 + 偽陽性)}$$

必要なのは、次の 3 つの変数の値です。

- **真陽性率（TPR）** … 検出器が正しく検出するマルウェアサンプルの割合。
- **偽陽性率（FPR）** … 検出器が誤って検出するビナインウェアサンプルの割合。
- **基準率（BR）** … 検出器で使用するバイナリの基準率（たとえば、違法サイトからダウンロードされたバイナリのうち、マルウェアと予想されるバイナリの割合など）。

適合率の式の分子（真陽性の数）は、「真陽性率×基準率」として推定できます。これにより、検出器が正しく検出するマルウェアの割合が得られます。同様に、適合率の式の分母（真陽性＋偽陽性）は、「真陽性率×基準率＋偽陽性率×(1 − 基準率)」として推定されます。正しく検出されるマルウェアバイナリの数と、ビナインウェアバイナリのうち偽陽性となるものを計算することで、検出器が警報を鳴らす「すべて」のバイナリの割合

が得られます。

要するに、検出器の予測適合率は次のように計算します。

$$適合率\,(PRE) = \frac{TPR \times BR}{TPR \times BR + FPR \times (1 - BR)}$$

検出器の性能に基準率が非常に大きな影響を与える仕組みを理解するために、別の例について考えてみましょう。この例では、真陽性率が80%、偽陽性率が10%の検出器があり、実行するソフトウェアバイナリの50%がマルウェアであると想定されます。この場合、予想適合率は89%になります。しかし、基準率が10%の場合、予想適合率は47%に低下します。

基準率が非常に低い場合はどうなるでしょうか。たとえば、最近のエンタープライズネットワークでは、実際にマルウェアであるバイナリはごく少数です。先ほどの適合率の式で基準率が1%（100個のバイナリのうち1個がマルウェア）であると仮定した場合、適合率は約7.5%になります。つまり、検出器の警報の92.5%は偽陽性です。そして、基準率が0.1%（1,000個のバイナリのうち1個がマルウェア）であると仮定した場合、適合率は1%となります。つまり、検出器の警報の実に99%が偽陽性ということになります。さらに、基準率が0.01%（10,000個のバイナリのうちマルウェアはおそらく1個。エンタープライズネットワークでは最も現実的な仮定）であると仮定した場合、予想適合率は0.1%に低下します。つまり、検出器の警報の圧倒的大多数が偽陽性ということになります。

この分析から得られる教訓の1つは、偽陽性率の高い検出器は適合率が低すぎるため、エンタープライズ環境ではほとんど使いものにならないことです。このため、マルウェア検出器を構築する際には、検出器の適合率が妥当な数字になるよう、偽陽性率をできるだけ低くすることが目標となります。

このことに関連して、教訓がもう1つあります。エンタープライズ環境にデプロイされる検出器を開発していて、少し前に説明したROC曲線を使って分析を行う場合は、たとえば1%を上回るような偽陽性率は実質的に無視すべきです。なぜなら、偽陽性率が高いと、検出器が使いものにならなくなるほど適合率が低くなるからです。

7.3 まとめ

本章では、真陽性率、偽陽性率、ROC 曲線、基準率、適合率を含め、検出評価の基本的な概念を取り上げました。マルウェア検出器の構築では、真陽性率をできるだけ高くすることと、偽陽性率をできるだけ低くすることが重要となります。基準率は適合率に影響を与えるため、検出器をエンタープライズ環境にデプロイしたい場合は、偽陽性率を低下させることが特に重要となります。

これらの概念を完全に理解できていなくても問題はありません。次章では、さらに実践を積むために、マルウェア検出器の構築と評価に一から取り組みます。その過程で、機械学習に基づく検出器の改善に役立つ、機械学習に特化した評価の概念を紹介します。

8

機械学習に基づく
マルウェア検出器の構築

機械学習システムの実装には数学がつきものですが、最近では、この最もやっかいな部分を処理してくれる高品質なオープンソースソフトウェアが提供されています。このため、Pythonの基礎知識があり、重要な概念を理解していれば、誰でも機械学習を利用することができます。

本章では、scikit-learn を使って機械学習マルウェア検出器を構築します。scikit-learn は、オープンソースとしては最もよく知られている ── そして筆者に言わせれば最高の ── 機械学習パッケージです。このマルウェア検出器の主要なコードブロックはダウンロードサンプルの ch8/code ディレクトリに、サンプルデータは ch8/data ディレクトリに含まれています。

本文を読みながらサンプルコードを確認し、そこで提供されている例を実際に試してみてください。本章を読み終える頃には、機械学習システムの構築と評価を難なく行えるようになるはずです。ここでは、汎用的なマルウェア検出器の構築と、特定のマルウェアファミリに対するマルウェア検出器の構築についても説明します。本章で習得する機械学習のスキルは応用範囲が広く、悪意を持つメールや不審なネットワークストリーム

の検出など、他のセキュリティ問題にも応用できます。

　最初に、scikit-learnを使用する前に知っておかなければならない用語と概念を取り上げます。続いて、6章で説明した決定木の概念をもとに、scikit-learnを使って基本的な決定木検出器を実装します。次に、特徴抽出のコードをscikit-learnと統合することで、マルウェア検出器を実際に構築します。この検出器では、実際に使用されている特徴抽出とランダムフォレストの手法を使用します。最後に、このランダムフォレスト検出器をもとに、scikit-learnを使って機械学習システムを評価する方法について説明します。

8.1 用語と概念

　まず、用語をいくつか確認しておきましょう。scikit-learn（略してsklearn）はオープンソースの機械学習ライブラリであり、その性能と使いやすさから機械学習コミュニティで人気を集めています。多くのデータサイエンティストがコンピュータセキュリティコミュニティや他の分野でsklearnを使用しており、多くの人が機械学習タスクを実行するための主要なツールとして使用しています。sklearnは機械学習の新しいアプローチに基づいて絶えず更新されていますが、一貫したプログラミングインターフェイスを提供しており、新しい機械学習アプローチを簡単に試してみることができます。

　多くの機械学習フレームワークと同様に、sklearnは**ベクトル形式の訓練データ**を要求します。ベクトルとは数字の配列のことであり、配列のインデックスはそれぞれ訓練サンプル（ソフトウェアバイナリ）の1つの特徴量に対応します。たとえば、マルウェア検出器がバイナリの特徴量として is compressed（圧縮されている）と contains encrypted data（暗号化されたデータを含んでいる）の2つを使用する場合、訓練サンプル（バイナリ）の特徴ベクトルは [0,1] になるかもしれません。この場合、ベクトルの1つ目のインデックスはそのバイナリが圧縮されているかどうかを表し、0の値は「いいえ」を意味します。2つ目のインデックスはそのバイナリに暗号化されたデータが含まれているかどうかを表し、1の値は「はい」を意味します。

　インデックスがそれぞれどの特徴量にマッピングされるのかを覚えておかなければならない点で、ベクトルは扱いにくいことがあります。幸いなことに、sklearnには、他のデータ表現をベクトル形式に変換するヘルパーコードが含まれています。たとえば、sklearnのDictVectorizerクラスを使用すると、ディクショナリ形式の訓練データ（{"is compressed":1,"contains encrypted data":0} など）を、sklearnの [0,1] のようなベクトル形式に変換できます。あとでDictVectorizerを再び使用すれば、このベクトルのインデックスから元の特徴量の名前を復元できます。

sklearn ベースの検出器を訓練するには、前述の特徴ベクトルとラベルベクトルの 2 つのオブジェクトを sklearn に渡す必要があります。**ラベルベクトル**は訓練サンプルごとに数字を 1 つ含んでおり、この場合、それらの数字はサンプルがマルウェアかどうかを表します。たとえば、3 つの訓練サンプルとラベルベクトル [0,1,0] を渡す場合、1 つ目のサンプルはビナインウェア、2 つ目のサンプルはマルウェア、3 つ目のサンプルはビナインウェアであることを sklearn に伝えることになります。機械学習エンジニアの間では、訓練データを表す変数の名前として大文字の X を使用し、ラベルを表す変数の名前として小文字の y を使用するのが慣例となっています。大文字と小文字の違いは、数学の規約を反映したものです。数学では、行列 (ベクトルの配列と考えることができます) を表す変数の名前を大文字にし、個々のベクトルを表す変数の名前を小文字にします。この規約はインターネット上の機械学習のサンプルコードでも使用されています。本書の残りの部分では、この規約に慣れてもらうことにします。

sklearn フレームワークの用語の中には、目新しく感じるかもしれないものが他にもあります。sklearn では、機械学習に基づく検出器を「検出器」と呼ばず、「分類器」と呼びます。この場合、**分類器** (classifier) は何かを 2 つ以上のカテゴリに分類する機械学習システムを意味します。その意味では、本書で使用している**検出器** (detector) は特殊な分類器であり、マルウェアとビナインウェアのように、何かを 2 種類に分類します。また、sklearn のドキュメントと API では、**訓練** (training) の代わりに**適合** (fit) という用語がよく使用されます。たとえば、「訓練サンプルを使って機械学習分類器を適合させる」という文章の意味は、「訓練サンプルを使って機械学習分類器を訓練する」と同じです。

最後に、sklearn は分類器に対して**検出** (detect) の代わりに**予測** (predict) という用語を使用します。この用語は、sklearn のフレームワーク、そして機械学習コミュニティでも広く使用されています。1 週間後の株価の予測でも、未知のバイナリがマルウェアかどうかの検出でも、機械学習システムが使用されるたびに「予測」が使用されます。

8.2 決定木に基づく単純な検出器を構築する

sklearn フレームワークの用語を理解したところで、6 章で説明した内容に沿って、sklearn を使って単純な決定木を作成してみましょう。すでに説明したように、決定木は「20 の質問」ゲームのような形式で入力ベクトルに関する質問を次々に行い、これらのベクトルがマルウェアかどうかを最終的に判断します。ここでは、決定木分類器の構築を段階的に説明した後、完全なプログラムの例を示します。sklearn から必要なモ

ジュールをインポートするコードは**リスト 8-1** のようになります。

リスト 8-1：sklearn のモジュールのインポート

```
from sklearn import tree
from sklearn.feature_extraction import DictVectorizer
```

1 つ目の tree モジュールは、sklearn の決定木モジュールです。2 つ目の feature_extraction モジュールは、sklearn のヘルパーモジュールであり、このモジュールから DictVectorizer クラスをインポートします。DictVectorizer は、ディクショナリ形式で提供された読みやすい訓練データをベクトル表現に変換する便利なクラスです。sklearn が機械学習分類器を実際に訓練するには、ベクトル表現の訓練データが必要です。

sklearn から必要なモジュールをインポートした後は、sklearn の必要なクラスをインスタンス化します（**リスト 8-2**）。

リスト 8-2：決定木分類器とベクトル変換器の初期化

```
❶ classifier = tree.DecisionTreeClassifier()
❷ vectorizer = DictVectorizer(sparse=False)
```

最初にインスタンス化する DecisionTreeClassifier クラスは検出器（分類器）を表します❶。決定木の動作を厳密に制御するパラメータがいろいろ用意されていますが、ここでは、どのパラメータも選択せず、sklearn の決定木のデフォルト設定を使用しています。

次に、DictVectorizer クラスをインスタンス化します❷。ここでは、疎ベクトルを使用しないことを指定するために、コンストラクタで sparse パラメータに False を指定しています。疎ベクトルはメモリの節約になりますが、その分操作するのが難しくなります。sklearn の決定木モジュールは疎ベクトルを使用できないため、この機能は無効にします。

クラスをインスタンス化した後は、訓練データを初期化できます（**リスト 8-3**）。

リスト 8-3：訓練ベクトルとラベルベクトルを宣言する

```
# 簡単な訓練データを宣言
❶ training_examples = [
{'packed':1,'contains_encrypted':0},
{'packed':0,'contains_encrypted':0},
{'packed':1,'contains_encrypted':1},
```

```
    {'packed':1,'contains_encrypted':0},
    {'packed':0,'contains_encrypted':1},
    {'packed':1,'contains_encrypted':0},
    {'packed':0,'contains_encrypted':0},
    {'packed':0,'contains_encrypted':0},
]
```
❷ `ground_truth = [1,1,1,1,0,0,0,0]`

　この例では、訓練データを構成している 2 つの構造 —— 特徴ベクトルとラベルベクトル —— を初期化します。training_examples 変数に代入される特徴ベクトル❶は、ディクショナリ形式で定義されています。この特徴ベクトルは単純な特徴量を 2 つ使用しています。1 つは、与えられたバイナリがパッキングされているかどうかを表す packed であり、もう 1 つは、そのバイナリに暗号化されたデータが含まれているかどうかを表す contains_encrypted です。ground_truth 変数に代入されているラベルベクトル❷は、各訓練サンプルがマルウェアかどうかを表します。本書では —— そして一般にセキュリティデータサイエンティストの間では —— 0 は常にビナインウェアを表し、1 つは常にマルウェアを表します。このラベルベクトルは、最初の 4 つの特徴ベクトルがマルウェア、残りの 4 つの特徴ベクトルがビナインウェアであることを宣言しています。

決定木分類器を訓練する

　訓練ベクトルとラベルベクトルを宣言したところで、ベクトル変換器を適合させてみましょう。ベクトル変換器を適合させるには、DictVectorizer クラスの fit メソッドを呼び出します（**リスト 8-4**）。

リスト 8-4：ベクトル変換器を訓練データに適合させる

```
# ベクトル変換器を訓練データに適合させる
```
❶ `vectorizer.fit(training_examples)`
```
# 訓練サンプルをベクトル形式に変換
```
❷ `X = vectorizer.transform(training_examples)`
`y = ground_truth    # グラウンドトルースは 'y' と呼ぶのが慣例`[†1]

　リスト 8-4 では、まず fit メソッドを呼び出し、**リスト 8-2** で初期化した vectorizer インスタンスを適合させます❶。fit メソッドを呼び出すと、packed 特徴量と contains_encrypted 特徴量がベクトル配列のインデックスにマッピングされます。次

---

†1　[訳注] グラウンドトルースとは、目的変数の実測値のこと。この例では、ラベルベクトルのこと。

に、DictVectorizer クラスの transform メソッドを呼び出し、ディクショナリ形式の特徴ベクトルを数値のベクトルに変換します❷。前述のように、機械学習コミュニティの命名規約にならって、特徴ベクトルを X という変数に代入し、ラベルベクトルを y という変数に代入します。

訓練データの準備ができたら、決定木分類器（classifier インスタンス）の fit メソッドを呼び出すことで、決定木分類器を訓練できます（**リスト 8-5**）。

リスト 8-5：決定木分類器を訓練データに適合せる

```
# 分類器を訓練する（「適合させる」とも言う）
classifier.fit(X,y)
```

sklearn の分類器の訓練は、このように単純です。しかし、sklearn の内部では、新しいバイナリがマルウェアかどうかを正確に判定するために、7 章で説明したアルゴリズムに従い、性能のよい決定木を特定するアルゴリズム的なプロセスが実行されています。

決定木分類器を訓練したところで、**リスト 8-6** のコードを使って、バイナリがマルウェアかどうかを判断してみましょう。

リスト 8-6：バイナリがマルウェアかどうかを判断する

```
❶ test_example = {'packed':1,'contains_encrypted':0}
❷ test_vector = vectorizer.transform(test_example)
❸ print classifier.predict(test_vector)     # [1] を出力
```

リスト 8-6 では、架空のバイナリを表すディクショナリ形式の特徴ベクトルをインスタンス化し❶、**リスト 8-2** で宣言した vectorizer インスタンスを使って数値のベクトルに変換し❷、さらに決定木分類器の predict メソッドを呼び出し❸、このバイナリがマルウェアかどうかを判断します。このコードを実行すると [1] が出力されるため[†2]、この分類器が新しいバイナリをマルウェアと「見なしている」ことがわかります。この決定木を可視化すれば、その理由がわかります。

決定木を可視化する

sklearn が訓練データに基づいて自動的に作成した決定木を可視化してみましょう（**リスト 8-7**）。

[†2] ［訳注］2019 年 9 月時点のダウンロードサンプルの listing-7-7.py では、classifier.predict(test_vector) 部分がバッククォートで囲まれている。その場合、出力は array([1]) になる。なお、本書のコードは Python 2.x を対象としている。

リスト 8-7：GraphViz を使って決定木から画像ファイルを作成する

```
# 決定木を可視化
```
❶ `with open("classifier.dot","w") as output_file:`
❷   `tree.export_graphviz(`
        `classifier,`
        `feature_names=vectorizer.get_feature_names(),`
        `out_file=output_file`
    `)`

```
import os
```
❸ `os.system("dot classifier.dot -Tpng -o classifier.png")`

リスト 8-7 のコードは、`classifier.dot` ファイルを開き❶、決定木のネットワーク（グラフ）表現を書き出します。決定木を書き出すには、`sklearn` の `tree` モジュールの `export_graphviz` 関数を呼び出し、GraphViz の `.dot` ファイルを `classifier.dot` に書き出します❷。これにより、決定木のネットワーク表現がディスクに書き出されます。最後に、6 章で決定木を作成したときと同様に、GraphViz の `dot` コマンドラインプログラムを使って、決定木を可視化する画像ファイルを作成します❸。そうすると、図 8-1 に示すような `classifier.png` 出力ファイルが生成されるはずです。

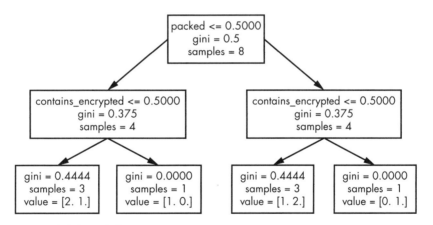

図 8-1：決定木の可視化

この決定木の可視化表現は 6 章ですでに見たものですが、新しい用語がいくつか含まれています。各ボックスの 1 行目のテキストには、そのノードが質問する特徴量の名前が含まれています。機械学習用語では、ノードがこの特徴量で「スプリットする」と言います。たとえば、1 つ目のノードは `packed` 特徴量でスプリットします。つまり、バイナリがパッキングされていない場合は左の矢印に進み、パッキングされている場合は右

の矢印に進みます。

　各ボックスの 2 行目のテキストは、そのノードの**ジニ不純度**（gini impurity）を表しています。ジニ不純度は、そのノードと一致するマルウェアサンプルとビナインウェアサンプルの不純度の指標です[†3]。ジニ不純度が高ければ高いほど、そのノードと一致するサンプルはビナインウェアまたはマルウェアに大きく傾きます。つまり、訓練サンプルのマルウェアまたはビナインウェアへの傾きが大きいほど、新しいテストサンプルがマルウェアまたはビナインウェアである確信が高まるため、各ノードのジニ不純度は高いほうがよい、ということになります。各ボックスの 3 行目のテキストは、そのノードと一致した訓練サンプルの数を表します。

　決定木のリーフ（葉）ノードでは、ボックス内のテキストが異なっていることがわかります。これらのノードは「質問」をせず、「このバイナリはマルウェアかビナインウェアか」という質問への答えを提供します。たとえば、左端のリーフノードには "value = [2. 1.]" が含まれており、2 つのビナインウェアサンプル（パッキングも暗号化もされていない）と 1 つのマルウェアサンプルがこのノードと一致したことを意味します。つまり、このノードに到達した場合、そのバイナリがマルウェアである確率は 33%（1 つのマルウェアサンプル÷合計 3 つのサンプル= 0.33）になります。これらのリーフボックスのジニ不純度は、1 つ上のノードの質問でスプリットするときの、そのバイナリがマルウェアかどうかに関する情報利得を示しています。このように、sklearn によって生成された決定木を可視化すると、その決定木が分類をどのように行うのかを理解するのに役立つことがあります。

完全なサンプルコード

　ここまで説明してきた決定木ワークフローの完全なコードは**リスト 8-8** のようになります。すでに部分ごとに説明してあるので、簡単に読めるはずです。

リスト 8-8：決定木ワークフローの完全なコード

```
#!/usr/bin/python

# sklearnモジュールをインポート
from sklearn import tree
from sklearn.feature_extraction import DictVectorizer

# 決定木分類器とベクトル変換器を初期化
classifier = tree.DecisionTreeClassifier()
```

[†3]　［訳注］ノードの不純度は、異なるクラス（この例ではマルウェアとビナインウェア）のサンプルがノードにどの程度の割合で混ざっているのかを定量化したもの。

```python
vectorizer = DictVectorizer(sparse=False)

# 簡単な訓練データを宣言
training_examples = [
{'packed':1,'contains_encrypted':0},
{'packed':0,'contains_encrypted':0},
{'packed':1,'contains_encrypted':1},
{'packed':1,'contains_encrypted':0},
{'packed':0,'contains_encrypted':1},
{'packed':1,'contains_encrypted':0},
{'packed':0,'contains_encrypted':0},
{'packed':0,'contains_encrypted':0},
]
ground_truth = [1,1,1,1,0,0,0,0]

# ベクトル変換器を訓練データに適合させる
vectorizer.fit(training_examples)

# 訓練サンプルをベクトル形式に変換
X = vectorizer.transform(training_examples)
y = ground_truth       # グラウンドトルースは 'y' と呼ぶのが慣例

# 分類器を訓練する（「適合させる」とも言う）
classifier.fit(X,y)

test_example = {'packed':1,'contains_encrypted':0}
test_vector = vectorizer.transform(test_example)
print classifier.predict(test_vector)      # [1]を出力

# 決定木を可視化
with open("classifier.dot","w") as output_file:
    tree.export_graphviz(
        classifier,
        feature_names=vectorizer.get_feature_names(),
        out_file=output_file
    )

import os
os.system("dot classifier.dot -Tpng -o classifier.png")
```

ここで示した機械学習マルウェア検出器は、sklearn の機能をどのように使用すればよいかを具体的に示していますが、現実のマルウェア検出器に必要な機能がいくつか欠けています[†4]。次節では、現実のマルウェア検出器に何が必要なのかを調べてみましょう。

---

†4　［訳注］このコードを実際に試してみたい場合は、次のコマンドを実行する。ただし、本書の仮想マシンを使用する場合、必要なライブラリはすでに含まれており、bash コマンドを実行する必要はない。

```
$ cd ch08/code
$ bash install.sh
$ python listing-7-7.py
```

NumPy 関連の ImportError が発生した場合は、NumPy を一度アンインストール（または rm で強制的に削除）してから再びインストールする必要があるかもしれない。

8.3 sklearnを使って現実的な検出器を構築する

現実的な検出器を構築するには、ソフトウェアバイナリの実用的な特徴量を定義し、それらの特徴量をバイナリから抽出するコードを記述する必要があります。実用的な特徴量とは、さまざまな複雑さのバイナリの内容を反映するような特徴量のことです。つまり、数百あるいは数千もの特徴量を使用する必要があります。特徴量の「抽出」は、それらの特徴量がバイナリに含まれていることを突き止めるコードが必要であることを意味します。また、数千単位の訓練サンプルを使って機械学習モデルを大規模に訓練する必要もあります。さらに、前節の単純な決定木モデルでは検出の正解率が十分ではないため、sklearnのより高度な検出法を使用する必要もあります。

現実的な特徴抽出

前節で使用した is packed や contains encrypted data といった特徴量は単純な例にすぎません。たった2つの特徴量では、有効なマルウェア検出器には決してなりません。前述のように、現実的なマルウェア検出器では、数百、数千、さらには数百万もの特徴量が使用されます。たとえば、機械学習に基づくマルウェア検出器では、ソフトウェアバイナリに出現する数百万もの文字列を特徴量として使用することがあります。あるいは、ソフトウェアバイナリのPEヘッダーの値や、特定のバイナリによってインポートされる関数、さらにはこれらすべての組み合わせが使用されることもあります。本章では文字列の特徴量だけを扱いますが、機械学習に基づくマルウェア検出器でよく使用される特徴量を少し調べてみましょう。まずは、文字列特徴量からです。

◆ 文字列特徴量

ソフトウェアバイナリの文字列特徴量はすべて、バイナリに含まれている印字可能文字からなる文字列です。これらの文字列には、長さの最小値があります（本章では、5文字に設定します）。たとえば、あるバイナリファイルに次のような印字可能文字のシーケンスが含まれているとしましょう。

```
["A", "The", "PE executable", "Malicious payload"]
```

この場合、特徴量として使用できる文字列は、長さが5文字以上である "PE executable" と "Malicious payload" の2つです。

文字列特徴量をsklearnが理解できる形式に変換するには、それらの特徴量を

Pythonディクショナリに配置する必要があります。この場合は、実際の文字列をディクショナリのキーとして使用し、その値を1に設定することで、問題のバイナリにその文字列が含まれていることを示します。たとえば、上記のサンプルバイナリの特徴ベクトルは、`{"PE executable": 1, "Malicious payload": 1}`になります。もちろん、ほとんどのソフトウェアバイナリに含まれている印字可能文字列の数はたったの2つどころか数百にもなります。そして、これらの文字列はそのプログラムが何をするのかに関する豊かな情報源になることがあります。

実際には、文字列特徴量は機械学習に基づく検出器との相性がよく、バイナリに関する情報を大量に捕捉します。バイナリがパッキングされたマルウェアサンプルである場合、情報利得を持つ文字列はほとんど含まれていない可能性があります。そして、そのこと自体が、そのバイナリがマルウェアである動かぬ証拠になるかもしれません。対照的に、バイナリのリソースセクションがパッキングも難読化もされていないとしたら、それらの文字列からバイナリの振る舞いについて多くのことが明らかになります。たとえば、問題のバイナリプログラムがHTTPリクエストを送信する場合、それらの文字列の中にたいてい`"GET %s"`のような文字列が混じっています。

ただし、文字列特徴量には欠点がいくつかあります。たとえば、それらの文字列は実際のプログラムコードを含んでいないため、バイナリプログラムの実際のロジックは何1つ明らかになりません。文字列はパッキングされたバイナリでも有益な特徴量になり得ますが、パッキングされたバイナリが実際に何を行うのかを明らかにするわけではありません。結果として、文字列特徴量に基づく検出器は、パッキングされたマルウェアの検出には適していません。

◆ PEヘッダー特徴量

PEヘッダー特徴量は、Windowsのすべての`.exe`ファイルと`.dll`ファイルに含まれているPE (Portable Executable)ヘッダーから抽出されます。これらのヘッダーのフォーマットについては、1章を参照してください。PEヘッダー特徴量を静的なプログラムバイナリから抽出するには、1章で示したコードを使用します。そして、それらの特徴量をPythonディクショナリに配置します。その場合、ディクショナリのキーはヘッダーのフィールドの名前、それらのキーに対応する値はフィールドの値になります。

PEヘッダー特徴量は文字列特徴量を補完するものでもあります。たとえば、`"GET %s"`の例のように、文字列特徴量がプログラムによる関数呼び出しやネットワーク送信をうまく捕捉するのに対し、PEヘッダー特徴量は追加の情報を捕捉します。そうした

情報には、プログラムバイナリのコンパイルタイムスタンプ、PE セクションのレイアウト、それらのセクションのうち実行可能のマークが付いているもの、ディスク上でのサイズなどが含まれます。また、起動時にプログラムが確保するメモリの量など、文字列特徴量によって捕捉されないプログラムバイナリの実行時特性の多くを捕捉します。

パッキングされたバイナリを扱っている場合も、パッキングされたマルウェアとパッキングされたビナインウェアをうまく見分けるのに PE ヘッダー特徴量が役立つことがあります。パッキングされたバイナリのコードは難読化されているので見ることはできませんが、コードがディスク上でどれだけの領域を占めているか、バイナリがディスク上でどのようにレイアウトされているか、あるいは一連のファイルセクションがどのように圧縮されているかについては確認できるからです。PE ヘッダー特徴量の欠点は、プログラムが実行時に呼び出す実際の命令や、プログラムが呼び出す関数までは捕捉できないことです。

◆ IAT 特徴量

1 章で取り上げたインポートアドレステーブル（IAT）も、機械学習の特徴量にとって重要な情報源の 1 つです。IAT には、ソフトウェアバイナリが外部の DLL ファイルからインポートする関数やライブラリなど、プログラムの振る舞いに関する重要な情報が含まれており、前項の PE ヘッダー特徴量を補完するために使用できます。

IAT を特徴量の情報源として使用するには、各バイナリを特徴量からなるディクショナリとして表す必要があります。この場合は、インポートされたライブラリや関数の名前がディクショナリのキーになります。たとえば、"KERNEL32.DLL:LoadLibraryA" というキーでは、KERNEL32.DLL が DLL、LoadLibraryA が関数呼び出しを表します。そして、キーに対応する値を 1 にすることで、問題のバイナリに特定のインポートが含まれていることを示します。バイナリの IAT 特徴量をこのように定義すると、{KERNEL32.DLL:LoadLibraryA: 1, ... } のような特徴量からなるディクショナリが得られます。この場合、バイナリで検出されたキーには 1 の値が割り当てられます。

実際にマルウェア検出器を構築した経験から、IAT 特徴量だけでは滅多にうまくいかないことがわかっています。これらの特徴量はプログラムの振る舞いに関する大まかな情報をうまく捕捉しますが、マルウェアは IAT を難読化してビナインウェアに見せかけることがよくあります。マルウェアが難読化されていなかったとしても、ビナインウェアでもインポートされる DLL をインポートしていることがよくあるため、IAT の情報に基づいてマルウェアとビナインウェアを見分けるのは容易なことではありません。さらに、

マルウェアがパッキングされている場合 ── つまり、マルウェアが圧縮または暗号化されていて、マルウェアが起動して圧縮や暗号化を解除しない限り、マルウェアの実際のコードが見えない場合、IATに含まれているのはパッキング関数が使用するインポートだけで、マルウェアが使用するインポートは含まれていません。このため、システムの正解率を向上させるには、IAT特徴量をPEヘッダー特徴量や文字列特徴量といった他の特徴量と組み合わせて使用する必要があります。

◆ Nグラム

ここまでは、順序の概念を伴わない特徴量を取り上げてきました。たとえば、バイナリに特定の文字列が含まれているかどうかをチェックする文字列特徴量について説明しましたが、ディスク上のバイナリのレイアウトにおいて特定の文字列が別の文字列よりも前または後に出現するかどうかには触れませんでした。

しかし、場合によっては順序が重要になることがあります。たとえば、ある重要なマルウェアファミリでいくつかの関数がインポートされていることが判明したとしましょう。それらの関数自体はごく一般的なものですが、決まった順序でインポートされています。それらの関数がこのマルウェアファミリのものと同じ順序で確認された場合は、そのバイナリがビナインウェアではなくマルウェアであることがわかります。この種の順序情報は、Nグラムという機械学習の概念を使って捕捉することができます[5]。

Nグラムは思ったほど特殊なものではありません。単に、特徴量をバイナリに出現する順序で並べて、そのシーケンス上で長さがnのウィンドウをスライドさせ、それぞれのステップでウィンドウ内の特徴量を1つの特徴セット (BoF) として扱います。たとえば、["how", "now", "brown", "cow"] というシーケンスがあり、このシーケンスから長さが2 ($n = 2$) のNグラム特徴量を抽出すると、[("how","now"), ("now","brown"), ("brown","cow")] の特徴量が得られます。

マルウェア検出に関しては、特徴量をNグラムとして表すのが最も自然なデータがあります。たとえば、バイナリを構成している命令を ["inc", "dec", "sub", "mov"] のように逆アセンブルするときには、これらの命令シーケンスの捕捉にNグラムを使用するのが理にかなっています。命令シーケンスをNグラムで表すと、特定のマルウェア実装の検出に役立つことがあるからです。あるいは、バイナリを実行してそれらの動的な振る舞いを調べるときに、バイナリの一連のAPI呼び出しや大まかな振る舞いをNグラムで表すこともできます。

---

[5] ［訳注］Nグラムについては5章でも説明している。

何らかの順序で出現するデータを扱っているときには、機械学習に基づくマルウェア検出器でNグラム特徴量を試してみることをお勧めします。多くの場合、Nグラムの長さを決定する n の値を判断するには試行錯誤が必要です。この試行錯誤には、n の値を変化させながら、テストデータで最もよい正解率が得られる値を調べることも含まれます。適切な値が見つかれば、Nグラムはプログラムバイナリの実際の振る舞いを捕捉する強力な特徴量となり、システムの正解率を引き上げるのに貢献する可能性があります。

ありとあらゆる特徴量を使用できないのはなぜか

さまざまな種類の特徴量の長所と短所がわかったところで、これらすべての特徴量を同時に使って最高の検出器を構築するわけにはいかないのだろうか、と思っているかもしれません。考え得るすべての特徴量を使用するのはよい考えではありません。というのも、次のような理由があるからです。

まず、前述の特徴量をすべて抽出するには相当な時間がかかり、検出器がバイナリをすばやくスキャンできなくなります。さらに重要なのは、機械学習アルゴリズムで使用する特徴量が多すぎると、メモリの問題にぶつかり、訓練に時間がかかりすぎてしまうことです。このため、検出器を構築するときには、さまざまな特徴量を試して、検出しようとしているマルウェア（および偽陽性になるのを回避したいビナインウェア）でうまくいくものに焦点を合わせることをお勧めします。

残念ながら、文字列特徴量など1種類の特徴量に的を絞ったとしても、特徴量の数が多すぎて、ほとんどの機械学習アルゴリズムでは対処しきれないことがよくあります。文字列特徴量を使用する場合は、訓練データに含まれている一意な文字列ごとに特徴量を1つ定義しなければなりません。たとえば、訓練サンプルAに "hello world" という文字列が含まれていて、訓練サンプルBに "hello world!" という文字列が含まれている場合、"hello world" と "hello world!" を別々の特徴量として扱う必要があるでしょう。つまり、数千もの訓練サンプルを扱うとしたら、一意な文字列の数はすぐに数千に膨れ上がるでしょう。そして、検出器はそれだけの数の特徴量を扱うことになります。

ハッシュトリックを使って特徴量を圧縮する

特徴量の問題に対処するために、**ハッシュトリック**（hashing trick）と呼ばれる手法を使用することができます。ハッシュトリックはよく知られている簡単な手法であり、**特徴ハッシュ**（feature hashing）とも呼ばれます。ハッシュトリックの考え方は次のようになります。訓練データセットに100万個の一意な文字列特徴量が含まれているものの、

あなたが使用している機械学習アルゴリズムとハードウェアが対処できる一意な特徴量の数が限られており、訓練データセット全体で 4,000 個程度であるとしましょう。つまり、100 万個の特徴量を、エントリの数が 4,000 の特徴ベクトルに圧縮する方法が必要です。

ハッシュトリックは、各特徴量を 4,000 個のインデックスの 1 つにハッシュ化することで、100 万個の特徴量を 4,000 次元の特徴ベクトルにまとめます。そして、特徴ベクトルのそのインデックスにある数字に元の特徴量の値を足します。もちろん、特徴量の値は同じ次元ごとに加算されるため、特徴量が衝突することがよくあります。このアプローチでは、機械学習アルゴリズムが個々の特徴量の値を「調べる」ことは不可能になるため、検出器の正解率に影響を与えるかもしれません。ですが実際には、この正解率の低下はたいていごくわずかです。そして、特徴量の圧縮によって得られる利益は、圧縮演算によるこの正解率のわずかな低下をはるかに上回ります。

◆ **ハッシュトリックを実装する**

これらの考え方をより明確にするために、ハッシュトリックを実装するサンプルコードを見てみましょう。ここでは、このコードを使ってハッシュトリックの仕組みを説明しますが、後ほど、このアルゴリズムの sklearn 実装を使用します。まず、ハッシュトリックを実装する関数を宣言します。

```
def apply_hashing_trick(feature_dict, vector_size=2000):
```

apply_hashing_trick 関数には、パラメータが 2 つあります。1 つは、元の特徴量のディクショナリであり、もう 1 つは、ハッシュトリックによって縮小された特徴ベクトルを格納するときのベクトルのサイズです。

次に、新しい特徴配列を作成します。

```
    new_features = [0 for x in range(vector_size)]
```

new_features 配列は、ハッシュトリックを適用した後の特徴量の情報を格納します。続いて、ハッシュ処理を for ループで実行します。

```
❶    for key in feature_dict:
❷        array_index = hash(key) % vector_size
❸        new_features[array_index] += feature_dict[key]
```

forループを使って特徴ディクショナリ内の特徴量を順番に処理します❶。まず、このディクショナリのキーをハッシュ化し、vector_sizeによる剰余を求めて、ハッシュ値の範囲を0からvector_size - 1に制限します❷。そして、この演算の結果をarray_index変数に格納します。文字列特徴量の場合、ディクショナリのキーはソフトウェアバイナリの個々の文字列に相当します。

次に、new_feature配列のインデックスarray_indexの値に元の特徴ディクショナリの値を足します❸。文字列特徴量の場合は、バイナリがその文字列を含んでいることを示すために特徴量の値が1に設定されているため、このエントリに1を足すことになります。PEヘッダー特徴量の場合、特徴量の値はさまざまであり（たとえば、PEセクションが占めるメモリ量など）、その値を足すことになります。

最後に、forループを抜け、new_features配列を返します。

```
return new_features
```

この時点で、sklearnがnew_featuresの処理で使用する一意な特徴量の数は数百万から数千に削減されます。

◆ ハッシュトリックの完全なコード

ハッシュトリックの完全なコードは**リスト8-9**のようになります。

リスト8-9：ハッシュトリックを実装する完全なコード

```
def apply_hashing_trick(feature_dict,vector_size=2000):
    # 長さが'vector_size'の配列を0で埋める
    new_features = [0 for x in range(vector_size)]

    # 特徴ディクショナリの各特徴量をループで処理する
    for key in feature_dict:

        # 新しい特徴配列のインデックスを取得
        array_index = hash(key) % vector_size

        # ハッシュトリックで得られた新しい特徴配列のインデックスの値に
        # 特徴量の値を足す
        new_features[array_index] += feature_dict[key]

    return new_features
```

このように、特徴量のハッシュトリックの実装は簡単であり、実際に試してみることでその仕組みを簡単に理解できます。ただし、単にsklearnの実装を使用してもかまいません。sklearnの実装は使いやすく、より最適化されています。

◆ sklearn の FeatureHasher を使用する

カスタムハッシュソリューションを実装する代わりに sklearn の組み込み実装を使用するには、まず sklearn の FeatureHasher クラスをインポートする必要があります。

```
from sklearn.feature_extraction import FeatureHasher
```

次に、FeatureHasher クラスをインスタンス化します。FeatureHasher クラスをインスタンス化するには、ハッシュトリックの結果として得られる新しい配列のサイズを n_features パラメータに指定します。

```
hasher = FeatureHasher(n_features=2000)
```

あとは、ハッシュトリックを特徴ベクトルに適用するために、FeatureHasher クラスの transform メソッドを呼び出すだけです。

```
features = [{'how': 1, 'now': 2, 'brown': 4},{'cow': 2, '.': 5}]
hashed_features = hasher.transform(features)
```

結果は**リスト 8-9** に示したハッシュトリックのカスタム実装とほぼ同じです。違いは単に sklearn の実装を使用していることです。独自のコードよりも、しっかりメンテナンスされている機械学習ライブラリを使用するほうが簡単です。完全なコードは**リスト 8-10** のようになります。

リスト 8-10：FeatureHasher の実装

```
from sklearn.feature_extraction import FeatureHasher
hasher = FeatureHasher(n_features=10)
features = [{'how': 1, 'now': 2, 'brown': 4},{'cow': 2, '.': 5}]
hashed_features = hasher.transform(features)
```

次に進む前に、特徴ハッシュについて指摘しておきたい点がいくつかあります。まず、もう気づいていたかもしれませんが、特徴ハッシュは機械学習アルゴリズムに渡される特徴量の情報を難読化します。というのも、特徴ハッシュは特徴量が同じビン（サブセット）にハッシュ化されることに基づいて特徴量の値を合計するからです。つまり、使用するビンの数が少ないほど（あるいは、決まった数のビンにハッシュ化される特徴量の数が多いほど）、アルゴリズムの性能は低下することになります。意外なことに、機械学習アルゴリズムはハッシュトリックが使用されてもうまくいきます。そして、現代の

ハードウェアで数百万あるは数十億もの特徴量を扱うことは単に不可能であるため、通常、セキュリティデータサイエンスでは特徴ハッシュを使用せざるを得ません。

特徴ハッシュのもう1つの欠点は、モデルの内部構造を分析するときに、ハッシュ化された元の特徴量を復元することが難しい、または不可能であることです。例として、決定木について考えてみましょう。特徴ベクトルの各エントリには任意の特徴量がハッシュ化されているため、特定のエントリに追加された特徴量のどれが決定木をそのエントリでスプリットさせたのかはわかりません。決定木にそのエントリでのスプリットを判断させる特徴量はいくらでも考えられるからです。このことは大きな欠点ですが、無数の特徴量を扱いやすい数に圧縮する点で、特徴ハッシュには大きな利点があります。このため、セキュリティデータサイエンスはこの欠点を受け入れています。

現実的なマルウェア検出器の構築に必要な構成要素をひととおり確認したところで、包括的な機械学習マルウェア検出器の構築方法を調べてみましょう。

8.4 実用的な検出器を構築する

ソフトウェアの要件で言うと、ここで説明する現実的な検出器では、次の3つのことを行う必要があります。1つ目は、訓練と検出に使用する特徴量をソフトウェアバイナリから抽出すること、2つ目は、訓練データを使ってマルウェアを検出するための訓練をすること、そして3つ目は、新しいソフトウェアバイナリで実際に検出を行うことです。ここでは、これら3つのことを行うコードを調べ、それらがどのようにして1つにまとめられるのかを確認します。

本節で使用するコードは、ダウンロードサンプルの ch8/code/complete_detector.py ファイルに含まれています。ch8/code/run_complete_detector.sh スクリプトは、この検出器をシェルから実行する方法を示しています。

特徴量を抽出する

検出器を作成するには、まず、訓練データから特徴量を抽出する必要があります。ここでは、決まりきったコードは無視して、検出器の中心的な関数を重点的に見ていきます。特徴量の抽出では、訓練データから関連するデータ（特徴量）を取り出し、Python ディクショナリに格納します。また、一意な特徴量の数がかなり多くなりそうな場合は、sklearn のハッシュトリック実装を使って特徴量を圧縮します。

ここでは単純に、文字列特徴量のみを使用し、ハッシュトリックを適用することにし

ます(**リスト 8-11**)。

リスト 8-11:get_string_features 関数を定義する

```
❶ def get_string_features(path, hasher):
      # 正規表現を使ってバイナリファイルから文字列を抽出
      chars = r" -~"
      min_length = 5
      string_regexp = '[%s]{%d,}' % (chars, min_length)
      file_object = open(path)
      data = file_object.read()
      pattern = re.compile(string_regexp)
      strings = pattern.findall(data)

      # 文字列特徴量をディクショナリ形式で格納
❷     string_features = {}
      for string in strings:
          string_features[string] = 1

      # ハッシュトリックを使って特徴量をハッシュ化
❸     hashed_features = hasher.transform([string_features])

      # データマンジン(変換)を使って特徴配列を作成
❹     hashed_features = hashed_features.todense()
      hashed_features = numpy.asarray(hashed_features)
      hashed_features = hashed_features[0]

      # ハッシュ化された文字列特徴量を返す
❺     print "Extracted {0} strings from {1}".format(len(string_features),path)
      return hashed_features
```

リスト 8-11 では、get_string_features という関数を宣言しています❶。この関数のパラメータは、ターゲットバイナリのパスと、sklearn の特徴ハッシュクラスのインスタンス(hasher)の 2 つです。次に、正規表現を使ってターゲットバイナリから文字列を抽出し、長さが 5 文字以上の印字可能文字列をすべて解析します。続いて、特徴量をさらに処理するために Python ディクショナリに格納します❷。このディクショナリ内の各キー(文字列)に対する値を 1 に設定することで、その特徴量がバイナリに出現することを示します。

次に、sklearn のハッシュトリック実装を使って特徴量をハッシュ化するために、hasher を呼び出します。string_features ディクショナリを hasher インスタンスに渡すときに Python リストにまとめている点に注目してください❸。このようにするのは、sklearn が(単一のディクショナリではなく)ディクショナリのリストが渡されることを要求するためです。

特徴ディクショナリをディクショナリのリストとして渡したので、特徴量は配列のリ

ストとして返されます。さらに、それらの配列は「疎な」形式で返されます。本書では説明しませんが、疎ベクトルは大きな行列を処理するのに便利な圧縮表現です。返されたデータは通常の NumPy ベクトルに戻す必要があります。

データを通常のフォーマットに戻すために、.todense() と .asarray() を呼び出し❹、さらに結果リストの最初の配列を選択することで最終的な特徴ベクトルを取得します。最後に、特徴ベクトル hashed_features を呼び出し元に返します❺。

検出器を訓練する

機械学習システムを訓練するときの面倒な部分のほとんどは sklearn が処理してくれます。このため、ターゲットバイナリから特徴量さえ抽出してしまえば、検出器の訓練に必要なコードはほんのわずかです。

検出器を訓練するには、訓練サンプルから特徴量を抽出し、sklearn の使用したいハッシュ関数と機械学習検出器（この場合は、ランダムフォレスト分類器）をインスタンス化します。続いて、検出器で fit メソッドを呼び出し、訓練サンプルで訓練する必要があります。最後に、検出器とハッシュ関数をディスクに保存し、将来バイナリをスキャンしたい場合に利用できるようにしておきます。

検出器を訓練するコードは**リスト 8-12** のようになります[†6]。

リスト 8-12：検出器を訓練する

```
❶ def train_detector(benign_path, malicious_path, hasher):
❷     def get_training_paths(directory):
           targets = []
           for path in os.listdir(directory):
               targets.append(os.path.join(directory,path))
           return targets
❸     malicious_paths = get_training_paths(malicious_path)
❹     benign_paths = get_training_paths(benign_path)
❺     X = [get_string_features(path,hasher)
           for path in malicious_paths + benign_paths]
       y = [1 for i in range(len(malicious_paths))] + 
           [0 for i in range(len(benign_paths))]
❻     classifier = RandomForestClassifier()
❼     classifier.fit(X,y)
❽     pickle.dump((classifier,hasher),open("saved_detector.pkl","w+"))
```

[†6] ［訳注］2019 年 9 月時点のダウンロードサンプルでは、❻のコードは classifier = tree.RandomForestClassifier() となっているが、tree. 部分を削除する必要がある。

リスト 8-12 では、検出器を訓練する train_detector 関数を宣言しています❶。この関数には、次の 3 つのパラメータがあります。1 つ目はビナインウェアバイナリのサンプルを含んでいるディレクトリへのパス (benign_path)、2 つ目はマルウェアバイナリのサンプルを含んでいるディレクトリへのパス (malicious_path)、3 つ目は特徴ハッシュに使用する FeatureHasher クラスのインスタンス (hasher) です。

次に、get_training_paths 関数を宣言します❷。この関数は、指定されたディレクトリに含まれているバイナリの絶対ファイルパスのリストを取得します。続いて、この get_training_paths 関数を呼び出し、マルウェアサンプルのディレクトリ❸とビナインウェアサンプルのディレクトリ❹へのパスのリストを取得します。

さらに、特徴量を抽出し、ラベルベクトルを作成します。そこで、訓練サンプルのファイルパスごとに**リスト 8-11** の get_string_features 関数を呼び出します❺。ラベルベクトルの値がマルウェアサンプルのパスでは 1、ビナインウェアサンプルのパスでは 0 に設定される点に注目してください。このようにして、ラベルベクトルのインデックスの値を配列 X の同じインデックス位置にある特徴ベクトルのラベルに対応させます。sklearn は特徴量やラベルデータがこのような形式になっていることを期待するため、このようにして各特徴ベクトルのラベルを sklearn に教えることができます。

特徴量を抽出し、特徴ベクトル X とラベルベクトル y を作成した後は、特徴ベクトルとラベルベクトルを使って検出器を訓練します。まず、sklearn のランダムフォレスト分類器 (RandomForestClassifier) をインスタンス化します❻。次に、この分類器の fit メソッドに X と y を渡して訓練します❼。最後に、この分類器とハッシュ関数を保存して、あとから利用できるようにします。これには、Python の pickle モジュールを使用します❽。

検出器を新しいバイナリで実行する

リスト 8-12 で訓練および保存した検出器を使って新しいバイナリでマルウェアを検出してみましょう。この部分を実装する scan_file 関数のコードは**リスト 8-13** のようになります。

リスト 8-13：検出器を新しいバイナリで実行する

```
def scan_file(path):
    if not os.path.exists("saved_detector.pkl"):
        print "It appears you haven't trained a detector yet! ..."
        sys.exit(1)
❶   with open("saved_detector.pkl") as saved_detector:
        classifier, hasher = pickle.load(saved_detector)
```

```
❷          features = get_string_features(path,hasher)
❸          result_proba = classifier.predict_proba(features)[:,1]
❹          if result_proba > 0.5:
               print "It appears this file is malicious!",`result_proba`
           else:
               print "It appears this file is benign.",`result_proba`
```

リスト 8-13 では、scan_file 関数を宣言しています。この関数は、バイナリをスキャンしてマルウェアかどうかを判断します。パラメータは 1 つだけであり、スキャンするバイナリのパスです。まず、保存しておいた検出器とハッシュ関数を保存先の pickle ファイルから読み込みます❶。

次に、リスト 8-11 で定義した get_string_features 関数を使ってターゲットバイナリから特徴量を抽出します❷。

続いて、抽出した特徴量をもとに、問題のバイナリがマルウェアかどうかを予測します。そこで、classifier インスタンスの predict_proba メソッドを呼び出し、このメソッドから返される配列の 2 つ目の要素を選択します❸。この要素は、そのバイナリがマルウェアである確率を表します。そして、この確率が 50% を超える場合はマルウェア、50% 未満の場合はビナインウェアであることを示すメッセージを出力します❹。このしきい値をもっと高く設定すると、偽陽性を減らすことができます。

検出器全体の実装

この基本的ながら現実的なマルウェア検出器全体のコードはリスト 8-14 のようになります。このコードの各部分の仕組みを説明してきたので、難なく読めるはずです。

リスト 8-14：基本的な機械学習マルウェア検出器

```python
#!/usr/bin/python

import os
import sys
import pickle
import argparse
import re
import numpy
from sklearn.ensemble import RandomForestClassifier
from sklearn.feature_extraction import FeatureHasher

def get_string_features(path,hasher):
    # 正規表現を使ってバイナリファイルから文字列を抽出
    chars = r" -~"
    min_length = 5
    string_regexp = '[%s]{%d,}' % (chars, min_length)
```

```python
        file_object = open(path)
        data = file_object.read()
        pattern = re.compile(string_regexp)
        strings = pattern.findall(data)

        # 文字列特徴量をディクショナリ形式で格納
        string_features = {}
        for string in strings:
            string_features[string] = 1

        # ハッシュトリックを使って特徴をハッシュ化
        hashed_features = hasher.transform([string_features])

        # データマンジン（変換）を使って特徴配列を作成
        hashed_features = hashed_features.todense()
        hashed_features = numpy.asarray(hashed_features)
        hashed_features = hashed_features[0]

        # ハッシュ化された文字列特徴量を返す
        print "Extracted {0} strings from {1}".format(len(string_features),path)
        return hashed_features

def scan_file(path):
        # ファイルをスキャンしてマルウェアかどうかを判定
        if not os.path.exists("saved_detector.pkl"):
            print "It appears you haven't trained a detector yet!..."
            sys.exit(1)
        with open("saved_detector.pkl") as saved_detector:
            classifier, hasher = pickle.load(saved_detector)
        features = get_string_features(path,hasher)
        result_proba = classifier.predict_proba([features])[:,1]
        if result_proba > 0.5:
            print "It appears this file is malicious!",`result_proba`
        else:
            print "It appears this file is benign.",`result_proba`

def train_detector(benign_path,malicious_path,hasher):
        # 指定された訓練データで検出器を訓練
        def get_training_paths(directory):
            targets = []
            for path in os.listdir(directory):
                targets.append(os.path.join(directory,path))
            return targets
        malicious_paths = get_training_paths(malicious_path)
        benign_paths = get_training_paths(benign_path)
        X = [get_string_features(path,hasher)
             for path in malicious_paths + benign_paths]
        y = [1 for i in range(len(malicious_paths))] + \
            [0 for i in range(len(benign_paths))]
        classifier = RandomForestClassifier(64)
        classifier.fit(X,y)
        pickle.dump((classifier,hasher),open("saved_detector.pkl","w+"))

parser = argparse.ArgumentParser("get windows object vectors for files")
parser.add_argument("--malware_paths",
```

```
                            default=None,help="Path to malware training files")
    parser.add_argument("--benignware_paths",
                            default=None,help="Path to benignware training files")
    parser.add_argument("--scan_file_path",default=None,help="File to scan")
    args = parser.parse_args()

    hasher = FeatureHasher(20000)
    if args.malware_paths and args.benignware_paths:
        train_detector(args.benignware_paths,args.malware_paths,hasher)
    elif args.scan_file_path:
        scan_file(args.scan_file_path)
    else:
        print "[*] You did not specify a path to scan," \
            " nor did you specify paths to malicious and benign training files" \
            " please specify one of these to use the detector.\n"
        parser.print_help()
```

　機械学習に基づくマルウェア検出器の作成はすばらしいことですが、その有効性に確証を得た上で導入するには、検出器の性能を評価して改善することが必要です。次節では、検出器の性能を評価するさまざまな方法を見てみましょう。

8.5　検出器の性能を評価する

　sklearnには、7章で説明したROC曲線などの指標を使って検出器を簡単に評価できるコードが含まれています。また、機械学習システムに特化した評価機能も別途用意されています。たとえば、sklearnの関数を使って交差検証を実行できます。交差検証は、検出器の導入時の性能を予測するときに頼りになる手法です。

　ここでは、sklearnを使ってROC曲線をプロットする方法を紹介します。ROC曲線により、検出器の正解率が明らかになります。また、sklearnを使って交差検証を実装する方法も示します。

ROC曲線を使って検出器の性能を評価する

　すでに説明したように、ROC曲線は検出器の感度を調整するときの真陽性率と偽陽性の変化を測定します。真陽性率は検出器が正しく検出するマルウェアの割合であり、偽陽性率はビナインウェアをマルウェアとして不当に検出する割合です。

　検出器の感度が高くなるほど偽陽性は増えますが、検出率も高くなります。検出器の感度が低くなるほど偽陽性は減りますが、検出率も低くなります。ROC曲線を計算するには、**脅威スコア**（threat score）を出力できる検出器が必要です。脅威スコアの値が大きくなるほど、バイナリがマルウェアである可能性が高くなります。決定木、ロジス

ティック回帰、k 最近傍法、ランダムフォレストなど、本書で取り上げてきた機械学習法の sklearn による実装のすべてに、脅威スコアを出力するオプションがあります。この場合、脅威スコアはバイナリがマルウェアかどうかを反映します。では、ROC 曲線を使って検出器の正解率を特定する方法から見ていきましょう。

◆ ROC 曲線を計算する

リスト 8-14 で構築した検出器の ROC 曲線を計算するには、次の 2 つの作業が必要です。1 つは、テストの準備を行うことであり、もう 1 つは、sklearn の metrics モジュールを使ってテストを実装することです。この基本的なテストでは、訓練サンプルを 2 つに分割し、最初の部分を訓練に使用し、残りの部分を ROC 曲線の計算に使用します。この分割は、ゼロデイマルウェアの検出問題をシミュレートするためのものです。基本的には、サンプルデータを分割することで、検出器に次のように指示します。マルウェアとビナインウェアからなる一方のデータセット（訓練データセット）はマルウェアとビナインウェアの特定方法を学習するために使用し、もう一方のデータセット（テストデータセット）はマルウェアとビナインウェアの概念をどれくらいうまく学習できたかをテストするために使用します。検出器はテストデータセットのマルウェア（またはビナインウェア）を学習していないため、このようにすると、まったく新しいマルウェアに検出器がどれくらいうまく対処できるかを簡単に予測できます。

この分割を sklearn で実装するのは簡単です。まず、検出器の引数解析クラスにオプションを追加します。このオプションは検出器の正解率を評価することを指定します。

```
parser.add_argument("--evaluate",default=False,action="store_true",
                    help="Perform cross-validation")
```

次に、コマンドライン引数を処理する部分に、この --evaluate オプションが指定された場合に対処する elif 句を追加します（リスト 8-15）。

リスト 8-15：新しいバイナリで検出器を実行する

```
def get_training_data(benign_path,malicious_path,hasher):
    def get_training_paths(directory):
        targets = []
        for path in os.listdir(directory):
            targets.append(os.path.join(directory,path))
        return targets
    malicious_paths = get_training_paths(malicious_path)
    benign_paths = get_training_paths(benign_path)
    X = [get_string_features(path,hasher)
        for path in malicious_paths + benign_paths]
```

```
            y = [1 for i in range(len(malicious_paths))] + \
                [0 for i in range(len(benign_paths))]
            return X, y

    if args.malware_paths and args.benignware_paths and not args.evaluate:
        ...
    elif args.malware_paths and args.benignware_paths and args.evaluate:
❶       hasher = FeatureHasher()
❷       X, y = get_training_data(args.benignware_paths,args.malware_paths,hasher)
        evaluate(X,y,hasher)

❸ def evaluate(X,y,hasher):
        import random
        from sklearn import metrics
        from matplotlib import pyplot
```

このコードを詳しく見ていきましょう。まず、sklearnのハッシュクラスをインスタンス化します❶。次に、評価に必要な訓練データを取得し❷、evaluateという関数を呼び出します❸。この関数は、訓練データ（X、y）とハッシュクラスのインスタンス（hasher）を受け取り、評価を行うのに必要な3つのモジュールをインポートします。randomモジュールは、検出器の訓練に使用する訓練サンプルとテストに使用する訓練サンプルをランダムに選択するために使用されます。また、metricsモジュールを使ってROC曲線を計算し、matplotlibのpyplotモジュールを使ってROC曲線を可視化します。matplotlibはデータを可視化するためのPythonライブラリのデファクトスタンダードです。

データを訓練データセットとテストデータセットに分割する

配列Xと配列yをランダムに並べ替えた後は、これらの配列を同じサイズの訓練データセットとテストデータセットに分割できます。**リスト8-16**は、**リスト8-15**で定義したevaluate関数の続きです。

リスト8-16：データを訓練データセットとテストデータセットに分割する

```
❶   X, y = numpy.array(X), numpy.array(y)
❷   indices = range(len(y))
❸   random.shuffle(indices)
❹   X, y = X[indices], y[indices]
    splitpoint = len(X) * 0.5
❺   splitpoint = int(splitpoint)
❻   training_X, test_X = X[:splitpoint], X[splitpoint:]
    training_y, test_y = y[:splitpoint], y[splitpoint:]
```

まず、XとyをNumPy配列に変換し❶、Xとyに含まれている要素の数に対応するインデックスのリストを作成します❷。次に、これらのインデックスをランダムにシャッフルし❸、この新しい順序に基づいてXとyを並べ替えます❹。このようにして、サンプルを訓練データセットかテストデータセットにランダムに割り当て、単にデータディレクトリに含まれている順序でサンプルが分割されないようにします。このランダムな分割の仕上げとして、これらの配列を半分に分けます。データセットがちょうど半分に分割されるインデックスを割り出し、int 関数を使って最も近い整数に丸めます❺。そして、配列Xと配列yを訓練データセットとテストデータセットに実際に分割します❻。

訓練データセットとテストデータセットの準備ができたら、決定木分類器をインスタンス化し、訓練データセットを使って訓練を行うことができます。

```
classifier = RandomForestClassifier()
classifier.fit(training_X,training_y)
```

次に、訓練された分類器を使って、テストデータセットのサンプルがマルウェアまたはビナインウェアである確率を表すスコアを取得します。このスコアは「尤度」と呼ばれます。

```
scores = classifier.predict_proba(test_X)[:,-1]
```

このコードは、分類器で predict_proba メソッドを呼び出します。このメソッドは、テストサンプルがマルウェアである確率を予測します。次に、NumPy のインデックスのマジックを使って、サンプルがマルウェアである確率だけを取り出します。これらの確率は冗長であり（確率は合計で 1.00 になるので、たとえばサンプルがマルウェアである確率が 0.99 である場合、ビナインウェアである確率は 0.01 です）、この場合はマルウェアの確率さえあればよいからです。

ROC 曲線を計算する

分類器を使ってマルウェアの確率（尤度）を算出した後は、ROC 曲線を計算します。まず、sklearn の metrics モジュールに含まれている roc_curve 関数を呼び出します。

```
fpr, tpr, thresholds = metrics.roc_curve(test_y, scores)
```

roc_curve 関数は、さまざまな**決定しきい値**（decision threshold）をテストし、この分類器を実際に使用した場合の偽陽性率と真陽性率を測定します。尤度が決定しきい値を超えるバイナリはマルウェアと見なされます。

roc_curve 関数には、テストサンプルのラベルベクトル（test_y）と scores 配列という 2 つのパラメータがあります。scores 配列には、各テストサンプルの悪意を分類器がどのように判断したのかを表す値が含まれています。この関数は fpr、tpr、thresholds という関連する 3 つの配列を返します。これらの配列はすべて同じ長さであり、それぞれのインデックス位置にある偽陽性率、真陽性率、決定しきい値は相互に対応しています。

次に、matplotlib を使って計算した ROC 曲線を可視化できます。ROC 曲線を可視化するには、matplotlib の pyplot モジュールの plot 関数を呼び出します。

```
pyplot.plot(fpr,tpr,'r-')
pyplot.xlabel("Detector false positive rate")
pyplot.ylabel("Detector true positive rate")
pyplot.title("Detector ROC Curve")
pyplot.show()
```

xlabel、ylabel、title の 3 つのメソッドを使ってグラフのタイトルと軸のラベルを設定し、show 関数を使ってグラフウィンドウを表示させます。

結果として、図 8-2 に示す ROC 曲線が表示されます。

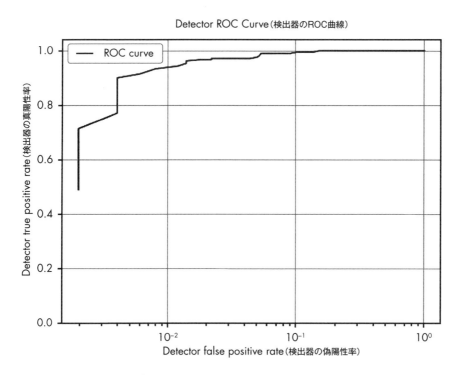

図 8-2：検出器の ROC 曲線を可視化する

図8-2のグラフからわかるように、このような基本的なサンプルに対してよい性能が得られています。約1%の偽陽性率（10^{-2}）で、テストデータセットからマルウェアサンプルの約94%を検出できます。この例では、ほんの数百個の訓練サンプルで訓練しただけです。正解率を引き上げるには、数万、数十万、さらには数百万ものサンプルで訓練する必要があるでしょう（残念ながら、機械学習をそのレベルまでスケールアップすることは本書で扱う範囲を超えています）。

交差検証

ROC曲線の可視化は有益ですが、訓練データでたった1つの実験を行うよりも、多くの実験を行ったほうが、検出器の現実的な正解率をうまく予測できます。このテストでは、訓練データを半分に分割し、最初の半分で検出器の訓練を行い、残りの半分で検出器のテストを行っています。実際には、この検出器をテストするには、これでは不十分です。現実の環境では、このテストデータセットで正解率を測定するわけではなく、新しい未知のマルウェアで正解率を測定することになります。デプロイ後の性能をよりうまく理解するには、1つのテストデータセットでのたった1回の実験ではなく、より多くの実験を行う必要があります。そして、正解率の全体的な傾向を把握する必要があります。

そこで考えられるのは、**交差検証**（cross-validation）を行うことです。交差検証の基本的な考え方は、訓練サンプルを複数の部分（フォールド）に分割する、というものです。ここでは3つのフォールドに分割しますが、より多くのフォールドに分割することもできます。たとえば、300個のサンプルがあり、それらを3つのフォールドに分割する場合は、最初の100個のサンプル、次の100個のサンプル、最後の100個のサンプルに分割することになります。

続いて、テストを3回実行します。1回目のテストでは、検出器をフォールド2とフォールド3で訓練し、フォールド1でテストします。2回目のテストでも同じプロセスを繰り返しますが、訓練にはフォールド1とフォールド3、テストにはフォールド2を使用します。3回目のテストでは、もうおわかりのように、訓練にはフォールド1とフォールド2を使用し、テストにはフォールド3を使用します。**図8-3**は、この交差検証のプロセスを示しています。

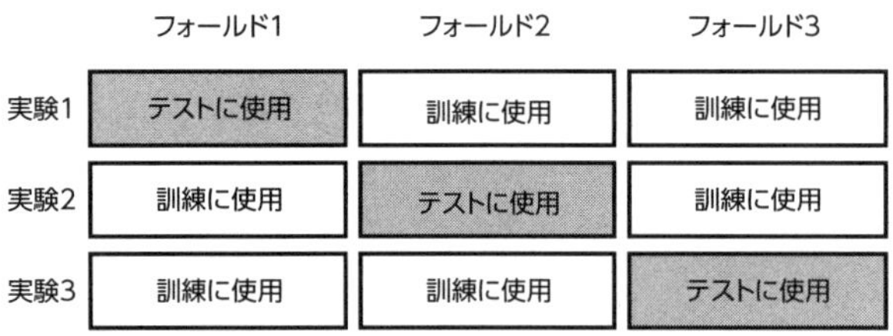

	フォールド1	フォールド2	フォールド3
実験1	テストに使用	訓練に使用	訓練に使用
実験2	訓練に使用	テストに使用	訓練に使用
実験3	訓練に使用	訓練に使用	テストに使用

図 8-3：交差検証プロセス

sklearn を使用すれば、交差検証を実装するのは簡単です。まず、**リスト 8-15** の evaluate 関数を cv_evaluate に書き換えます。

```
def cv_evaluate(X,y,hasher):
    import random
    from sklearn import metrics
    from matplotlib import pyplot
    from sklearn.cross_validation import KFold
```

cv_evaluate 関数の最初の部分は evaluate 関数と同じですが、sklearn の cross_validation モジュールから KFold クラスもインポートしています。KFold クラスは **k 分割交差検証**（k-fold cross-validation）の実装です。k 分割交差検証は、交差検証の最も一般的な手法です。

次に、訓練データを NumPy 配列に変換し、NumPy の拡張配列インデックスを使用できるようにします。

```
    X, y = numpy.array(X), numpy.array(y)
```

交差検証プロセスを実際に開始するコードは次のようになります。

```
    fold_counter = 0
❶   for train, test in KFold(len(X),3,shuffle=True):
❷       training_X, training_y = X[train], y[train]
        test_X, test_y = X[test], y[test]
```

まず、KFold クラスをインスタンス化し、1 つ目のパラメータには訓練サンプルの数、2 つ目のパラメータにはフォールドの数を引数として指定します[†7]。3 つ目のパラメータ shuffle=True は、訓練データをフォールドに分割する前にランダムに並べ替えるこ

[†7] ［訳注］2019年9月時点のダウンロードサンプルでは、フォールドの数として 2 が指定されているが、3 に修正する必要がある。

とを指定します❶。KFold インスタンスは、実際には、イテレーションのたびに異なる訓練サンプルまたはテストサンプルを与えるイテレータです。for ループの内側では、訓練サンプルとテストサンプルを配列 training_X と training_y に代入します。これらの配列の要素は相互に対応しています❷。

訓練データとテストデータの準備ができたら、本章ですでに説明した方法に従って、RandomForestClassifier クラスをインスタンス化し、訓練データで訓練します[†8]。

```
classifier = RandomForestClassifier()
classifier.fit(training_X,training_y)
```

最後に、このフォールドの ROC 曲線を計算し、この ROC 曲線を表す線を描画します[†9]。

```
scores = classifier.predict_proba(test_X)[:,-1]
fpr, tpr, thresholds = metrics.roc_curve(test_y,scores)
pyplot.semilogx(fpr,tpr,label="Fold number {0}".format(fold_counter))
fold_counter += 1
```

matplotlib の show 関数をまだ呼び出していないことに注意してください。このメソッドを呼び出すのは、すべてのフォールドが評価され、3 つの線を同時に表示する準備が整ってからです。前節と同様に、タイトルと軸のラベルを設定します。

```
pyplot.xlabel("Detector false positive rate")
pyplot.ylabel("Detector true positive rate")
pyplot.title("Detector Cross-Validation ROC Curves")
pyplot.legend()
pyplot.grid()
pyplot.show()
```

最終的な ROC 曲線は図 8-4 のようになります。

[†8] [訳注] 2019 年 9 月時点のダウンロードサンプルでは、RandomForestClassifier のコンストラクタに推定器 (決定木) の数として 64 が指定されている。推定器の数を指定しない場合、scikit-learn のバージョン 0.22 以前はデフォルトで 10、0.22 以降はデフォルトで 100 になる。

[†9] [訳注] 2019 年 9 月時点のダウンロードサンプルでは、for 文の最後に含まれている break 文を削除する必要がある。

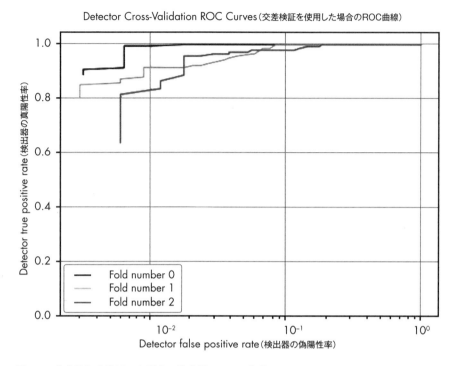

図8-4：交差検証を使用した場合の検出器のROC曲線

　どのフォールドでも似たような結果になることがわかりますが、明確な違いがいくつかあります。3回のテストでの検出率（真陽性率）は、偽陽性率1%では平均すると90%程度です。この推定値は3回の交差検証をすべて考慮に入れたものなので、1回しか実験を行わなかった場合の推定値よりも正確です。実験が1回だけの場合は、訓練とテストに使用するサンプルによっては、ややランダムな結果になるでしょう。さらに実験を重ねれば、ソリューションの有効性をしっかりと把握できます。

　訓練に使用したデータは非常に少ないため（数百個のマルウェアとビナインウェア）、これらはあまりよい結果ではありません。筆者は大規模なマルウェア検出システムを訓練する仕事をしており、通常は数億ものサンプルを使用します。個人的なマルウェア検出器の訓練に数億ものサンプルは必要ありませんが、たとえば0.1%の偽陽性率で90%の真陽性率といったかなりよい性能が得られるようになるのは、データセットを構成しているサンプルの数が少なくとも数万個に達したときからでしょう。

8.6　次のステップ

　　ここまでは、Python と sklearn を使ってソフトウェアバイナリの訓練データセットから特徴量を抽出し、決定木に基づく機械学習モデルを訓練および評価する方法について説明してきました。このモデルを改善したい場合は、文字列特徴量以外の、または文字列特徴量と併せて他の特徴量（すでに説明した PE ヘッダー特徴量、N グラム特徴量、IAT 特徴量など）を使用するとよいでしょう。あるいは、別の機械学習アルゴリズムを使用するという手もあります。

　　本章の検出器の正解率を高めるために、sklearn の RandomForestClassifier クラス以外の別の分類器を試してみることをお勧めします。前章で説明したように、ランダムフォレスト分類器も決定木に基づいていますが、（1 つではなく）多数の決定木がランダムに組み合わされます。新しいバイナリがマルウェアかどうかをそれぞれの決定木が個別に判断し、それらの結果が合計され、決定木の総数で割ることによって結果の平均値が割り出されます。

　　また、ロジスティック回帰など、sklearn がサポートしている他のアルゴリズムを使用してもよいでしょう。どのアルゴリズムを使用する場合でも、本章のサンプルコードで検索と置換を行うだけで済みます。たとえば、本章ではランダムフォレストモデルのインスタンス化と訓練を次のように行っています。

```
classifier = RandomForestClassifier()
classifier.fit(training_X,training_y)
```

　　このコードを次のコードと置き換えるだけです。

```
from sklearn.linear_model import LogisticRegression
classifier = LogisticRegression()
classifier.fit(training_X,training_y)
```

　　これにより、決定木に基づく検出器がロジスティック回帰に基づく検出器に置き換えられます。このロジスティック回帰検出器を交差検証で評価し、**図 8-4** の結果と比較すれば、性能がよいのはどちらのアルゴリズムであるかを判断できるでしょう。

8.7 まとめ

本章では、機械学習に基づくマルウェア検出器を一から構築しました。具体的には、機械学習用の特徴量をソフトウェアバイナリから抽出する方法、ハッシュトリックを使ってこれらの特徴量を圧縮する方法、そして抽出した特徴量を使ってマルウェア検出器を訓練する方法について説明しました。また、検出器の検出しきい値と、真陽性率および偽陽性率との関係を調べるために、ROC 曲線をプロットする方法についても説明しました。最後に、より高度な評価の概念として交差検証を紹介し、本章の検出器を拡張する方法として何が考えられるかを示しました。

sklearn を使った機械学習に基づくマルウェア検出器の説明は以上となります。10章と 11 章では、ディープラーニングまたは人工ニューラルネットワークと呼ばれる別の機械学習法を取り上げます。この時点で、マルウェアの特定に機械学習をうまく利用するために必要な基礎知識は身についています。機械学習に関する文献をさらに読んでみることをお勧めします。コンピュータセキュリティはいろいろな意味でデータ解析問題であるため、セキュリティ業界もこれからは機械学習の時代です。機械学習は今後も、悪意を持つバイナリの検知のみならず、ネットワークトラフィック、システムログ、その他のコンテキストにおいて悪意を持つ振る舞いを検知するのに役立つでしょう。

次章では、マルウェアの関係を可視化する方法を詳しく見ていきます。こうした可視化は、大量のマルウェアサンプル間の類似点と相違点をすばやく理解するのに役立つ可能性があります。

9

マルウェアの傾向を可視化する

マルウェアをまとめて可視化すると、それらを最もうまく解析できることがあります。セキュリティデータを可視化すれば、マルウェアの傾向と、脅威全体の傾向をすばやく把握できます。多くの場合、こうした可視化は非視覚的な統計データよりもはるかに直観的であり、幅広い層に状況を理解してもらうのに役立つことがあります。たとえば本章では、データセットでよく見られるマルウェアの種類、マルウェアデータセットでの傾向（たとえば 2016 年の傾向としてランサムウェアの出現など）、そしてマルウェアの検知に関するアンチウイルス製品の相対的な有効性を明らかにする上で、可視化がどのように役立つのかを確認します。

　これらの例に取り組みながら、有益な知見につながる可視化を独自に作成する方法を理解していきます。この作業には、Python のデータ解析パッケージである pandas と、Python のデータ可視化パッケージである seaborn と matplotlib を使用します。pandas は主にデータの読み込みと操作に使用されます。データの可視化自体にはそれほど関与しませんが、データの可視化の準備に大きく役立ちます。

9.1 マルウェアデータの可視化はなぜ重要か

マルウェアデータの可視化がどのように役立つのかを理解するために、ここでは可視化の例を2つ取り上げます。1つ目の例では、「アンチウイルス業界のランサムウェアの検知能力は向上しているか」という質問に答えます。2つ目の例では、1年を通じての各種マルウェアの傾向が明らかになります。1つ目の例を見てみましょう（図9-1）。

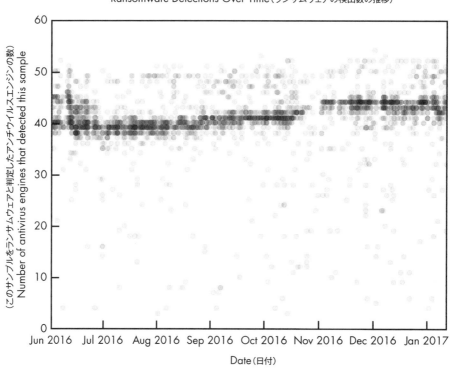

図9-1：ランサムウェアの検出数の推移

　このランサムウェアの可視化は、数千個のランサムウェアサンプルから集めたデータを使って作成したものです。このデータには、各バイナリファイルに対して57種類のアンチウイルスエンジンを実行した結果が含まれています。図中の円はそれぞれマルウェアサンプルを表しています。y軸は、アンチウイルスエンジンのスキャン時に各サンプルがマルウェアと判定された数――つまり、陽性の数を表しています。y軸は60で終わっており、特定のスキャンの最大数は57（スキャナの総数）であることに注意してください。x軸は、各マルウェアサンプルがマルウェア解析サイトVirusTotal.com

で最初に検知され、スキャンされた時期を表しています。

図9-1では、2016年6月の時点で、悪意を持つバイナリファイルを検知するアンチウイルスコミュニティの能力が比較的高く、年末まで徐々に上昇していることがわかります。2016年の終わりの時点では、平均するとアンチウイルスエンジンの約25%がランサムウェアファイルを見逃していることから、この時期はコミュニティのランサムウェア検知能力がまだそれほど高くなかったと結論付けることができます。

調査をさらに進めるために、「どの」アンチウイルスエンジンがどれくらいの割合でランサムウェアを検出しているのか、どれくらいのペースで改善しているのかを可視化してみることもできます。あるいは、他のカテゴリのマルウェア（トロイの木馬など）を調べてみることもできます。そうしたプロットは、購入するアンチウイルスエンジンを決めたり、カスタム検出ソリューションを設計したほうがよいマルウェアの種類を判断したりするのに役立ちます。この場合、カスタム検出ソリューションはおそらくアンチウイルス製品を補完するものになるでしょう。カスタム検出ソリューションの構築については、8章を参照してください。

図9-2は2つ目の例であり、図9-1で使用したものと同じデータセットで作成されています。

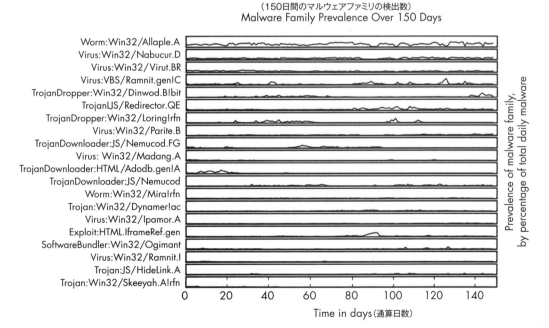

図9-2：ファミリごとのマルウェアの検出数の推移

図 9-2 は、最もよく知られている 20 個のマルウェアファミリと、150 日間の相対的な出現頻度を示しています。このグラフからいくつか重要なことがわかります。最も有名なマルウェアファミリ Allaple.A は、この期間に一定の頻度で出現しています。Nemucod.FG などの他のマルウェアファミリは短期間に集中して出現し、その後は沈静化しています。職場のネットワークで検出されたマルウェアを使ってこのような図をプロットすると、組織への攻撃に関与していたマルウェアの種類がどのように変化したのかを示す有益な傾向を明らかにできます。このような比較図を作成しないとしたら、マルウェアのピークや量の変化をファミリごとに理解したり比較したりするのは困難であり、相当な時間がかかるでしょう。

これら 2 つの例は、マルウェアの可視化がいかに有益であるかを示しています。本章の残りの部分では、可視化を独自に作成する方法について説明します。本章で使用するサンプルデータセットを確認した後、pandas を使ってデータを解析します。そして最後に、matplotlib と seaborn を使ってデータを可視化します。

9.2 マルウェアデータセットの概要

本章で使用するデータセットは、VirusTotal によって収集された約 37,000 種類の一意なマルウェアバイナリを説明するデータで構成されています。VirusTotal [†1] は、マルウェア検知アグリゲーションサービスを提供している Web サイトです。各バイナリは次の 4 つのフィールドでラベル付けされています。これらのフィールドは、そのバイナリをマルウェアとして分類したアンチウイルスエンジンの数 (0 〜 57)、そのバイナリのサイズ、そのバイナリの種類 (ビットコインマイナー、キーロガー、ランサムウェア、トロイの木馬、ワーム)、そしてそのバイナリが最初に検知された日時を表しています。ここでは、1 つ目のフィールドの値を各サンプルの**陽性** (positive) の数と呼ぶことにします。各バイナリのメタデータがこのようにごく限られたものであったとしても、分析と可視化によって、データセットに関する重要な情報が明らかになることがわかります。

データを pandas に読み込む

pandas はよく知られている Python のデータ解析ライブラリです。pandas では、DataFrame という解析オブジェクトにデータを簡単に読み込むことができ、新たにパッケージ化されたデータをスライス、変換、解析するためのメソッドを呼び出すことがで

---

†1 https://www.virustotal.com/

きます。ここでは、データの読み込み、解析、可視化の準備に pandas を使用します。Python インタープリタでサンプルデータを定義し、DataFrame オブジェクトに読み込むコードは**リスト 9-1** のようになります[†2]。

リスト 9-1：pandas にデータを直接読み込む

```
In [1]: import pandas
```
❶
```
In [2]: example_data = [{'column1': 1, 'column2': 2},
   ...: {'column1': 10, 'column2': 32},
   ...: {'column1': 3, 'column2': 58}]
```
❷
```
In [3]: pandas.DataFrame(example_data)
Out[3]:
   column1  column2
0        1        2
1       10       32
2        3       58
```

リスト 9-1 では、まず、example_data というデータを Python ディクショナリのリストとして定義します❶。そして、このリストを DataFrame クラスのコンストラクタに渡して、このデータが含まれた DataFrame オブジェクトを取得します❷。example_data を構成しているディクショナリはそれぞれ DataFrame オブジェクトの行になり、ディクショナリのキー（column1、column2）は列になります。これはデータを pandas に読み込む 1 つの方法です。

データを外部 CSV ファイルから読み込むこともできます。本章のデータセット（ch9/malware_data.csv）を読み込むコードは**リスト 9-2** のようになります。

リスト 9-2：外部 CSV ファイルから pandas にデータを読み込む

```
In [4]: import pandas

In [5]: malware = pandas.read_csv("malware_data.csv")
```

malware_data.csv をインポートすると、次のような malware オブジェクトが作成されるはずです。

[†2] ［訳注］ここでは、本書の仮想マシンに含まれている IPython を使用している。IPython を起動するには、次のコマンドを実行する。

```
$ cd ch9/code/interactive_versions_of_code
$ ipython
```

IPython に入力するコードは listings_1_through_7.py ファイルに含まれている。

```
In [6]: malware
Out[6]:
     positives      size      type            fs_bucket
0           45    251592    trojan  2017-01-05 00:00:00
1           32    227048    trojan  2016-06-30 00:00:00
2           53    682593      worm  2016-07-30 00:00:00
3           39    774568    trojan  2016-06-29 00:00:00
4           29    571904    trojan  2016-12-24 00:00:00
5           31    582352    trojan  2016-09-23 00:00:00
6           50   2031661      worm  2017-01-04 00:00:00
...
```

マルウェアデータセットで構成された DataFrame オブジェクトはこれで完成です。このデータセットには、positives（57 種類のアンチウイルスエンジンのうちそのサンプルをマルウェアに分類したものの数）、size（マルウェアバイナリのバイト数）、type（トロイの木馬、ワームなどのマルウェアの種類）、fs_bucket（このマルウェが最初に検知された日時）の 4 つの列が含まれています。

DataFrame を操作する

DataFrame オブジェクトにデータを設定したところで、そのデータにアクセスして操作する方法について見ていきましょう。DataFrame オブジェクトのデータにアクセスするには、describe メソッドを呼び出します（**リスト 9-3**）。

リスト 9-3：describe メソッドを呼び出す

```
In [7]: malware.describe()
Out[7]:
          positives           size
count  37511.000000   3.751100e+04
mean      39.446536   1.300639e+06
std       15.039759   3.006031e+06
min        3.000000   3.370000e+02
25%       32.000000   1.653960e+05
50%       45.000000   4.828160e+05
75%       51.000000   1.290056e+06
max       57.000000   1.294244e+08
```

describe メソッドを呼び出すと、DataFrame オブジェクトに関する有益な統計データが出力されます。1 行目の count は、null 以外の陽性の行の総数と、null 以外の行の総数を示しています。2 行目の mean は、サンプルあたりの陽性の平均数とマルウェアサンプルの平均サイズを示しています。3 行目は各列の標準偏差、4 行目は各列の最小値を示しています。最後に、各列のパーセンタイル値と各列の最大値が示されています。

たとえばpositives列など、DataFrameオブジェクトの列の1つでデータを取得したいとしましょう。各バイナリの平均検出数を確認したいのかもしれませんし、データセットでの陽性の分布をヒストグラムにプロットしたいのかもしれません。そこで、positives列を数値のリストとして返すmalware['positives']を記述します。

リスト9-4：positives列を取得する

```
In [8]: malware['positives']
Out[8]:
0      45
1      32
2      53
3      39
4      29
5      31
6      50
7      40
8      20
9      40
...
```

列を取り出した後は、この列で統計データを直接計算できます。たとえば、malware['positives'].mean()は列の平均値を計算します。malware['positives'].max()は列の最大値、malware['positives'].min()は列の最小値を計算します。そして、malware['positives'].std()は列の標準偏差を計算します。それぞれの例を見てみましょう（**リスト9-5**）。

リスト9-5：平均値、最大値、最小値、標準偏差を計算する

```
In [9]: malware['positives'].mean()
Out[9]: 39.446535682866362

In [10]: malware['positives'].max()
Out[10]: 57

In [11]: malware['positives'].min()
Out[11]: 3

In [12]: malware['positives'].std()
Out[12]: 15.039759380778822
```

データを細かく分割して、さらに詳細な解析を行うこともできます。たとえば、トロイの木馬、ビットコイン、ワームタイプのマルウェアの陽性検出の平均値を計算するコードは**リスト9-6**のようになります。

リスト 9-6：さまざまなマルウェアの平均検出率を計算する

```
In [13]: malware[malware['type'] == 'trojan']['positives'].mean()
Out[13]: 33.43822473365119

In [14]: malware[malware['type'] == 'bitcoin']['positives'].mean()
Out[14]: 35.857142857142854

In [15]: malware[malware['type'] == 'worm']['positives'].mean()
Out[15]: 49.90857904874796
```

　まず、malware[malware['type'] == 'trojan'] 表記を用いて、DataFrame オブジェクトの行のうち、type が trojan の行を選択します。結果として得られたデータの positives 列を選択し、平均値を計算するために malware[malware['type'] == 'trojan']['positives'].mean() という式に拡張します。**リスト 9-6** は興味深い結果を示しており、ワームのほうがビットコインマイニングやトロイの木馬マルウェアよりも検出頻度が高いことがわかります。49.9 は 35.8 や 33.4 よりも大きいため、平均すると、悪意を持つワームサンプル(49.9)は悪意を持つビットコインサンプル(35.8)やトロイの木馬サンプル((33.4)よりも多くのアンチウイルスエンジンによって検知されています。

条件に基づいてデータを絞り込む

　他の条件を使ってデータの一部を選択することもできます。たとえば、マルウェアのファイルサイズといった数値データで、「より大きい」条件や「より小さい」条件を使ってデータを絞り込み、結果として得られたサブセットで統計データを計算できます。この方法は、アンチウイルスエンジンの有効性がファイルサイズに関連しているかどうかを調べたい場合に役立つことがあります。その具体的な方法は**リスト 9-7** のようになります。

リスト 9-7：マルウェアのファイルサイズで結果を絞り込む

```
In [16]: malware[malware['size'] > 1000000]['positives'].mean()
Out[16]: 33.507073192162373

In [17]: malware[malware['size'] > 2000000]['positives'].mean()
Out[17]: 32.761442050415432

In [18]: malware[malware['size'] > 3000000]['positives'].mean()
Out[18]: 27.206726825266661

In [19]: malware[malware['size'] > 4000000]['positives'].mean()
Out[19]: 25.652548725637182
```

```
In [20]: malware[malware['size'] > 5000000]['positives'].mean()
Out[20]: 24.411069317571197
```

リスト 9-7 の 1 行目を見てください。まず、DataFrame を絞り込み、サイズが 100 万を超えるサンプルだけにしています (`malware[malware['size'] > 1000000]`)。次に、positives 列を取り出して平均値を求めると (`['positives'].mean()`)、約 33.5 という結果になります。条件のファイルサイズが大きくなるに従い、各グループの平均検出数は低下していきます。つまり、マルウェアのファイルサイズと、それらのマルウェアサンプルを検知するアンチウイルスエンジンの平均数との間に関係があることは明らかです。これは興味深い結果であり、さらに調査を進める価値があります。次節では、matplotlib と seaborn を使ってこの関係を可視化します。

9.3　matplotlib を使ってデータを可視化する

　matplotlib は Python データを可視化するときに頼りになるライブラリです。実際には、Python のほとんどの可視化ライブラリは基本的に matplotlib の便利なラッパーです。matplotlib を pandas で使用するのは簡単です。プロットしたいデータを pandas で取得および分析し、matplotlib でプロットします。ここでの目的に最も役立つ matplotlib の関数は plot です。この関数を使って何ができるか見てみましょう（図 9-3）。

　図 9-3 は、マルウェアデータセットの positives 属性と size 属性をプロットしたものです。前節の pandas の説明で予示されていたように、興味深い結果が示されています。これらのマルウェアをスキャンした 57 種類のアンチウイルスエンジンのほとんどで、小さいファイルと非常に大きいファイルが滅多に検出されないことがわかります。ただし、中くらいのサイズ（$10^{4.5}$ – 10^{7}）のファイルはほとんどのアンチウイルスエンジンによって検出されています。ファイルが小さいとマルウェアであることを特定できるだけの十分な情報が含まれておらず、ファイルが大きいとスキャンに時間がかかりすぎて、多くのアンチウイルスエンジンがそれらのスキャンを完全にあきらめてしまうことが原因かもしれません。

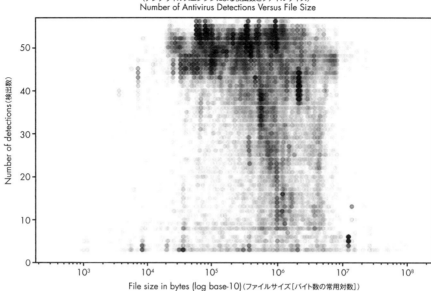

図9-3：マルウェアサンプルのサイズとアンチウイルスエンジンによる検出数を表すグラフ

マルウェアのサイズとアンチウイルスエンジンによる検出との関係をプロットする

図9-3をプロットする方法を見ていきましょう。これには、**リスト9-8**のコードを使用します。

リスト9-8：plot関数を使ってデータを可視化する

```
❶ import pandas
   from matplotlib import pyplot

❷ malware = pandas.read_csv("malware_data.csv")
❸ pyplot.plot(malware['size'], malware['positives'], 'bo', alpha=0.01)
❹ pyplot.xscale("log")
❺ pyplot.ylim([0,57])
   pyplot.xlabel("File size in bytes (log base-10)")
   pyplot.ylabel("Number of detections")
   pyplot.title("Number of Antivirus Detections Versus File Size")
❻ pyplot.show()
```

このグラフをプロットするのにそれほど多くのコードは必要ありません。各行が何をするのか見ていきましょう。まず、pandasモジュールやmatplotlibのpyplotモジュールなど、必要なモジュールをインポートします❶。続いて、read_csv関数を呼び出

します❷。すでに説明したように、この関数はマルウェアデータセットを pandas の `DataFrame` オブジェクトに読み込みます。

次に、`plot` 関数を呼び出します。この関数の 1 つ目のパラメータに対する引数はマルウェアの size データ、2 つ目のパラメータに対する引数はマルウェアの positives データ（各マルウェアサンプルの陽性検出の数）です❸。これらの引数は matplotlib がプロットするデータを定義します。つまり、この関数の 1 つ目のパラメータは x 軸のデータを表し、2 つ目のパラメータは y 軸のデータを表します。3 つ目のパラメータに対する引数 `'bo'` は、データを表現するために使用する色と形を指定します。最後に alpha（円の透明度）として `0.1` を指定することで、円が互いに重なっていても、グラフのさまざまな場所にあるデータの密度がわかるようにします。

> **NOTE** bo の b は、青 (blue)、o は円 (circle) を表し、データを表す青い円を matplotlib に描画させます。他にも、緑 (g)、赤 (r)、シアン (c)、マゼンタ (m)、黄 (y)、黒 (k)、白 (w) を指定できます。円以外の形状では、点 (.)、データポイントごとに 1 ピクセル (,)、四角形 (s)、5 角形 (p) を指定できます。詳細については、matplotlib のドキュメントを参照してください。
> http://matplotlib.org

`plot` 関数を呼び出した後は、x 軸の尺度として対数を設定します❹。つまり、マルウェアのサイズデータを 10 の累乗で表すことで、非常に小さいファイルと非常に大きいファイルの関係を見やすくします。

データをプロットした後は、タイトルと軸のラベルを指定します。x 軸はマルウェアのファイルサイズを表し（`"File size in bytes (log base-10)"`）、y 軸は検出数を表します（`"Number of detections"`）。ここでは 57 種類のアンチウイルスエンジンを解析しているため、y 軸の尺度を 0 〜 57 の範囲に設定します❺。最後に、`show` 関数を呼び出してグラフを表示します❻。このグラフを画像として保存したい場合は、この呼び出しを `pyplot.savefig("myplot.png")` に置き換えることもできます。

最初の例はこれで完成です。次の例に進みましょう。

ランサムウェアの検出数をプロットする

次は、本章の図 9-1 で示したランサムウェア検出グラフを再現してみましょう。ランサムウェアの検出数の推移をプロットするコード全体は**リスト 9-9** のようになります。

リスト 9-9：ランサムウェアの検出数の推移をプロットする

```
import dateutil
import pandas
from matplotlib import pyplot

malware = pandas.read_csv("malware_data.csv")
malware['fs_date'] = [dateutil.parser.parse(d) for d in malware['fs_bucket']]
ransomware = malware[malware['type'] == 'ransomware']
pyplot.plot(ransomware['fs_date'], ransomware['positives'], 'ro', alpha=0.05)
pyplot.title("Ransomware Detections Over Time")
pyplot.xlabel("Date")
pyplot.ylabel("Number of antivirus engine detections")
pyplot.show()
```

　見覚えのあるコードもあれば、そうではないコードもあるでしょう。**リスト 9-9** のコードを 1 行ずつ見ていきましょう。

```
import dateutil
```

　Python の `dateutil` という便利なパッケージを利用すると、さまざまな書式の日付を簡単に解析できます。`dateutil` をインポートするのは、日付を解析して可視化できるようにするためです。

```
import pandas
from matplotlib import pyplot
```

　pandas モジュールに加えて、matplotlib の pyplot モジュールもインポートします。

```
malware = pandas.read_csv("malware_data.csv")
malware['fs_date'] = [dateutil.parser.parse(d) for d in malware['fs_bucket']]
ransomware = malware[malware['type'] == 'ransomware']
```

　これらのコードは、マルウェアデータセットを読み取り、ランサムウェアサンプルだけを含んだ ransomware というデータセットを作成します。データをこのように絞り込むのは、ランサムウェアだけをプロットしたいからです。

```
pyplot.plot(ransomware['fs_date'], ransomware['positives'], 'ro', alpha=0.05)
pyplot.title("Ransomware Detections Over Time")
pyplot.xlabel("Date")
pyplot.ylabel("Number of antivirus engine detections")
pyplot.show()
```

この 5 行のコードは**リスト 9-8** のコードとまったく同じです。データをプロットし、タイトルと xy 軸のラベルを設定し、画面上にすべてをレンダリングします (**図 9-4**)。この場合も、pyplot.show() 呼び出しを pyplot.savefig("myplot.png") に置き換えれば、このグラフをディスクに保存できます。

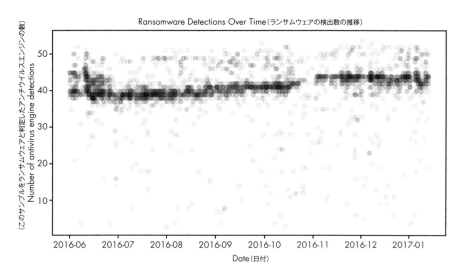

図 9-4：ランサムウェアの検出数の推移

plot 関数を使ってさらに別のグラフを作成してみましょう。

ランサムウェアとワームの検出数をプロットする

今度は、ランサムウェアの検出数の推移だけでなく、同じグラフにワームの検出数もプロットします。**図 9-5** のグラフから、アンチウイルス業界の検知技術が、ランサムウェア (最近流行しているマルウェア) よりもワーム (以前に流行したマルウェア) の検出に適していることがわかります。

このグラフは、マルウェアサンプルを検出したアンチウイルスエンジンの数 (y 軸) がどのように推移しているか (x 軸) を示しています。赤い点はそれぞれランサムウェアサンプル (type="ransomware") を表しており、青い点はそれぞれワームサンプル (type="worm") を表しています。平均すると、ランサムウェアよりもワームを検出するアンチウイルスエンジンのほうが多いことがわかります。ただし、両方のサンプルを検出するアンチウイルスエンジンの数が徐々に増えていることもわかります。

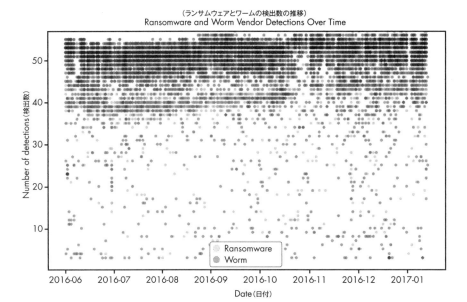

図9-5：ランサムウェアとワームの検出数の推移

このグラフをプロットするコードは**リスト 9-10** のようになります。

リスト 9-10：ランサムウェアとワームの検出数の推移をプロットする

```
import dateutil
import pandas
from matplotlib import pyplot

malware = pandas.read_csv("malware_data.csv")
malware['fs_date'] = [dateutil.parser.parse(d) for d in malware['fs_bucket']]

ransomware = malware[malware['type'] == 'ransomware']
worms = malware[malware['type'] == 'worm']

pyplot.plot(ransomware['fs_date'], ransomware['positives'],
            'ro', label="Ransomware", markersize=3, alpha=0.05)
pyplot.plot(worms['fs_date'], worms['positives'],
            'bo', label="Worm", markersize=3, alpha=0.05)
pyplot.legend(framealpha=1, markerscale=3.0)
pyplot.xlabel("Date")
pyplot.ylabel("Number of detections")
pyplot.ylim([0, 57])
pyplot.title("Ransomware and Worm Vendor Detections Over Time")
pyplot.show()
pyplot.gcf().clf()
```

リスト 9-10 の最初の部分から見ていきましょう。

```
import dateutil
import pandas
from matplotlib import pyplot

malware = pandas.read_csv("malware_data.csv")
malware['fs_date'] = [dateutil.parser.parse(d) for d in malware['fs_bucket']]

ransomware = malware[malware['type'] == 'ransomware']
❶ worms = malware[malware['type'] == "worm"]
...
```

このコードは先の例とよく似ています。この部分での違いは、ransomware で絞り込まれたデータを作成したときと同じ方法で、worm で絞り込まれたデータを作成している点です❶。コードの残りの部分を見てみましょう。

```
...
❶ pyplot.plot(ransomware['fs_date'], ransomware['positives'],
              'ro', label="Ransomware", markersize=3, alpha=0.05)
❷ pyplot.plot(worms['fs_bucket'], worms['positives'],
              'bo', label="Worm", markersize=3, alpha=0.05)
❸ pyplot.legend(framealpha=1, markerscale=3.0)
pyplot.xlabel("Date")
pyplot.ylabel("Number of detections")
pyplot.ylim([0,57])
pyplot.title("Ransomware and Worm Vendor Detections Over Time")
pyplot.show()
pyplot.gcf().clf()
```

リスト 9-9 との主な違いは、plot 関数を 2 回呼び出していることです。1 回目は、ランサムウェアデータを赤い円で表すために ro セレクタを使って呼び出し❶、2 回目は、ワームデータを青い円で表すために bo セレクタを使って呼び出します❷。3 つ目のデータセットをプロットしたい場合は、それも可能です。また、リスト 9-9 とは異なり、青がワーム、赤がランサムウェアを表すことを示す凡例を作成しています❸。framealpha パラメータは、凡例の背景の透明度を表し（1 を指定すると完全に不透明になります）、markerscale パラメータは凡例内のマーカーの大きさを表します（この場合は 3 倍にしています）。

ここでは、matplotlib を使って完全なグラフを作成する方法を紹介しましたが、正直に言うと、これらのグラフは見栄えがよくありません。そこで次節では、別のプロットライブラリを使用することにします。このライブラリを使用すれば、プロ顔負けのプロットが可能になるだけでなく、もっと複雑な可視化をすばやく実装できるようになります。

9.4 seaborn を使ってデータを可視化する

pandas と matplotlib について説明したところで、次は seaborn に取り組みます。実際には、seaborn は matplotlib をベースとする可視化ライブラリですが、より洗練されたコンテナにまとめられています。seaborn には、グラフィックスのスタイルを設定する組み込みのテーマや、より複雑な解析を実行する手間を省く高度関数が含まれています。これらの機能を利用すれば、洗練された美しいグラフを簡単に作成できます。

手始めに、マルウェアデータセットに含まれているマルウェアサンプルの数をマルウェアの種類別に示す棒グラフを作成してみましょう（**図 9-6**）。

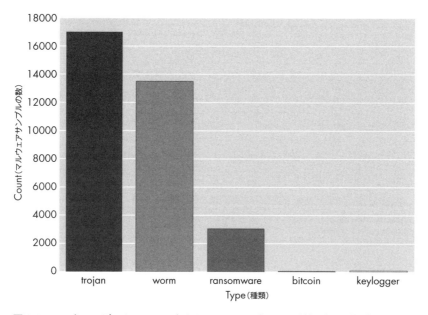

図 9-6：マルウェアデータセットに含まれているマルウェアの種類ごとの棒グラフ

このグラフを作成するコードは**リスト 9-11** のようになります。

リスト 9-11：マルウェアを種類ごとにカウントした棒グラフをプロットする

```
import pandas
from matplotlib import pyplot
import seaborn

❶ malware = pandas.read_csv("malware_data.csv")
❷ seaborn.countplot(x='type', data=malware)
❸ pyplot.show()
```

リスト 9-11 では、まず、read_csv 関数を使ってデータを読み取ります❶。次に、seaborn の countplot 関数を使って、DataFrame オブジェクトの type 列の棒グラフを作成します❷。最後に、pyplot の show 関数を呼び出して、このグラフを表示します❸。seaborn は matplotlib のラッパーなので、seaborn のグラフは matplotlib に表示させる必要があります。次は、もう少し複雑なグラフをプロットしてみましょう。

アンチウイルス検出の分布をプロットする

ほとんどのアンチウイルスエンジンによって見逃されるマルウェアサンプルの割合と、ほとんどのアンチウイルスエンジンによって検出されるマルウェアサンプルの割合を理解するために、マルウェアデータセットのマルウェアサンプル全体のアンチウイルス検出の分布（頻度）を知りたいとしましょう。図 9-7 のグラフは、このような前提に基づいています。この情報により、アンチウイルス業界の検知能力がだいたいどれくらいかが明らかになります。そこで、検出数ごとに、その検出数に占めるマルウェアサンプルの割合を示す棒グラフ（ヒストグラム）を作成します。

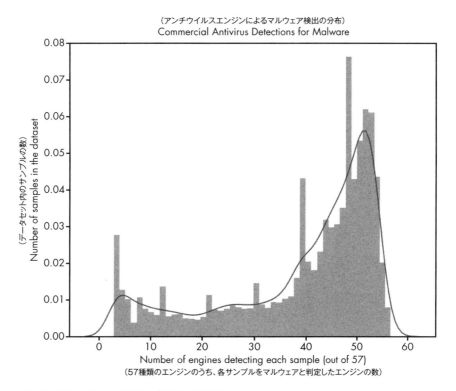

図 9-7：アンチウイルス検出（陽性）の分布

図9-7のx軸はマルウェアサンプルのカテゴリを表しており、全部で57種類のアンチウイルスエンジンのうち、それらをマルウェアと判定したエンジンの数ごとに分類されています。57種類のエンジンのうち50種類がサンプルをマルウェアと判定した場合、そのサンプルは50のカテゴリに配置されます。57種類のエンジンのうち10種類がサンプルをマルウェアと判定した場合は、10のカテゴリに配置されます。棒の高さは、そのカテゴリに分類されたサンプルの総数に比例します。

このグラフから、多くのマルウェアサンプルが57種類のアンチウイルスエンジンのほとんどで検出される一方（グラフの右上の領域に反映されています）、ごく少数のサンプルがごく少数のエンジンによって検出されることもわかります（グラフの左側の領域に反映されています）。なお、このデータセットの作成方法が原因で、検出したアンチウイルスエンジンの数が5に満たないサンプルは示されていません。ここでは、5種類以上のアンチウイルスエンジンによって検出されたマルウェアをサンプルとして定義しています。5〜30種類のアンチウイルスエンジンでしか検出されなかったサンプルが相当な数に上ることから、マルウェア検出におけるアンチウイルスエンジンの差が依然として大きいことがわかります。57種類のアンチウイルスエンジンのうち10種類によってマルウェアとして検出されたサンプルは、47種類のエンジンがその検出に失敗したか、10種類のエンジンがビナインウェアで偽陽性を呈したことを示しています。アンチウイルスベンダーの製品では偽陽性率が非常に低いことを考えると、後者の可能性はかなり低いため、ほとんどのエンジンがそれらのサンプルを見逃した可能性が非常に高いと言えるでしょう。

図9-7のグラフの作成に必要なコードはほんの数行です（**リスト9-12**）。

リスト9-12：アンチウイルス検出（陽性）の分布をプロットする

```
import pandas
import seaborn
from matplotlib import pyplot

malware = pandas.read_csv("malware_data.csv")
❶ axis = seaborn.distplot(malware['positives'])
❷ axis.set(xlabel="Number of engines detecting each sample (out of 57)",
        ylabel="Amount of samples in the dataset",
        title="Commercial Antivirus Detections for Malware")
pyplot.show()
```

seabornモジュールには、分布図（ヒストグラム）を作成するための関数が組み込まれており、必要なのは表示したいデータ（`malware['positives']`）をdistplot関数に渡

すことだけです❶。続いて、この関数から返された axis オブジェクトを使って、このグラフを説明するタイトル、x 軸のラベル、y 軸のラベルを設定します❷。

次に、2 つの変数を持つ seaborn プロットを作成してみましょう。これらの変数は、マルウェアの陽性検出の数（5 種類以上のエンジンによって検出されたサンプル）と、それらのマルウェアのファイルサイズです。図 9-3 では、同じグラフを matplotlib で作成しましたが、seaborn の jointplot 関数を使用すれば、より魅力的で情報利得の高いグラフが作成されます。結果として得られるグラフ（図 9-8）は豊かな情報源となりますが、最初は理解するのに少し苦労します。そこで、順番に見ていきましょう。

図 9-8 のプロットは図 9-7 のヒストグラムに似ていますが、棒の高さで 1 つの変数の分布を表すのではなく、2 つの変数（x 軸にマルウェアのファイルサイズ、y 軸に検出数）の分布を色の濃さで表します。領域の色が濃いほど、データの量が多いことを表します。たとえば、最も一般的なファイルサイズが $10^{5.5}$ で、陽性の数が約 53 であることがわかります。中央のプロットの上と右にあるサブプロットは、size データと positives データの頻度を平滑化したもので、（図 9-7 と同じように）検出数とファイルサイズの分布を明らかにします。

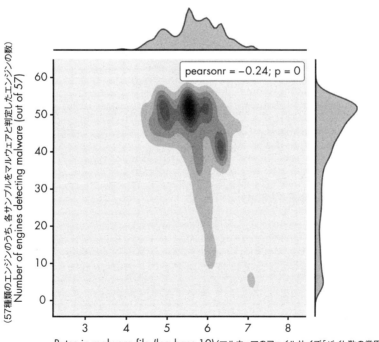

図 9-8：マルウェアのファイルサイズと陽性検出の分布

最も興味深いのは、sizeデータとpositivesデータの関係を示す中央のプロットです。個々のデータ点をmatplotlibでプロットした**図9-3**とは対照的に、全体の傾向がはるかに明確に示されています。このプロットから、ファイルサイズが非常に（10^6 よりも）大きいマルウェアはアンチウイルスエンジンによってあまり検出されないことがわかります。このため、そうしたマルウェアの検出に特化したカスタムソリューションを作成したほうがよいかもしれません。

図9-8を作成するのに必要なのは、seabornのプロット関数を1回呼び出すことだけです（**リスト9-13**）。

リスト9-13：マルウェアのファイルサイズと陽性検出の分布をプロットする

```
import pandas
import seaborn
import numpy
from matplotlib import pyplot

malware = pandas.read_csv("malware_data.csv")
❶ axis=seaborn.jointplot(x=numpy.log10(malware['size']),
                         y=malware['positives'],
                         kind="kde")
❷ axis.set_axis_labels("Bytes in malware file (log base-10)",
                       "Number of engines detecting malware (out of 57)")
pyplot.show()
```

リスト9-13では、seabornの`jointplot`関数を使って、DataFrameのpositives列とsize列の同時分布グラフを作成しています❶。また、少しややこしいことに、軸のラベルを設定するには、この関数から返されたaxisオブジェクトで**リスト9-12**とは別の関数を呼び出す必要があります。この`set_axis_labels`関数の1つ目のパラメータにはx軸のラベル、2つ目のパラメータにはy軸のラベルを指定します❷。

バイオリン図を作成する

本章で最後に紹介するグラフは、seabornのバイオリン図です。バイオリン図を利用すれば、数種類のマルウェアにまたがって特定の変数の分布をスマートに調べることができます。たとえば、マルウェアデータセットに含まれているマルウェアの種類ごとにファイルサイズの分布を調べたいとしましょう。この場合は、**図9-9**に示すようなプロットを作成できます。

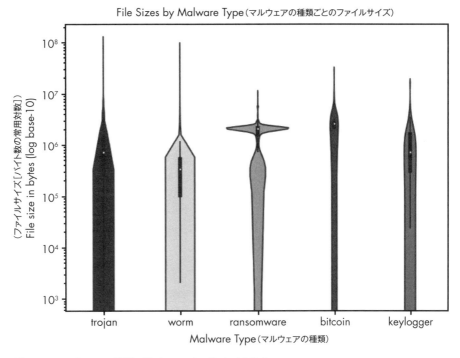

図9-9：マルウェアの種類ごとのファイルサイズの分布

　図9-9のy軸はファイルサイズであり、10の累乗で表されています。x軸はマルウェアの種類を示しています。マルウェアの種類を表す棒の太さがサイズのレベルごとに異なることと、そのマルウェアタイプにそのサイズのデータがどれくらいあるかがわかります。たとえば、ファイルサイズが非常に大きいランサムウェアがかなり存在することと、ワームのファイルサイズが小さい傾向にあることがわかります。おそらく、ワームの目的がネットワーク全体に急速に拡散することで、このためワームの作成者がファイルサイズをできるだけ小さくしているからでしょう。これらのパターンがわかれば、未知のファイルをうまく分類できるようになります（大きいファイルはランサムウェアである可能性が高く、ワームである可能性は低い、など）。また、特定のマルウェアタイプをターゲットとする防御ツールで、どのファイルサイズに照準を合わせればよいかも明らかになります。

　バイオリン図を作成するのに必要なのは、seabornのプロット関数を1回呼び出すことだけです（**リスト9-14**）。

リスト 9-14：バイオリン図を作成する

```
import pandas
import seaborn
from matplotlib import pyplot

malware = pandas.read_csv("malware_data.csv")
```
❶ `axis = seaborn.violinplot(x=malware['type'], y=malware['size'])`
❷ `axis.set(xlabel="Malware type", ylabel="File size in bytes (log base-10)",`
         `title="File Sizes by Malware Type", yscale="log")`
❸ `pyplot.show()`

リスト 9-14 では、まず、バイオリン図を作成します❶。次に、タイトルと軸のラベルを設定し、y 軸の尺度を対数にします❷。最後に、バイオリン図を表示します❸。同様に、マルウェアの種類ごとに陽性の数を示すバイオリン図を作成することもできます（図 9-10）。

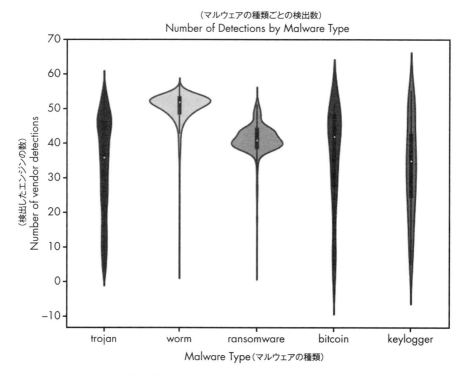

図 9-10：マルウェアの種類ごとにアンチウイルス陽性（検出）の数を可視化する

図 9-9 との違いは、y 軸でファイルサイズを捕捉する代わりに、各マルウェアの陽性の数を捕捉していることです。図 9-10 の結果は興味深い傾向を示しています。たとえば、ランサムウェアのほとんどは 30 種類以上のアンチウイルスエンジンによって検出されています。対照的に、ビットコイン、トロイの木馬、キーロガーマルウェアを検出するアンチウイルスエンジンの数は 30 を下回ることがほとんどであり、それらのマルウェアがセキュリティ業界の防御をすり抜けていることを意味します（これらのマルウェアを検出するスキャナをインストールしていない場合は、それらに感染している可能性があります）。図 9-10 のバイオリン図を作成するコードは**リスト 9-15** のようになります。

リスト 9-15：マルウェアの種類ごとにアンチウイルス検出を可視化する

```
import pandas
import seaborn
from matplotlib import pyplot

malware = pandas.read_csv("malware_data.csv")
axis = seaborn.violinplot(x=malware['type'], y=malware['positives'])
axis.set(xlabel="Malware type", ylabel="Number of vendor detections",
         title="Number of Detections by Malware Type")
pyplot.show()
```

リスト 9-14 との違いは、`violinplot` 関数に異なるデータ（`malware['size']` ではなく `malware['positives']`）を渡していることと、タイトルと軸のラベルとして異なる値を指定し、y 軸の尺度を対数に設定していないことだけです。

9.5 まとめ

　本章では、マルウェアデータを可視化することで、脅威の傾向とセキュリティツールの有効性を巨視的に把握する方法について説明しました。サンプルデータセットに対する洞察を深めるために、pandas、matplotlib、seabornを使って可視化を独自に行いました。

　また、pandasのdescribeなどのメソッドを使って有益な統計データを表示する方法と、データセットの一部を抽出する方法も紹介しました。さらに、それらのサブセットを使って可視化を独自に行うことで、アンチウイルス検出の改善度を評価し、マルウェアの種類ごとに傾向を分析するなど、より幅広い質問に答えることができました。

　これらはセキュリティデータを実用的なインテリジェンスに変える強力なツールであり、新しいツールや手法を開発する上で参考になるでしょう。データの可視化をさらに調べて、ぜひマルウェア / セキュリティ解析ワークフローに組み込んでください。

10
ディープラーニングの基礎

ディープラーニングは機械学習の一種であり、処理能力とディープラーニング技術の向上により、ここ数年で急速に進歩しています。通常、**ディープラーニング** (deep learning) とは、何層にも重なったニューラルネットワークのことであり、「深層学習」とも呼ばれます。ディープラーニングは、画像認識や言語翻訳のように、これまでは人間主体で行われることが多かった、非常に複雑なタスクを得意とします。

たとえば、以前に検出された悪意を持つコードとまったく同じものがファイルに含まれているかどうかを調べるのは、コンピュータプログラムにとってたやすいことであり、高度な機械学習は必要ありません。しかし、以前に検出された悪意を持つコードと似ているものがファイルに含まれているかどうかを調べるのは、それよりもずっと複雑です。従来のシグネチャベースの検出方式は柔軟性に乏しく、未知のマルウェアや難読化されたマルウェアではあまり性能がよくありません。これに対し、ディープラーニングモデルは表面的な変更を見抜き、サンプルの悪意のもととなっている特徴量を識別することができます。ネットワークアクティビティ、行動分析、その他の関連分野についても同じことが言えます。この大量のノイズの中から有益な特性を拾い出す能力のおかげで、

ディープラーニングはサイバーセキュリティアプリケーションにとって非常に頼りになるツールとなっています。

　ディープラーニングが機械学習の一種であることは確かですが（機械学習については、6章と7章で説明しました）、ディープラーニングモデルはここまでの章で説明してきた手法よりも性能がよい傾向にあります。ここ5年ほど、機械学習の分野全体でディープラーニングに注目が集まっているのはそのためです。セキュリティデータサイエンスの最先端で働くことに興味がある場合は、ディープラーニングの使い方を学ぶことが絶対条件となります。ただし、ディープラーニングは本書で説明してきた機械学習法よりも理解するのが難しく、完全に理解するには、途中で投げ出さないことと、高校レベルの微積分が必要であることに注意してください。ディープラーニングを理解するために費やした時間は、より性能のよい機械学習システムを構築するセキュリティデータサイエンティストとしての能力という形で報われるでしょう。本章をよく読み、理解できるまでじっくり考えてみることをお勧めします。さっそく始めましょう。

10.1　ディープラーニングとは何か

　ディープラーニングモデルは、訓練データを入れ子になった概念の階層として捉えることを学習します。それにより、非常に複雑なパターンを表すことができます。言い換えると、これらのモデルは最初に与えられた特徴量を考慮するだけでなく、これらの特徴量を自動的に組み合わせて、新しい最適化されたメタ特徴量を形成します。そして、それらのメタ特徴量を組み合わせて、さらに新しい特徴量を形成します。

　「ディープ」は、このことを実現するために使用されるアーキテクチャのことでもあります。通常、このアーキテクチャは複数の処理ユニットからなる層（layer）で構成されます。この場合、それぞれの層は、1つ前の層の出力を入力として使用します。これらの処理ユニットをそれぞれ**ニューロン**（neuron）と呼びます。そしてアーキテクチャ全体を**ニューラルネットワーク**（neural network）と呼び、層の数が多い場合は**ディープニューラルネットワーク**（deep neural network）と呼びます。

　このアーキテクチャがどのように役立つのかを調べるために、画像を自転車か一輪車のどちらかに分類しようとするプログラムについて考えてみましょう。人間にとっては簡単なタスクですが、ピクセルのグリッドを調べてどのような物体が表されているかを特定するようにコンピュータをプログラムするのはそう簡単ではありません。ある画像に一輪車が存在することを示すピクセルは、一輪車がほんの少し移動していたり、別の角度で配置されていたり、別の色で表示されていたりすると、まったく別のものを意味

するようになります。

　ディープラーニングモデルは、この障害を乗り越えるために、問題を処理しやすい大きさに分割します。たとえば、ディープニューラルネットワークの1つ目のニューロンの層では、画像をパーツに分解し、画像に含まれている図形の縁や境界といった低レベルの視覚的特徴量を識別するだけかもしれません。これらの特徴量はディープニューラルネットワークの次の層に渡され、それらの特徴量からパターンを見つけ出すために使用されます。そして、ディープニューラルネットワークが大まかな形状を割り出し、最終的に完全な物体を特定するまで、これらのパターンが次の層に渡されていきます。

　この一輪車の例では、1つ目の層が線分を見つけ出し、それらの線分が円を形成することを2つ目の層が見抜き、それらの円が実際に車輪であることを3つ目の層が特定するかもしれません。このように、ディープラーニングモデルでは、大量のピクセルを調べるのではなく、各画像に決まった数の「車輪」メタ特徴量が含まれていることを確認できます。そしてたとえば、2つの車輪が自転車を意味することと、1つの車輪が一輪車を意味することを学習できます。

　本章では、ニューラルネットワークの仕組みを数学的および構造的な見地から見ていきます。まず、非常に基本的なニューラルネットワークを例に、ニューロンとは何か、ニューロンが他のニューロンとどのように結び付いてニューラルネットワークを形成するのかについて説明します。次に、これらのネットワークの訓練に使用される数学的プロセスについて説明します。最後に、よく使用されるニューラルネットワークの種類を示し、それらがどのような点で特別なのか、何を得意とするのかについて説明します。これにより、11章で実際にディープラーニングモデルをPythonで作成する準備を整えます。

10.2　ニューラルネットワークの仕組み

　機械学習モデルは、言ってしまえば、大きな数学関数です。たとえば、一連の数字として表されたHTMLドキュメントなどの入力データにニューラルネットワークなどの機械学習関数を適用すると、そのHTMLドキュメントがどれくらい悪意を持つものであるかを示す出力が得られます。機械学習モデルはどれも調整可能なパラメータを持つ関数にすぎず、それらのパラメータは訓練プロセスによって最適化されます。

　しかし、ディープラーニング関数は実際にどのような仕組みで動作し、どのような外観をしているのでしょうか。ニューラルネットワークは、その名のとおり、多くのニューロンからなるネットワークにすぎません。このため、ニューラルネットワークの仕組み

を理解するには、まずニューロンとは何かを理解する必要があります。

ニューロンの構造

ニューロン自体は、小さく単純な関数にすぎません。**図 10-1** は、1 つのニューロンがどのようなものかを示しています。

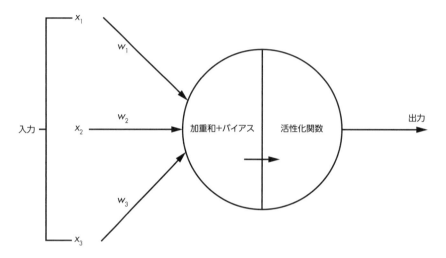

図 10-1：ニューロン

入力データが左からやってきて、1 つの出力が右から出てくることがわかります（ただし、複数の出力を生成するニューロンもあります）。この出力の値は、ニューロンの入力データとパラメータの関数です（これらのパラメータは訓練時に最適化されます）。各ニューロンの内部では、入力データを出力に変換するために 2 つのステップが実行されます。

1 つ目のステップでは、ニューロンの入力の加重和が計算されます。**図 10-1** では、各入力 x_i がニューロンに流れ込み、関連する**重み** w_i が掛け合わされます。結果の積が合計されて加重和が求められ、**バイアス**項が足し合わされます。バイアスと重みはニューロンのパラメータであり、訓練時にモデルを最適化するために調整されます。

2 つ目のステップでは、加重和とバイアス値の和に**活性化関数**（activation function）が適用されます。活性化関数の目的は、ニューロンの入力データの「線形変換」である加重和に「非線形変換」を適用することです。一般的に使用されている活性化関数の種類はさまざまであり、どれも非常に単純な傾向にあります。活性化関数の唯一の要件は、微

分可能であることです。それにより、バックプロパゲーション (誤差逆伝播法)[1] による
パラメータの最適化が可能になります。

一般的な活性化関数と、それぞれの関数がどのような目的に適しているかを表 10-1
にまとめておきます。

表 10-1：一般的な活性化関数

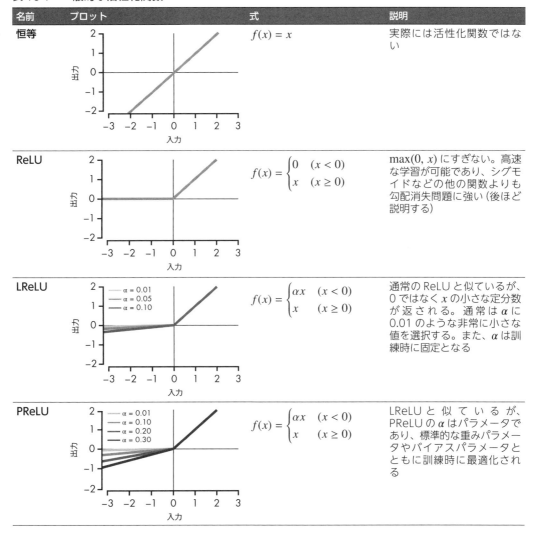

---

[1] バックプロパゲーションについては、10.3 節を参照。

表10-1：一般的な活性化関数（前ページより続く）

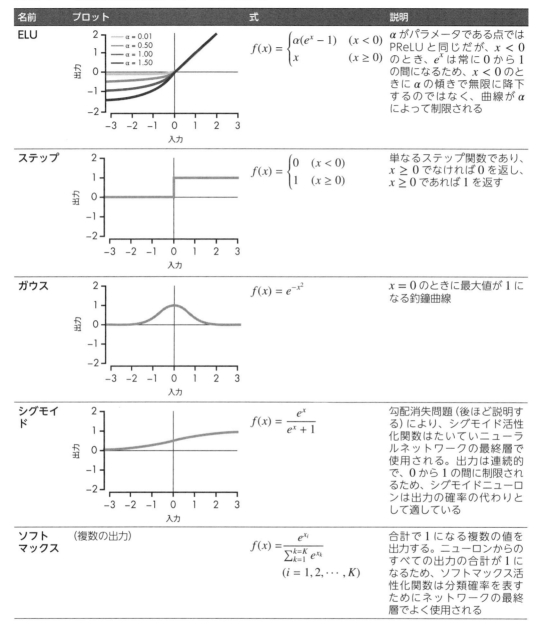

ReLU（Rectified Linear Unit）は、現在最もよく使用されている活性化関数であり、$\max(0, s)$ と同じです。たとえば、加重和にバイアス値を足したものを s と呼ぶことにしましょう。s が 0 よりも大きい場合、ニューロンの出力は s であり、s が 0 以下の場合、

ニューロンの出力は 0 です。ReLU ニューロンの関数全体は、max(0, <入力の加重和> + <バイアス>) として表すことができます。もう少し具体的に言うと、n 個の入力に対して次のように表すことができます。

$$\max\left(0, \sum_{i=1}^{n} w_i x_i + b\right)$$

非線形活性化関数は、こうしたニューロンのネットワークが連続関数を近似できる主な理由であり、それこそが、非線形活性化関数がかくも強力である大きな理由なのです。ここでは、ニューロンが結合してネットワークを形成する仕組みを理解します。そして、非線形活性化関数がなぜこれほど重要なのかを理解します。

ニューロンのネットワーク

ニューラルネットワークを作成するには、多くの層からなる**有向グラフ**(directed graph) にニューロンを配置します。つまり、ネットワークにニューロンを配置し、それらをつなぎ合わせてはるかに大きな関数にします。図 10-2 は、小さなニューラルネットワークの例を示しています。

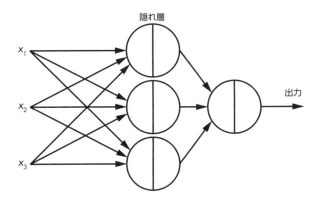

図 10-2：4 つのニューロンからなる非常に小さなニューラルネットワーク。これらの結合を通じてデータがニューロンからニューロンへ渡される

図 10-2 では、元の入力 x_1、x_2、x_3 が左側にあります。これらの x_i 値がコピーされ、結合に沿って**隠れ層**(hidden layer) の各ニューロンに送られ、ニューロンごとに 1 つ、合計 3 つの出力が生成されます。隠れ層とは、ニューロンの出力がモデルの最終的な出力ではない層のことです。最後に、これら 3 つのニューロンの出力が最後のニューロン

に送られ、そこでニューラルネットワークの最終的な結果が生成されます。

ニューラルネットワークの結合にはそれぞれ**重み**パラメータ w が関連付けられます。そして、どのニューロンにも**バイアス**パラメータ b が含まれています (バイアスは加重和に足し合わされます)。したがって、基本的なニューラルネットワークの最適化可能なパラメータの総数は、入力をニューロンに結び付けるエッジの数にニューロンの数を足したものになります。たとえば、**図10-2** のネットワークでは、ニューロンは全部で 4 つであり、それに加えて 9 + 3 本のエッジがあるため、最適化可能なパラメータは全部で 16 個です。これは単なる例なので、非常に小さなニューラルネットワークを使用しています。実際のニューラルネットワークは、数千のニューロンと数百万の結合によって構成されることも珍しくありません。

普遍性定理

ニューラルネットワークの特筆すべき点は、**普遍的な近似器** (universal approximator) であることです。つまり、十分な数のニューロンと、正しい重み値とバイアス値が与えられれば、ニューラルネットワークは基本的にどのような振る舞いでもエミュレートできます。**図10-2** のニューラルネットワークは**フィードフォワード** (feed-forward) であり、データが常に前方へ (図 10-2 では左から右へ) 流れることを意味します。

普遍性定理 (universal approximation theorem) は、普遍性の概念をより形式的に説明するものです。ニューロンからなる隠れ層が 1 つだけのフィードフォワードニューラルネットワークがあり、それらのニューロンが非線形活性化関数を使用するとすれば、R^n の小さなサブセットで任意の連続関数を (任意の小さな誤差で) 近似できる、というのが普遍性定理です[†2]。少し長ったらしいですが、要するに、十分な数のニューロンがあれば、有限個の入力と出力を持つ連続有界関数をニューラルネットワークが「かなり厳密に」近似できることを意味します。

言い換えると、普遍性定理は、近似したい関数がどのようなものであれ、理論的には、その目的を達成できる正しいパラメータを持つニューラルネットワークが存在することを示します。たとえば、**図10-3** のような曲がりくねった連続関数 $f(x)$ を描画する場合は、関数 $f(x)$ がどれだけ複雑であろうと、入力 x の考え得るすべての値に対して $f(x) \approx$ network(x) となるようなニューラルネットワークが存在します。これはニューラルネットワークがかくも強力である理由の 1 つです。

---

†2 R^n については、すべての数字が実数である n 次元ユークリッド空間として考えることができる。たとえば、R^2 は、(3.5, –5) など、長さが 2 のあらゆる実数値のタプルを表す。

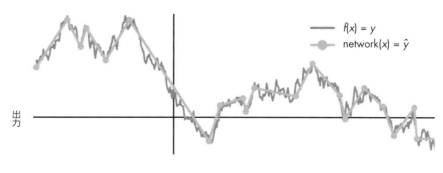

図10-3：小さなニューラルネットワークがくねくねした関数を近似する例。ニューロンの数が増えるほど、yと$\hat{y}$の差が0に近づいていく

次項では、単純なニューラルネットワークを実際に構築します。それにより、正しいパラメータが与えられたときに、このような複雑な振る舞いをモデル化できるのはなぜか、そしてどのようにモデル化できるのかを理解します。ここで構築するニューラルネットワークは入力と出力が1つずつの非常に小規模なものですが、複数の入力と複数の出力や、非常に複雑な振る舞いに対処する場合でも、同じ原理が当てはまります。

ニューラルネットワークを独自に構築する

この普遍性を実際に確認するために、ニューラルネットワークを独自に構築してみましょう。まず、入力（x）が1つだけの、2つのReLUニューロンから始めます（図10-4）。そうすると、重みとバイアス（パラメータ）にさまざまな値を使用することで、さまざまな関数や結果をモデル化できることがわかります。

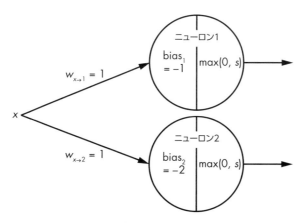

図10-4：入力xが与えられる2つのニューロン

図 10-4 の例では、どちらのニューロンの重みも 1 であり、どちらのニューロンも ReLU 活性化関数を使用します。唯一の違いは、ニューロン 1 のバイアス値が –1 であるのに対し、ニューロン 2 のバイアス値が -2 であることです。ニューロン 1 に x の値を何種類か渡した場合はどうなるでしょうか。結果は表 10-2 のようになります。

表 10-2：ニューロン 1

入力 x	加重和 $x \times w_{x \to 1}$	加重和+バイアス $x \times w_{x \to 1} + \text{bias}_1$	出力 $\max(0, x \times w_{x \to 1} + \text{bias}_1)$
0	0 * 1 = 0	0 + –1 = –1	max(0, –1) = 0
1	1 * 1 = 1	1 + –1 = 0	max(0, 0) = 0
2	2 * 1 = 2	2 + –1 = 1	max(0, 1) = 1
3	3 * 1 = 3	3 + –1 = 2	max(0, 2) = 2
4	4 * 1 = 4	4 + –1 = 3	max(0, 3) = 3
5	5 * 1 = 5	5 + –1 = 4	max(0, 4) = 4

1 列目は x のサンプル入力を示しており、2 列目は結果の加重和を示しています。3 列目はバイアスパラメータを足し、4 列目は ReLU 活性化関数を適用して入力 x に対するニューロンの出力を求めます。ニューロン 1 関数のグラフは**図 10-5** のようになります。

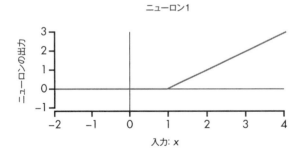

図 10-5：ニューロン 1 の関数表現。x 軸はニューロンの単一の入力値を表し、y 軸はニューロンの出力を表す

ニューロン 1 のバイアスは -1 であるため、ニューロン 1 の出力は、加重和が 1 を超えるまでは 0 のままであり、加重和が 1 を超えると特定の傾きで上昇します（**図 10-5**）。その 1 の傾きは、1 の重み値 $w_{x \to 1}$ と関連付けられます。重みが 2 の場合はどうなるでしょうか。加重和の値が 2 倍になるため、**図 10-5** の折れ曲がりが $x = 1$ ではなく $x = 0.5$ で発生し、傾き 1 ではなく 2 で線が上昇します。

次に、ニューロン 2 を見てみましょう（表 10-3）。ニューロン 2 のバイアス値は –2 です。

表 10-3：ニューロン 2

入力 x	加重和 $x \times w_{x \to 2}$	加重和+バイアス $(x \times w_{x \to 2}) + \text{bias}_2$	出力 $\max(0, (x \times w_{x \to 2}) + \text{bias}_2)$
0	0 * 1 = 0	0 + –2 = –2	max(0, -2) = 0
1	1 * 1 = 1	1 + –2 = –1	max(0, -1) = 0
2	2 * 1 = 2	2 + –2 = 0	max(0, 0) = 0
3	3 * 1 = 3	3 + –2 = 1	max(0, 1) = 1
4	4 * 1 = 4	4 + –2 = 2	max(0, 2) = 2
5	5 * 1 = 5	5 + –2 = 3	max(0, 3) = 3

ニューロン 2 のバイアス値は -2 であるため、図 10-6 では、$x = 1$ ではなく $x = 2$ で線が折れ曲がっています。

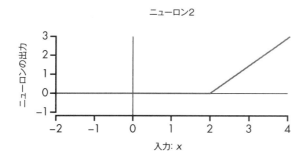

図 10-6：ニューロン 2 の関数表現

ここでは、非常に単純な関数（ニューロン）を 2 つ構築しました。どちらのニューロンの関数も一定の期間は何もせず、その後、傾き 1 でどこまでも上昇します。この例では ReLU ニューロンを使用しているため、各ニューロンの関数の傾きはその重みによる影響を受けますが、傾きが始まる場所はバイアスと重みの両方の項による影響を受けます。他の活性化関数を使用する場合も同じようなルールが適用されます。これらのパラメータを調整すれば、各ニューロンの関数の折れ曲がりや傾きを思いどおりに変更できるはずです。

ただし、普遍性を実現するには、ニューロンを結合する必要があります。それにより、より複雑な関数の近似が可能になります。これら 2 つのニューロンを 3 つ目のニューロンに結合してみましょう（図 10-7）。そうすると、3 つのニューロンからなる小さなネッ

トワークが作成されます。このネットワークの隠れ層は1つだけで、ニューロン1とニューロン2で構成されます。

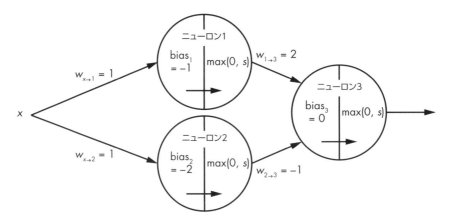

図10-7：3つのニューロンからなる小さなネットワーク

図10-7では、入力 x がニューロン1とニューロン2の両方に送られます。ニューロン1とニューロン2の出力はニューロン3に入力として渡され、そこでネットワークの最終的な出力が生成されます。

図10-7の重みを調べてみると、重み $w_{1 \to 3}$ が2で、ニューロン1 (n_1) のニューロン3 (n_3) に対する貢献度が2倍になることがわかります。一方で、重み $w_{2 \to 3}$ は-1であり、ニューロン2 (n_2) の貢献度を反転させることがわかります。実質的には、ニューロン3は活性化関数をニューロン1×2 − ニューロン2に適用するものになります。入力とそれに対する最終的なネットワークの出力は表10-4のようになります。

表10-4：3つのニューロンからなるネットワーク

ネットワークの元の入力	ニューロン3への入力		加重和	加重和+バイアス	ネットワークの最終的な出力
x	n_1	n_2	$(n_1 \times w_{1 \to 3}) + (n_2 \times w_{2 \to 3})$	$(n_1 \times w_{1 \to 3}) + (n_2 \times w_{2 \to 3}) + bias_3$	$max(0, (n_1 \times w_{1 \to 3}) + (n_2 \times w_{2 \to 3}) + bias_3)$
0	0	0	(0 * 2) + (0 * -1) = 0	0 + 0 + 0 = 0	max(0, 0) = 0
1	0	0	(0 * 2) + (0 * -1) = 0	0 + 0 + 0 = 0	max(0, 0) = 0
2	1	0	(1 * 2) + (0 * -1) = 2	2 + 0 + 0 = 2	max(0, 2) = 2
3	2	1	(2 * 2) + (1 * -1) = 3	4 + -1 + 0 = 3	max(0, 3) = 3
4	3	2	(3 * 2) + (2 * -1) = 4	6 + -2 + 0 = 4	max(0, 4) = 4
5	4	3	(4 * 2) + (3 * -1) = 5	8 + -3 + 0 = 5	max(0, 5) = 5

1列目はネットワークの元の入力 x であり、2列目と3列目はその結果として得られるニューロン1とニューロン2の出力です。残りの列は、ニューロン3がそれらの出力をどのように処理するのかを示しています。加重和が計算され、バイアスが足されます。最後の例では、x の元の値に対するニューロンとネットワークの出力を求めるために ReLU 活性化関数が適用されます。このネットワークの関数のグラフは図 10-8 のようになります。

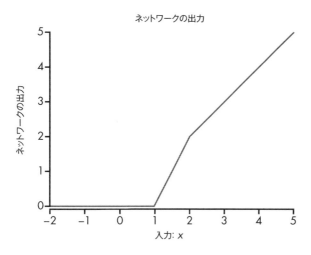

図 10-8：ネットワークの入力と関連する出力

こうした単純な関数を組み合わせることで、図 10-8 で行ったように、任意の期間にわたって、あるいはさまざまなポイントで望ましい傾きで上昇するグラフを作成できることがわかります。要するに、入力 x に対して任意の有限関数を表せる状態にかなり近づいています。

ネットワークに新しいニューロンを追加する

ニューロンを追加することでネットワークの関数のグラフを（任意の傾きで）上昇させる仕組みを確認しましたが、このグラフを下降させるにはどうすればよいでしょうか。ネットワークに新しいニューロン（ニューロン4）を追加してみましょう（図 10-9）。

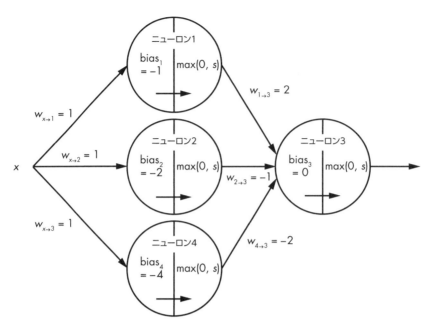

図 10-9：隠れ層が 1 つだけの、4 つのニューロンからなる小さなネットワーク

図 10-9 では、入力 x がニューロン 1、ニューロン 2、ニューロン 4 に送られます。それらの出力はニューロン 3 に入力として渡され、そこでネットワークの最終的な出力が生成されます。ニューロン 4 はニューロン 1、ニューロン 2 と同じですが、バイアスが -4 に設定されています。ニューロン 4 の出力は表 10-5 のようになります。

表 10-5：ニューロン 4

入力 x	加重和 $x \times w_{x \to 4}$	加重和+バイアス $(x \times w_{x \to 4}) + bias_4$	出力 $\max(0, (x \times w_{x \to 4}) + bias_{-4})$
0	0 × 1 = 0	0 + -4 = -4	max(0, -4) = 0
1	1 × 1 = 1	1 + -4 = -3	max(0, -3) = 0
2	2 × 1 = 2	2 + -4 = -2	max(0, -2) = 0
3	3 × 1 = 3	3 + -4 = -1	max(0, -1) = 0
4	4 × 1 = 4	4 + -4 = 0	max(0, 0) = 0
5	5 × 1 = 5	5 + -4 = 1	max(0, 1) = 1

このネットワークのグラフを下降させるには、ニューロン 4 (n_4) をニューロン 3 に結合するときの重みを -2 に設定することで、ニューロン 3 の加重和でニューロン 1 とニューロン 2 の関数からニューロン 4 の関数を差し引きます。ネットワーク全体の新し

い出力は表 10-6 のようになります。

表 10-6：4 つのニューロンからなるネットワーク

ネットワークの元の入力 x	ニューロン3 への入力 n_1	n_2	n_4	加重和 $(n_1 \times w_{1 \to 3})$ + $(n_2 \times w_{2 \to 3})$ + $(n_4 \times w_{4 \to 3})$	加重和+バイアス $(n_1 \times w_{1 \to 3})$ + $(n_2 \times w_{2 \to 3})$ + $(n_4 \times w_{4 \to 3})$ + $bias_3$	ネットワークの最終的な出力 $\max(0, (n_1 \times w_{1 \to 3})$ + $(n_2 \times w_{2 \to 3})$ + $(n_4 \times w_{4 \to 3}) + bias_3)$
0	0	0	0	$(0 \times 2) + (0 \times -1) + (0 \times -2) = 0$	$0 + 0 + 0 + 0 = 0$	$\max(0, 0) = 0$
1	0	0	0	$(0 \times 2) + (0 \times -1) + (0 \times -2) = 0$	$0 + 0 + 0 + 0 = 0$	$\max(0, 0) = 1$
2	1	0	0	$(1 \times 2) + (0 \times -1) + (0 \times -2) = 2$	$2 + 0 + 0 + 0 = 2$	$\max(0, 2) = 2$
3	2	1	0	$(2 \times 2) + (1 \times -1) + (0 \times -2) = 3$	$4 + -1 + 0 + 0 = 3$	$\max(0, 3) = 3$
4	3	2	0	$(3 \times 2) + (2 \times -1) + (0 \times -2) = 4$	$6 + -2 + 0 + 0 = 4$	$\max(0, 4) = 4$
5	4	3	1	$(4 \times 2) + (3 \times -1) + (1 \times -2) = 5$	$8 + -3 + -2 + 0 = 3$	$\max(0, 3) = 3$

このネットワークをグラフ化すると図 10-10 のようになります。

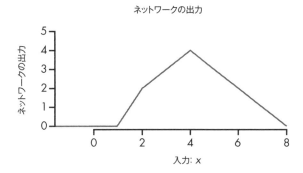

図 10-10：4 つのニューロンからなるネットワーク

単純なニューロンをいくつも組み合わせるだけで、ニューラルネットワークアーキテクチャをグラフの任意のポイントで、任意の割合で上昇 / 下降させることができます。まさに普遍的です。ニューロンをさらに追加すれば、はるかに高度な関数を作成することも可能です。

特徴量の自動生成

　隠れ層が 1 つだけのニューラルネットワークでも、ニューロンの数が十分であれば、任意の有限関数を近似できることがわかりました。まさに強力な概念ですが、隠れ層が複数ある場合はどうなるのでしょうか。簡単に言うと、特徴量の自動生成が起きます。これはおそらくニューラルネットワークのさらに強力な部分です。

　これまで、機械学習モデルの構築プロセスの大部分は特徴抽出が占めていました。たとえば HTML ドキュメントの場合は、HTML ドキュメントの数値的な側面（セクションヘッダーの数、一意な単語の数など）のうち、モデルに貢献しそうなのはどれかを判断することに多くの時間が費やされてきました。

　ニューラルネットワークが複数の層で構成されていて、特徴量を自動生成するとしたら、そうした負担の多くを取り除くことができます。一般に、生の状態に近い特徴量（HTML ドキュメントの文字や単語など）をニューラルネットワークに与えると、ニューロンからなる各層がそれらの特徴量を学習し、後続の層への入力に適した形で表すことができます。言い換えると、HTML ドキュメントに文字 a が出現する回数がマルウェアの検出と深く関連している場合、その真偽に関する人間からの入力がなくても、ニューラルネットワークは文字 a の数をカウントすることを学習します。

　自転車画像処理の例では、縁や車輪といったメタ特徴量が有益であることをニューラルネットワークは誰からも教わっていません。モデルはそれらの特徴量が次のニューロン層への入力として有益であることを訓練時に学習します。特に有益なのは、そうした低レベルの学習済みの特徴量を後続の層でさまざまな形で利用できることです。つまり、ディープニューラルネットワークでは、単一層のネットワークよりもはるかに少ないニューロンとパラメータを使って、多くの非常に複雑なパターンを推定できるのです。

　ニューラルネットワークでは、以前は多くの時間と労力を必要とした特徴抽出作業の多くが実行されるだけでなく、訓練時に学習された空間効率のよい最適化された方法で実行されます。

10.3 ニューラルネットワークを訓練する

　ここまでは、大量のニューロンと適切な重みとバイアスの項が与えられた場合に、ニューラルネットワークが複雑な関数をどのように近似できるかについて説明してきました。ここまでの例はどれも、重みパラメータとバイアスパラメータを手動で設定するものでした。しかし、現実のニューラルネットワークには、通常は何千ものニューロンと何百万ものパラメータが含まれています。このため、これらの値を効率よく最適化する方法が必要です。

　通常、モデルを訓練する際には、訓練データセットと、まだ最適化されていない（ランダムに初期化された）一連のパラメータを持つネットワークから作業を開始します。訓練では、**目的関数**（objective function）ができるだけ小さくなるようにパラメータを最適化しなければなりません。教師あり学習では、「ビナインウェア」を表す 0 と「マルウェア」を表す 1 などのラベルをモデルが予測できるようにすることが訓練の目標となります。これらの目的関数（ラベル）は、訓練時のネットワークの予測誤差に関連しています。予測誤差は、入力を x（特定の HTML ドキュメントなど）としたときに、正しいことがわかっているラベル y（マルウェアであることを表す 1.0 など）と、現在のネットワークから得られる出力 $\hat{y}$（0.7 など）との差を表します。つまり、予測されたラベル $\hat{y}$ と、既知の真のラベル y との差として考えることができます（network(x) = $\hat{y}$）。そして、ネットワークは $f(x) = y$ となるような未知の関数 y の近似を試みます。つまり、network = $\hat{f}$ です。

　ネットワークの訓練に対する基本的な考え方は次のようになります。訓練データセットからの観測値 x をネットワークに渡して、何らかの出力 $\hat{y}$ を受け取ります。そして、パラメータを変更すると $\hat{y}$ が目的値 y にどれくらい近づくかを調べます。さまざまなつまみが付いた宇宙船に乗っている場面を思い浮かべてください。それぞれのつまみがどのような働きをするのかはわかりませんが、進みたい方向（y）はわかっています。この問題を解決するために、アクセルを踏んで、進んだ方向（$\hat{y}$）を確認します。続いて、つまみの「ほんの少しだけ」回して、再びアクセルを踏みます。最初の方向と次の方向の差から、そのつまみが方向にどれくらい影響を与えるのかがわかります。この要領で、宇宙船をうまく操縦する方法を最終的に突き止めることができます。

　ニューラルネットワークの訓練も同じです。まず、訓練データセットからの観測値 x をネットワークに渡して、何らかの出力 $\hat{y}$ を受け取ります。入力 x をネットワークの前方の層に渡して最終的な出力 $\hat{y}$ を取得することから、このステップを**フォワードプロパゲーション**（forward propagation）と呼びます。次に、各パラメータが出力 $\hat{y}$ にどのよ

うな影響を与えるのかを突き止めます。たとえば、ネットワークの出力が 0.7 で、正しい出力がもっと 1 に近いはずであることがわかっている場合は、パラメータ w の値を少しだけ大きくすることで、$\hat{y}$ が y にどれくらい近づくか、あるいは y からどれくらい遠ざかるかを確認します[†3]。これを $\hat{y}$ を w で偏微分すると言い、$\partial\hat{y}/\partial w$ で表します。

$\hat{y}$ が y に少しだけ近づく（よってネットワークが f に近づく）方向に、ネットワーク全体のパラメータが「ほんの少しだけ」調整されます。$\partial\hat{y}/\partial w$ が正である場合、w の値を少しだけ大きくする（具体的には、$\partial(y - \hat{y})/\partial w$ に比例する大きさにする）と、新しい $\hat{y}$ が 0.7 から 1（y）に向かってわずかに移動することがわかります。つまり、「既知」のラベルを使って訓練時の誤りを修正することで、「未知」の関数 f をどのように近似すればよいかをネットワークに教えるのです。

こうした偏導関数の計算とパラメータの更新を繰り返すプロセスを**勾配降下**（gradient descent）と呼びます。ただし、数千ものニューロン、数百万ものパラメータ、そして多くの場合は数百万にもおよぶ観測値を持つネットワークでは、こうした微分のすべてに膨大な計算量が必要になります。そこで、この問題に対処するために、**バックプロパゲーション**（backpropagation）という巧妙なアルゴリズムを使用します。バックプロパゲーションを利用すれば、これらの計算をコンピュータで処理できるようになります。基本的には、ニューラルネットワークのような計算グラフに沿って偏導関数を効率よく計算できるようになります。

バックプロパゲーションを使ってニューラルネットワークを最適化する

ここでは、バックプロパゲーションの仕組みを理解するために、単純なニューラルネットワークを構築します。たとえば、訓練サンプルの値が $x = 2$ で、関連する真のラベルが $y = 10$ であるとしましょう。通常、x は多くの値からなる配列になりますが、ここでは単純に、単一の値を使用することにします。これらの値を当てはめると、このネットワークが $x = 2$ に対して $\hat{y} = 5$ を出力することがわかります（図 10-11）。

[†3] 実際には、パラメータの値を少しだけ大きくしてネットワークの出力を確認するという作業を繰り返す必要はない。というのも、このネットワーク全体が微分可能関数であるため、微分を用いて $\partial\hat{y}/\partial w$ を正確かつ迅速に計算できるからだ。とはいえ、導関数の微分を用いるよりも、値を近づけて再評価すると考えるほうが直観的に理解できるようだ。

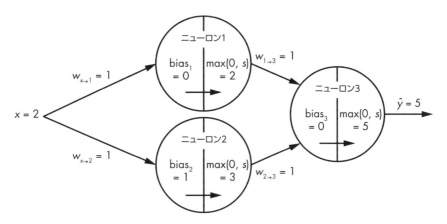

図 10-11：$x = 2$ の入力を持つ 3 つのニューロンからなるネットワーク

パラメータを調整して $x = 2$ のときのネットワークの出力 $\hat{y}$ を y の既知の値である 10 に近づけるには、最終的な出力 $\hat{y}$ に $w_{1 \to 3}$ がどのような影響を与えるのかを計算する必要があります。$w_{1 \to 3}$ の値を少し（たとえば 0.01）だけ大きくしたらどうなるか見てみましょう。ニューロン 3 の加重和が $1.01 \times 2 + (1 \times 3)$ になり、最終的な出力 $\hat{y}$ の値が 5 から 5.02 に変化し、0.02 だけ大きくなります。つまり、$\hat{y}$ を $w_{1 \to 3}$ で偏微分すると 2 になります。$w_{1 \to 3}$ を変更すると $\hat{y}$ でその変更が 2 倍になるからです。

y が 10 で、現在の出力 $\hat{y}$ が 5 であることから（現在のパラメータと $x = 2$ が与えられた場合）、$w_{1 \to 3}$ を少しだけ大きくして $\hat{y}$ を 10 に近づければよいことがわかります。

これは非常に単純です。しかし、最終層のニューロンのたった 1 つのパラメータではなく、ネットワーク内の「すべて」のパラメータを移動させる方向がわからなければ話になりません。たとえば、$w_{x \to 1}$ についてはどうでしょうか。$\partial \hat{y}/\partial w_{x \to 1}$ の計算はもっと複雑です。この計算は $\hat{y}$ に「間接的」な影響をおよぼすだけだからです。まず、ニューロン 1 の出力が $\hat{y}$ にどのような影響を与えるのかをニューロン 3 の関数に問い合わせます。ニューロン 1 の出力を 2 から 2.01 に変化させると、ニューロン 3 の最終的な出力が 5 から 5.01 に変化します。よって、$\partial \hat{y}/\partial \text{neuron}_1 = 1$ です。$w_{x \to 1}$ が $\hat{y}$ にどれくらい影響を与えるのかを知るには、$w_{x \to 1}$ がニューロン 1 の出力に与える影響の大きさを $\partial \hat{y}/\partial \text{neuron}_1$ に掛ければよいだけです。$w_{x \to 1}$ を 1 から 1.01 に変更すると、ニューロン 1 の出力が 2 から 2.02 に変化するため、$\partial \text{neuron}_1/\partial w_{x \to 1}$ は 2 です。よって、次のようになります。

$$\frac{\partial \hat{y}}{\partial w_{x \to 1}} = \frac{\partial \hat{y}}{\partial \text{neuron}_1} \times \frac{\partial \text{neuron}_1}{\partial w_{x \to 1}}$$

または

$$\frac{\partial \hat{y}}{\partial w_{x \to 1}} = 1 \times 2 = 2$$

ここで連鎖律[†4]を使用したことに気づいているかもしれません。

言い換えると、ネットワークの奥深くにある $w_{x \to 1}$ のようなパラメータが最終的な出力 $\hat{y}$ にどのような影響を与えるのかを突き止めるには、パラメータ $w_{x \to 1}$ と $\hat{y}$ の間にあるパス沿いの各ポイントで偏導関数を掛けます。つまり、あるニューロンに $w_{x \to 1}$ が渡され、そのニューロンの出力が他の 10 個のニューロンに渡される場合、$\hat{y}$ に対する $w_{x \to 1}$ の影響力を計算するには、$w_{x \to 1}$ から $\hat{y}$ へのたった 1 つのパスではなく、すべてのパスの総和を求めることになります。図 10-12 は、重みパラメータ $w_{x \to 2}$ の影響を受けるパスを図解したものです。

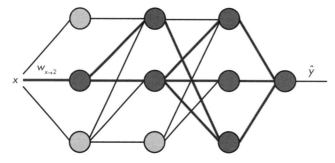

図 10-12：$w_{x \to 2}$ の影響を受けるパス（濃い灰色）。入力 x と最初（左端）の層の中央のニューロンとの結合に関連する重み

このネットワークの隠れ層は全結合層ではありません。2 つ目の隠れ層の一番下にあるニューロンが濃い灰色になっていないのはそのためです。

[†4] 連鎖律とは、合成関数の導関数を計算するための式である。たとえば、f と g がどちらも関数で、h が合成関数 $h(x) = f(g(x))$ である場合、連鎖律により $h'(x) = f'(g(x)) \times g'(x)$ となる。このとき、$f'(x)$ は関数 f の x についての偏導関数を表す。

パス爆発

しかし、ネットワークがさらに大きくなる場合はどうなるでしょうか。低レベルのパラメータの偏導関数を計算するために追加しなければならないパスの数が幾何級数的に増えることになります。あるニューロンの出力が 1,000 個のニューロンからなる層に入力として渡され、それらの出力がさらに 1,000 個のニューロンに入力として渡され、それらの出力が最終的な出力ニューロンに入力として渡されるとしたらどうでしょう。

そのような場合、パスの数は 100 万個になります。ありがたいことに、パスを 1 つ 1 つ調べて、$\partial \hat{y}/(\partial \mathrm{parameter})$ を取得するために総和を求める必要はありません。ここで颯爽と登場するのがバックプロパゲーションです。バックプロパゲーションでは、最終的な出力 $\hat{y}$ につながるパスを 1 つ 1 つ調べる代わりに、層から層へトップダウン方式で、つまり逆方向に偏導関数が計算されます。

前項の連鎖律のロジックを用いて、すべての neuron_{i+1} で次の式を計算すると、任意の偏導関数 $\partial \hat{y}/\partial w$ を計算できます。ここで、w は layer_{i-1} の出力を layer_i の neuron_i に結合するパラメータです。各ニューロン neuron_{i+1} は、neuron_i (w のニューロン) が結合されている layer_{i+1} のニューロンです。

$$\frac{\partial \hat{y}}{\partial \mathrm{neuron}_{i+1}} \times \frac{\partial \mathrm{neuron}_{i+1}}{\partial \mathrm{neuron}_i} \times \frac{\partial \mathrm{neuron}_i}{\partial w}$$

この計算を層から層へトップダウン方式で行い、各層で偏導関数をまとめることでパス爆発を抑制します。つまり、トップレベルの層 layer_{i+1} で計算された偏導関数 ($\partial \hat{y}/\partial \mathrm{neuron}_{i+1}$ など) が、layer_i での偏導関数の計算に役立てるために保存されます。続いて、layer_{i-1} で偏導関数を計算するために、layer_i で保存された偏導関数 ($\partial \hat{y}/\partial \mathrm{neuron}_i$ など) が使用されます。さらに、layer_{i-2} で layer_{i-1} の偏導関数が使用される、といった具合になります。この手法は、繰り返し行わなければならない計算の量を大幅に削減し、ニューラルネットワークの訓練を高速化するのに役立ちます。

勾配消失

勾配消失 (vanishing gradient) は、ディープニューラルネットワークが直面する問題の 1 つです。ニューラルネットワークの最初の層の重みパラメータについて考えてみましょう。このネットワークは 10 個の層で構成されています。バックプロパゲーションによって伝播される信号は、この重みのニューロンから最終的な出力までの、すべてのパスの信号の総和です。

そこで問題となるのは、各パスの信号が微小なものになる可能性があることです。その信号を計算するには、10個のニューロンの深さを持つパスに沿ってすべてのポイントで偏導関数を掛けることになりますが、その値がどれも1に満たない傾向にあるからです。つまり、低レベルのニューロンのパラメータが膨大な数の非常に小さな数値の総和に基づいて更新され、その多くが相殺されることになります。結果として、下位の層のパラメータに強力な信号が伝播されるようにネットワークを調整するのは難しい可能性があります。この問題は層を追加するたびに急激に悪化していきます。次節で説明するように、この普遍的な問題に対処するように設計されたネットワークがあります。

10.4 ニューラルネットワークの種類

ここまでの例では、話を単純にするために、フィードフォワードと呼ばれるニューラルネットワークを使用してきました。実際には、さまざまな種類の問題に利用できる有益なネットワーク構造が他にもたくさんあります。ここでは、最も一般的なニューラルネットワークと、それらをサイバーセキュリティにどのように応用できるかについて説明します。

フィードフォワードニューラルネットワーク

最も単純なニューラルネットワークであるフィードフォワードニューラルネットワークは、アクセサリを身に着けていないバービー人形のようなものです。他の種類のニューラルネットワークは、たいてい、この「デフォルト」のネットワークから派生したものです。フィードフォワードアーキテクチャには聞き覚えがあるはずです。このアーキテクチャはニューロンからなる層を積み上げたものです。これらの層はそれぞれ次の層の一部またはすべてのニューロンと結合していますが、それらの結合が逆向きになったり循環したりすることは決してないため、「フィードフォワード」という名前が付いています。

フィードフォワードニューラルネットワークに存在する結合はそれぞれ、layer_iのニューロン（または最初の入力）を$\text{layer}_{j>i}$のニューロンに結合します。layer_iのニューロンがそれぞれlayer_{i+1}のすべてのニューロンと結合している必要はありませんが、すべての結合が前方を向いていなければなりません。

現在抱えている問題に別のアーキテクチャが適していることがすでにわかっている場合を除いて（画像認識でうまくいく畳み込みニューラルネットワークなど）、フィードフォワードネットワークはたいていその問題に最初に投入されるネットワークとなります。

畳み込みニューラルネットワーク

　畳み込みニューラルネットワーク (convolutional neural network) には、畳み込み層が含まれています。畳み込み層では、各ニューロンに渡される入力が、入力空間をスライドするウィンドウ (窓) によって定義されます。小さな正方形の窓が大きな絵の上でスライドし、その窓から見えるピクセルだけが次の層の特定のニューロンに結合される、と考えてみてください。その窓をさらにスライドさせると、新しいピクセル集合が新しいニューロンに結合されます (図 10-13)。

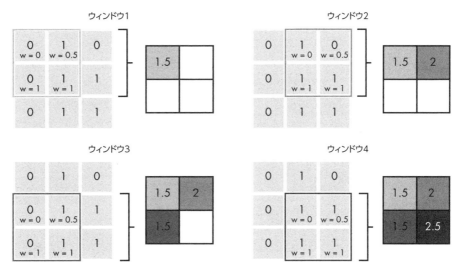

図 10-13：3 × 3 の入力空間上で 2 × 2 の畳み込みウィンドウをストライド 1 でスライドさせ、2 × 2 の出力を生成する

　これらのネットワークの構造は、局所的な特徴量の学習を促進します。たとえば、画像内に散在しているピクセル間の関係が大きな意味を持つ可能性は低いですが、隣接するピクセルは辺や形状などを表している可能性があります。このため、ネットワークの下位の層では、隣接するピクセル間の関係に焦点を合わせるほうが得策です。そうした層の焦点はスライディングウィンドウによって強制的に絞り込まれます。それにより、局所的な特徴抽出が特に重要となる領域で学習が改善され、高速化されます。

　畳み込みニューラルネットワークでは、入力データの局所的な部分に焦点を絞ることができるため、画像の認識や分類にきわめて効果的です。また、特定の種類の自然言語処理にも効果があることが実証されています。そうした自然言語処理はサイバーセキュリティにとって重要です。

それぞれの畳み込みウィンドウの値が畳み込み層の特定のニューロンに入力として渡された後、「これら」のニューロンの出力をスライディングウィンドウが再びスライドします。ただし、それらの値は標準ニューロン（各 ReLU など、入力に重みが関連付けられるニューロン）に渡されるのではなく、重みを持たず（1 に固定されている）、最大活性化関数（または同様の関数）を持つニューロンに渡されます。つまり、畳み込み層の出力の上を小さなウィンドウがスライドし、各ウィンドウの最大値が次の層に渡されます。この層を**プーリング層**（pooling layer）と呼びます。プーリング層の目的は、データ（通常は画像）を「縮小」することにあります。それにより、最も重要な情報を維持した上で、特徴量のサイズを小さくして計算を高速化するのです。

畳み込みニューラルネットワークは、1 つ以上の畳み込み層とプーリング層で構成できます。標準的なアーキテクチャでは、畳み込み層とプーリング層に続いて、別の畳み込み層とプーリング層がいくつかあり、最後にフィードフォワードネットワークのような全結合層がいくつか含まれていることがあります。こうしたアーキテクチャでは、これらの全結合層にかなり高度な特徴量が入力として渡されるようにすることで（一輪車の車輪を思い浮かべてください）、画像などの複雑なデータを正確に分類できるようにすることが目標となります。

オートエンコーダニューラルネットワーク

オートエンコーダ（autoencoder）は、元の訓練データ（入力）と圧縮解除された出力との差分がほんのわずかになるような方法で入力の圧縮と圧縮解除を試みるニューラルネットワークです。オートエンコーダの目的は、データセットの効率的な表現を学習することにあります。言い換えれば、オートエンコーダは最適化された非可逆圧縮プログラムのように動作します。このプログラムは、入力データをより小さな表現に圧縮した後、元の入力サイズに戻します。

このニューラルネットワークは、入力 x に対する既知のラベル（y）と予測されたラベル（$\hat{y}$）との差をできるだけ小さくすることでパラメータを最適化するのではなく、元の入力 x と復元された入力（出力 $\hat{x}$）との差をできるだけ小さくしようとします。

構造的には、オートエンコーダはたいてい標準的なフィードフォワードニューラルネットワークと非常によく似ていますが、中間の層に含まれるニューロンの数がその前の段階と後の段階の層よりも少なくなります（**図 10-14**）。

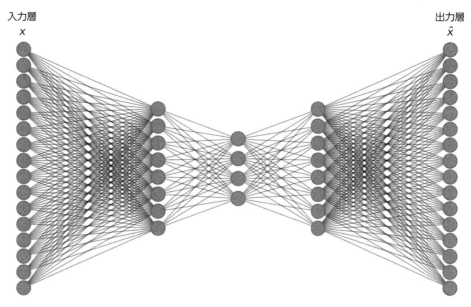

図 10-14：オートエンコーダニューラルネットワーク

　図 10-14 に示すように、中間の層が左端の入力層や右端の出力層よりもずっと小さいのに対し、入力層と出力層のサイズは同じです。最後の層の出力は常に元の入力と同じ数になるはずなので、各入力 x を圧縮 / 復元された出力 $\hat{x}$ と比較することが可能になります。

　訓練されたオートエンコーダネットワークはさまざまな目的に使用できます。オートエンコーダネットワークは効率的な圧縮 / 圧縮解除プログラムとして使用できます。たとえば、画像ファイルを圧縮するように訓練されたオートエンコーダでは、同じ画像をJPEG で同じサイズに圧縮した場合よりもはるかに鮮明な画像を作成できます。

敵対的生成ネットワーク

敵対的生成ネットワーク（generative adversarial network）は、敵対関係にある「2つ」のニューラルネットワークがそれぞれのタスクを改善するシステムです。一般的には、**生成者**（generative）ネットワークが偽物のサンプル（何らかの画像など）の生成を試み、対する**判別者**（discriminator）ネットワークが本物のサンプルと偽物のサンプル（本物の寝室の画像と生成された画像など）の判別を試みます。

敵対的生成ネットワークを構成する2つのネットワークはどちらもバックプロパゲーションで最適化されます。生成者ネットワークは、判別者ネットワークをどれくらいうまくだませたかに基づいてパラメータを最適化します。判別者ネットワークは、生成されたサンプルと本物のサンプルをどれくらい正確に判別できたかに基づいてパラメータを最適化します。つまり、2つのネットワークの損失関数は互いの逆になります。

敵対的生成ネットワークは、本物そっくりのデータを生成したり、低品質なデータや破壊されたデータの品質を改善したりする目的で使用できます。

リカレントニューラルネットワーク

リカレントニューラルネットワーク（recurrent neural network：RNN）は、比較広い括りのニューラルネットワークです。RNNでは、ニューロン間の結合によって有効閉路（リカレントエッジ）が形成されます。リカレントエッジでは、活性化関数が時間刻みに依存するため、データシーケンスのパターンを学習するのに役立つメモリを作成できます。RNNでは、入力、出力、または両方が何らかの時系列を表します。

RNNは、連続する手書き文字の認識、音声認識、言語翻訳、時系列分析など、データの順序が重要となるタスクに適しています。サイバーセキュリティの分野では、ネットワークトラフィック解析、行動検出、静的ファイル解析などの問題で重要となります。プログラムコードは、順序が重要であるという点で自然言語に似ているため、時系列として扱うことができます。

RNNの問題点の1つは、勾配消失問題に関して、RNNに渡される各時間刻みがフィードフォワードニューラルネットワークの追加層全体と同等であることです。バックプロパゲーションの勾配消失問題により、下位の層（この場合は前の時間刻み）の信号はかなり弱いものになってしまいます。

超短期記憶（long short-term memory：LSTM）ネットワークは、この問題への対処を目的として設計された特殊な RNN です。LSTM には、**メモリセル**（memory cell）と特別なニューロンが含まれています。このニューロンは、どの情報を記憶し、どの情報を忘却するかを判断します。ほとんどの情報を捨ててしまうとパス爆発が少なくなるため、それにより勾配消失問題が大幅に抑制されます。

ResNet

ResNet（Residual Network）は、中間層を 1 つ以上スキップすることにより、ネットワークの浅い層に含まれているニューロンと深い層に含まれているニューロンの**スキップ結合**（skip connection）を作成するニューラルネットワークです。これらのネットワークは、数値情報を表 10-1 で説明したような活性化関数で処理するのではなく、層から層へ直接渡すことを学習します。**residual**（残差）という用語は、このことを指しています。

この構造は、勾配消失問題を大幅に抑制するのに役立ちます。それにより、ResNet を信じられないほど深くすることが可能となり、場合によっては 100 層を超えることもあります。

非常に深いニューラルネットワークは、きわめて複雑で変則的な入力データの関係をモデル化するのに申し分ありません。これほど多くの層を持つことができる ResNet は、複雑な問題に特に適しています。ResNet はかなり特殊な問題の解決に役立ちますが、それよりも重要なのは、複雑な問題の解決全般に有効であることです。その点では、フィードフォワードニューラルネットワークと同様です。

10.5 まとめ

　本章では、ニューロンの構造と、ニューロンが結合されてニューラルネットワークが形成される仕組みについて説明しました。また、これらのネットワークがバックプロパゲーションを通じて訓練される仕組みと、ニューラルネットワークの長所と短所についても説明しました。ニューラルネットワークには、普遍性、特徴量の自動生成、配消失問題といった長所と短所があります。最後に、一般的なニューラルネットワークをいくつか取り上げ、それらの構造と利点を紹介しました。

　次章では、Python の Keras パッケージを使って、マルウェアを検出するためのニューラルネットワークを実際に構築します。

11
Kerasを使ってニューラルネットワークマルウェア検出器を構築する

10年前は、正常に動作するスケーラブルで高速なニューラルネットワークを構築するには、多くの時間と大量のコードが必要でした。しかし、この数年間にニューラルネットワークを設計するための高度なインターフェイスが次々に開発された結果、この作業はずいぶん楽になっています。PythonのKerasパッケージは、そうしたインターフェイスの1つです。

　本章では、Kerasを使ってニューラルネットワークを構築します。まず、モデルのアーキテクチャをKerasで定義する方法について説明します。次に、悪意を持つHTMLドキュメントとそうではないHTMLドキュメントを区別するために、このモデルを訓練します。そして、訓練したモデルを保存し、保存したモデルを読み込む方法を紹介します。さらに、Pythonのsklearnパッケージを使って、このモデルの正解率を検証データで評価する方法について説明します。最後に、ここまでの内容をもとに、モデルの訓練プロセスに検証データでの正解率の評価を統合します。

　本章を読みながら、ダウンロードサンプルの該当する部分のコードを読み、編集することをお勧めします。ダウンロードサンプルには、本章で説明するすべてのコードに加

えて（実行と調整がしやすいようにパラメータ化された関数にまとめてあります）、追加の例がいくつか含まれています。本書を読み終える頃には、自分でネットワークを構築してみよう、という気になるでしょう。

本章のコードを実行するには、次のコマンドを実行して必要なライブラリをすべてインストールする必要があります[†1]。

```
$ cd ch11/chapter_11_UNDER_40
$ pip install -r requirements.txt
```

それに加えて、Keras バックエンドエンジンの 1 つ（TensorFlow、Theano、CNTK のいずれか）をインストールする必要もあります。次の Web サイトの手順に従って TensorFlow をインストールしてください。

https://www.tensorflow.org/install/

11.1 モデルのアーキテクチャを定義する

ニューラルネットワークを構築するには、そのアーキテクチャを定義する必要があります。具体的には、どのニューロンをどこに配置するか、それらのニューロンを他のニューロンにどのように結合するか、そしてデータがネットワーク内をどのように流れるかを定義します。ありがたいことに、Keras には、このすべてを定義するためのシンプルで柔軟なインターフェイスが用意されています。実際には、Keras にはモデルを定義するための似たような構文が 2 つありますが、ここでは Functional API 構文を使用することにします。Functional API は、もう 1 つの構文（Sequential）よりも柔軟で強力です。

モデルを設計する際には、入力、入力を処理する中間部、出力の 3 つが必要になります。入力や出力が複数あるモデルや、中間部が非常に複雑なモデルもあります。しかし、モデルのアーキテクチャを定義するときには、最終的に最後のニューロンが何らかの出力を生成するまで、入力（HTML ドキュメントに関連する特徴量などのデータ）がさまざまなニューロンをどのように通過していくのかを定義する、というのが基本的な考え方になります。

[†1] ［訳注］本書の仮想マシンを使用する場合、本章のディレクトリは ch11/chapter_11_UNDER_40 ではなく ch11 である。なお、仮想マシンには、Keras、TensorFlow など、必要なライブラリがあらかじめインストールされているため、別途インストールする必要はない。

このアーキテクチャを定義するために、Kerasは層を使用します。**層**（layer）はニューロンのグループです。同じ層に属しているニューロンはすべて同じ種類の活性化関数を使用し、前の層からデータを受け取り、次のニューロンの層に出力を渡します。ニューラルネットワークでは、入力データは一般に最初の層に渡され、その出力が次の層に渡され、その出力がさらに次の層に渡される、といった具合になります。そして、最後の層でネットワークの最終的な出力が生成されます。

リスト11-1は、KerasのFunctional API構文を使って定義された単純なモデルの例です。新しいPythonファイルを開いて、コードを1行ずつ追いながらファイルに書き込み、実際に実行してみることをお勧めします。あるいは、ダウンロードサンプルに含まれている該当する部分のコードを実行してもよいでしょう。その場合は、model_architecture.pyファイルの該当するコードをコピーしてIPythonセッションに貼り付けるか、ターミナルウィンドウでpython model_architecture.pyを実行します。

リスト11-1：Functional API構文を使って単純なモデルを定義する

```
❶ from keras import layers
❷ from keras.models import Model

❸ input = layers.Input(shape=(1024,), dtype='float32')
❹ middle = layers.Dense(units=512, activation='relu')(input)
❺ output = layers.Dense(units=1, activation='sigmoid')(middle)

❻ model = Model(inputs=input, outputs=output)
❼ model.compile(optimizer='adam',
❽               loss='binary_crossentropy',
❾               metrics=['accuracy'])
```

まず、kerasパッケージのlayersサブモジュール❶と、kerasのmodelsサブモジュールのModelクラス❷をインポートします。

次に、このモデルが1つの観測値として受け取るデータの種類を指定します。そこで、layersサブモジュールのInput関数に引数として形状（整数のタプル）とデータ型を渡します❸。ここでは、このモデルへの入力が1,024個の浮動小数点数の配列になることを宣言しています。入力がたとえば整数の行列である場合、この行はinput = Input(shape=(100, 100,) dtype='int32')のようになるでしょう。

> **NOTE** モデルが1つの次元で可変長の入力を受け取る場合は、(None,)のように、数値の代わりにNoneを使用できます。

次に、この入力データの送信先となるニューロンの層を指定します。ここでも `layers` サブモジュールの関数（具体的には、`Dense` 関数）を使用することで❹、この層が密結合された層になることを指定します。密結合された層は、前の層からの出力がすべてこの層のすべてのニューロンに渡される層であり、「全結合層」とも呼ばれます。Keras のモデルを構築するにあたって、`Dense` は最もよく使用される層です。この他にも、データの形状を変更したり（`Reshape`）、カスタム層を実装したり（`Lambda`）できる層もあります。

`Dense` 関数には、引数を 2 つ渡します。`units=512` は、この層に 512 個のニューロンが必要であることを指定し、`activation='relu'` は、これらのニューロンを ReLU（Rectified Linear Unit）ニューロンにすることを指定します。前章で説明したように、ReLU ニューロンは、0 かニューロンの入力の加重和のどちらか大きいほうを出力する単純な活性化関数を使用します。この層を定義するには、`layers.Dense(units=512, activation='relu')` を呼び出します。この行の最後の部分（`input`）は、この層に対する入力（つまり、`input` オブジェクト）を宣言します。このようにして層に `input` を渡すことで、コード行の順序に関係なく、モデルでのデータの流れが定義される、ということを理解しておいてください。

次の行は、モデルの出力層を定義しています❺。ここでも `Dense` 関数を使用しますが、ニューロンの数は 1 つだけであり、活性化関数としてシグモイド（`'sigmoid'`）を使用します。この関数は、大量のデータを 0 〜 1 の単一のスコアにまとめるのに適しています。この出力層では、入力として（`middle`）オブジェクトを受け取ることで、`middle` 層の 512 個のニューロンからの出力がすべてこのニューロンに渡されることを宣言します。

モデルの層を定義した後は、`models` サブモジュールの `Model` クラスを使って、これらの層をモデルにまとめます❻。1 つまたは複数の入力層と、1 つまたは複数の出力層を指定するだけでよいことに注目してください。2 つ目以降の層にはそれぞれ前の層が入力として与えられるため、最終的な出力層には、前の層に関する情報のうちモデルに必要なものがすべて含まれています。`input` 層と `output` 層の間でさらに 10 個の `middle` 層を宣言したとしても、❻のコードは同じままです。

11.2 モデルをコンパイルする

最後に、モデルをコンパイルする必要があります。前節では、モデルのアーキテクチャとデータフローを定義しましたが、このモデルをどのように訓練するのかはまだ定義していません。モデルをコンパイルするには、`model` の `compile` メソッドを呼び出し、次の 3 つのパラメータに引数を渡します。

- `optimizer` パラメータ❼は、このモデルで使用するバックプロパゲーションアルゴリズムの種類を指定します。**リスト 11-1** のように、使用したいアルゴリズムの名前を文字列で指定するか、`keras.optimizers` からアルゴリズムを直接インポートし、特定のパラメータをアルゴリズムに渡すことができます。あるいは、アルゴリズムを独自に設計することもできます。
- `loss` パラメータ❽は、訓練プロセス（バックプロパゲーション）で最小化するものを指定します。具体的には、本物の訓練ラベルとモデルが予測したラベル（出力）の差を表すための式を指定します。この場合も、損失関数の名前を指定するか、`keras.losses.mean_squared_error` など、実際の関数を渡すことができます。
- `metrics` パラメータ❾には、訓練中および訓練後にモデルの性能を分析するときに出力したい指標をリストで渡すことができます。このパラメータにも、`['categorical_accuracy']`、`[keras.metrics.top_k_categorical_accuracy]` のように、指標関数の名前を表す文字列か、実際の指標関数を渡すことができます。

リスト 11-1 のコードを実行した後、`model.summary()` を実行し、モデルの構造が出力されることを確認してください。**図 11-1** のような出力が生成されるはずです。

```
In [2]: model.summary()

Layer (type)                 Output Shape              Param #
=================================================================
input_1 (InputLayer)         (None, 1024)              0
_____
dense_1 (Dense)              (None, 512)               524800
_____
dense_2 (Dense)              (None, 1)                 513
=================================================================
Total params: 525,313
Trainable params: 525,313
Non-trainable params: 0
_____
```

図 11-1：model.summary() の出力

図 11-1 は `model.summary()` の出力を示しています。各層の説明とその層に関連するパラメータの数が画面上に出力されています。たとえば、`dense_1` 層には 524,800 個のパラメータがあります。512 個のニューロンがそれぞれ入力層から 1,024 個の入力値のコピーを受け取るため、1,024 × 512 個の重みが存在します。この値に 512 個の

バイアスパラメータを足すと、1,024 × 512 + 512 = 524,800 になるからです。このコンパイル済みの Keras モデルはいつでも訓練できる状態です。

> **NOTE** `model_architecture.py` ファイルには、もう少し複雑なモデルのサンプルコードも含まれています。ぜひチェックしてみてください。

11.3 モデルを訓練する

このモデルを訓練するには、訓練データが必要です。本書の仮想マシンには、悪意を持つ HTML ドキュメントと悪意を持たない HTML ドキュメントが約 50,000 個ずつ含まれています。悪意を持つ HTML ドキュメントは `data/html/malicious_files/` ディレクトリ、悪意を持たない HTML ドキュメントは `data/html/benign_files/` ディレクトリに含まれています。くれぐれも、これらのドキュメントをブラウザで開かないでください。ここでは、これらのドキュメントを使ってモデルを訓練し、HTML ドキュメントがビナインウェア（0）なのか、それともマルウェア（1）なのかを予測します。

特徴量を抽出する

まず、データを表す方法を決める必要があります。言い換えるなら、モデルへの入力として、各 HTML ドキュメントからどのような特徴量を抽出すればよいでしょうか。たとえば、単に各 HTML ドキュメントの最初の 1,000 文字を渡したり、アルファベットの各文字の出現数をカウントしたり、HTML パーサーを使ってもっと複雑な特徴量を作成したりすることもできます。HTML ドキュメントはそれぞれ長さが異なり、非常に大きい可能性があります。そこで、作業を単純にするために、それらのドキュメントを均一なサイズの圧縮表現に変換することにします。このようにすると、モデルがそれらのドキュメントをすばやく処理して重要なパターンを学習できるようになります。

この例では、各 HTML ドキュメントを長さが 1,024 のカテゴリカウントのベクトルに変換します。各カテゴリカウントは、HTML ドキュメントに含まれているトークンのうち、そのハッシュ値が特定のカテゴリに属しているものの数を表します。この特徴抽出のコードは**リスト 11-2** のようになります。

リスト 11-2：特徴抽出コード（model_training.py）

```
import numpy as np
import murmur
import re
import os

def read_file(sha, dir):
    with open(os.path.join(dir, sha), 'r') as fp:
        file = fp.read()
    return file

def extract_features(sha, path_to_files_dir,
❶                    hash_dim=1024, split_regex=r"\s+"):
❷    file = read_file(sha=sha, dir=path_to_files_dir)
❸    tokens = re.split(pattern=split_regex, string=file)
    # 剰余（各トークンのハッシュ値）を求め、各トークンを
    # 1:hash_dimのバケット（カテゴリ）と置き換えられるようにする
    token_hash_buckets = [
❹        (murmur.string_hash(w) % (hash_dim - 1) + 1) for w in tokens
    ]
    # 最後に各バケットのヒット数を数え、HTMLドキュメントのサイズに関係なく、
    # 特徴量の長さが常にhash_dimになるようにする
    token_bucket_counts = np.zeros(hash_dim)
    # token_hash_buckets 内の一意な値ごとに出現数を返す
    buckets, counts = np.unique(token_hash_buckets, return_counts=True)
    # これらの数を token_bucket_counts オブジェクトに挿入
    for bucket, count in zip(buckets, counts):
❺        token_bucket_counts[bucket] = count
    return np.array(token_bucket_counts)
```

　Kerasの仕組みを理解するにあたって**リスト11-2**のコードを隅々まで理解する必要はありませんが、コード内のコメントを読みながら何が行われているのかをよく理解してください。

　extract_features関数では、まず、HTMLドキュメントを大きな文字列として読み込みます❷。次に、正規表現を使って、この文字列をトークンの集合に分割します❸。続いて、各トークンをハッシュ化し、これらのハッシュ値の剰余を求めることで、カテゴリに分割します❹。最終的な特徴セット（BoF）は、各カテゴリ内のハッシュ値の数になります❺。言ってみれば、ヒストグラムのビンの数のようなものです。参考までに、HTMLドキュメントを分割する正規表現 split_regex ❶を書き換えると最終的なトークンや特徴量にどのような影響がおよぶのかを確認してみてもよいでしょう。

　この部分をそっくり読み飛ばしても、あるいは完全に理解できなくても問題はありません。extract_features関数が、HTMLドキュメントのパスを入力として受け取り、長さが1,024の特徴量の配列（または hash_dim が表すその他のもの）に変換することだ

データジェネレータを作成する

次に、この Keras モデルをこれらの特徴量で実際に訓練する必要があります。メモリにすでに読み込まれている少量のデータを使用する場合は、**リスト 11-3** に示すような単純なコードを使って Keras のモデルを訓練できます。

リスト 11-3：データがすでにメモリに読み込まれている状況でのモデルの訓練

```
# 最初に何らかの方法で my_data と my_labels を読み込む
model.fit(my_data, my_labels, epochs=10, batch_size=32)
```

しかし、大量のデータを操作するようになると、コンピュータのメモリに訓練データ全体を一度に読み込むのは不可能になるため、この方法はあまり有用ではありません。そこで、少し複雑になるものの、その分スケーラブルな fit_generator メソッドを使用することにします。このメソッドを使用する場合は、訓練データ全体を一度に渡すのではなく、訓練データを生成するジェネレータを渡すことで、コンピュータのメモリがいっぱいにならないようにします。

Python のジェネレータは Python の関数と同じように動作しますが、yield 文を使用するという違いがあります。これらのジェネレータは、結果をひとまとめに返すのではなく、オブジェクトを返します。このオブジェクトを繰り返し呼び出すことで、結果セットをいくつでも（あるいは無限に）生成できます。**リスト 11-2** の特徴抽出関数を使ってカスタムジェネレータを作成するコードは**リスト 11-4** のようになります。

リスト 11-4：データジェネレータを作成する（model_training.py）

```
def my_generator(benign_files, malicious_files,
                 path_to_benign_files, path_to_malicious_files,
                 batch_size, features_length=1024):
    n_samples_per_class = batch_size / 2
❶   assert len(benign_files) >= n_samples_per_class
    assert len(malicious_files) >= n_samples_per_class
❷   while True:
        ben_features = [
            extract_features(sha, path_to_files_dir=path_to_benign_files,
                             hash_dim=features_length)
            for sha in np.random.choice(benign_files, n_samples_per_class,
                                        replace=False)
        ]
        mal_features = [
❸           extract_features(sha, path_to_files_dir=path_to_malicious_files,
                             hash_dim=features_length)
```

```
❹                for sha in np.random.choice(malicious_files, n_samples_per_class,
                                              replace=False)
            ]
❺           all_features = ben_features + mal_features
            labels = [0 for i in range(n_samples_per_class)] +
                     [1 for i in range(n_samples_per_class)]
            idx = np.random.choice(range(batch_size), batch_size)
❻           all_features = np.array([np.array(all_features[i]) for i in idx])
            labels = np.array([labels[i] for i in idx])
❼           yield all_features, labels
```

まず、十分なデータが存在することを確認するために、2つのassert文を実行します❶。続いて、whileループ（無限ループ）を開始し、ファイルキーのサンプルをランダムに選択し❹、extract_features関数を使ってそれらのファイルの特徴量を抽出することで❸、悪意を持たない特徴量と悪意を持つ特徴量を取得します。次に、悪意を持たない特徴量と悪意を持つ特徴量をラベル（0、1）に関連付けた上で❺、シャッフルします❻。最後に、これらの特徴量とラベルを返します❼。

このジェネレータをインスタンス化すると、ジェネレータのnextメソッドが呼び出されるたびに、訓練するモデルのbatch_size個の特徴量とラベルが生成されるはずです（そのうち50%は悪意を持つ特徴量、50%は悪意を持たない特徴量）。

このモデルを訓練するコードは**リスト11-5**のようになります。仮想マシンのデータを使って訓練データジェネレータを作成し、このジェネレータをモデルのfit_generatorメソッドに渡します。

リスト11-5：ジェネレータを作成し、ジェネレータを使ってモデルを訓練する

```
batch_size = 128
features_length = 1024
path_to_training_benign_files = 'data/html/benign_files/training/'
path_to_training_malicious_files = 'data/html/malicious_files/training/'
steps_per_epoch = 1000      # コードが低速にならないよう意図的に小さい値を選択

❶ train_benign_files = os.listdir(path_to_training_benign_files)
❷ train_malicious_files = os.listdir(path_to_training_malicious_files)

   # ジェネレータを作成
❸ training_generator = my_generator(
       benign_files=train_benign_files,
       malicious_files=train_malicious_files,
       path_to_benign_files=path_to_training_benign_files,
       path_to_malicious_files=path_to_training_malicious_files,
       batch_size=batch_size,
       features_length=features_length
   )
```

```
❹ model.fit_generator(
❺     generator=training_generator,
❻     steps_per_epoch=steps_per_epoch,
❼     epochs=10
  )
```

　このコードを読み、何が行われているのか理解してください。パラメータ変数を作成した後、悪意を持たない訓練データ❶と悪意を持つ訓練データ❷のファイル名をメモリに読み込みます（ただし、ファイル自体はまだ読み込みません）。訓練データジェネレータを作成するために、これらの値を新しい`my_generator`関数に渡します❸。最後に、**リスト11-1**で定義した`model`の組み込みメソッド`fit_generator`を使って訓練を開始します❹。

　`fit_generator`メソッドには、パラメータが3つあります。`generator`パラメータ❺は、訓練データを「バッチ」ごとに生成するジェネレータを指定します。訓練の際には、そのバッチに対するすべての訓練データ（観測値）の信号を平均化することで、パラメータをバッチごとに1回更新します。`steps_per_epoch`パラメータ❻は、モデルが**エポック**（epoch）[†2]ごとに処理するバッチの数を指定します。結果として、モデルがエポックごとに学習する観測値の総数は`batch_size × steps_per_epoch`になります。モデルがエポックごとに学習する観測値の数はデータセットのサイズと等しくするのが慣例となっていますが、本章と仮想マシンのサンプルコードでは、コードをすばやく実行できるよう、`steps_per_epoch`に小さい値を指定しています。`epochs`パラメータ❼は、実行するエポックの数を指定します。

　仮想マシンのch11/ディレクトリで、このコード（model_training.py）を実行してみてください。コンピュータの性能によっては、各訓練エポックの実行に一定の時間がかかります。対話形式のセッションを使用する場合、時間がかかる場合は数エポック後にプロセスをキャンセルしてもかまいません（Ctrl+Cキーを押します）。プロセスをキャンセルすると訓練が中止されますが、それまでに実行された作業は失われません。プロセスをキャンセル（または実行が完了）した後、モデルは訓練された状態になるはずです。仮想マシンの画面は**図11-2**のようになります。

---

†2　［訳注］エポックは訓練データセットの訓練の回数を表す。

```
Using TensorFlow backend.
I tensorflow/stream_executor/dso_loader.cc:135] successfully opened CUDA library libcublas.so.7.5 locally
I tensorflow/stream_executor/dso_loader.cc:135] successfully opened CUDA library libcudnn.so.5 locally
I tensorflow/stream_executor/dso_loader.cc:135] successfully opened CUDA library libcufft.so.7.5 locally
I tensorflow/stream_executor/dso_loader.cc:135] successfully opened CUDA library libcuda.so.1 locally
I tensorflow/stream_executor/dso_loader.cc:135] successfully opened CUDA library libcurand.so.7.5 locally
Epoch 1/10
W tensorflow/core/platform/cpu_feature_guard.cc:45] The TensorFlow library wasn't compiled to use SSE3 ins
W tensorflow/core/platform/cpu_feature_guard.cc:45] The TensorFlow library wasn't compiled to use SSE4.1 i
W tensorflow/core/platform/cpu_feature_guard.cc:45] The TensorFlow library wasn't compiled to use SSE4.2 i
W tensorflow/core/platform/cpu_feature_guard.cc:45] The TensorFlow library wasn't compiled to use AVX inst
W tensorflow/core/platform/cpu_feature_guard.cc:45] The TensorFlow library wasn't compiled to use AVX2 ins
W tensorflow/core/platform/cpu_feature_guard.cc:45] The TensorFlow library wasn't compiled to use FMA inst
NVIDIA: no NVIDIA devices found
E tensorflow/stream_executor/cuda/cuda_driver.cc:509] failed call to cuInit: CUDA_ERROR_UNKNOWN
I tensorflow/stream_executor/cuda/cuda_diagnostics.cc:145] kernel driver does not appear to be running on
39/39 [==============================] - 7s 171ms/step - loss: 0.3463 - acc: 0.8476
Epoch 2/10
39/39 [==============================] - 7s 168ms/step - loss: 0.2181 - acc: 0.9139
Epoch 3/10
39/39 [==============================] - 7s 168ms/step - loss: 0.1864 - acc: 0.9253
Epoch 4/10
18/39 [=========>....................] - ETA: 3s - loss: 0.1871 - acc: 0.9262
```

図 11-2：Keras モデルの訓練時のコンソール出力

　図 11-2 の最初の数行は、Keras のデフォルトのバックエンドである TensorFlow が読み込まれていることを示しています。また、図 11-2 のような警告が表示されるでしょう。これらの警告は、訓練が GPU ではなく CPU で実行されることを意味します（多くの場合、GPU ではニューラルネットワークの訓練が 2 〜 20 倍高速になりますが、ここでは CPU ベースの訓練で十分です）。最後に、エポックごとにプログレスバーが表示され、特定のエポックにかかっている時間と、エポックの損失率と正解率の指標が出力されます。

検証データを統合する

　前項では、スケーラブルな fit_generator メソッドを使って、Keras モデルを HTML ドキュメントで訓練する方法について説明しました。そこで確認したように、モデルは訓練時に各エポックの現在の損失率と正解率を表す統計データを出力します。ですが、本当に知りたいのは、訓練されたモデルの**検証データ**（validation data）での性能です。つまり、まだ見たことのないデータでの性能が知りたいのです。検証データは、現実の本番環境でモデルが直面するようなデータを代表するものです。

　よりよいモデルを設計しようとしていて、そのモデルの訓練にかかる時間を突き止めたい場合は、**訓練の正解率**ではなく**検証の正解率**の最大化を試みるべきです。図 11-2 に示されていたのは、訓練の正解率です。訓練データよりも後に生成された検証データを

使って本番環境をシミュレートすれば、さらに効果的です。

リスト 11-4 の my_generator 関数を使って検証特徴量をメモリに読み込むコードはリスト 11-6 のようになります。

リスト 11-6：my_generator 関数を使って検証特徴量とラベルをメモリに読み込む

```
path_to_validation_benign_files = 'data/html/benign_files/validation/'
path_to_validation_malicious_files = 'data/html/malicious_files/validation/'
# 検証キーを取得
val_benign_file_keys = os.listdir(path_to_validation_benign_files)
val_malicious_file_keys = os.listdir(path_to_validation_malicious_files)

# 検証データを取得し、特徴量を抽出
validation_data = my_generator(
    benign_files=val_benign_file_keys,
    malicious_files=val_malicious_file_keys,
    path_to_benign_files=path_to_validation_benign_files,
    path_to_malicious_files=path_to_validation_malicious_files,
    batch_size=10000,
    features_length=features_length
).next()
```

❶ validation_data = my_generator(
❷ batch_size=10000,
❸).next()

　このコードは訓練データジェネレータの作成方法とよく似ていますが、ファイルパスが変更されていて、検証データ全体をメモリに読み込むという違いがあります。したがって、単にジェネレータを作成するのではなく、検証に使用するファイルの数に等しい大きさの batch_size ❷を使って検証データジェネレータを作成した後❶、その next メソッドを 1 回だけ呼び出します❸。

　検証データをメモリに読み込んだ後は、訓練を開始するときに、単に fit_generator メソッドに検証データを渡します（**リスト 11-7**）。

リスト 11-7：訓練時の自動的な監視に検証データを使用する

```
model.fit_generator(
    validation_data=validation_data,
    generator=training_generator,
    steps_per_epoch=steps_per_epoch,
    epochs=10
)
```

❶ validation_data=validation_data,

　このコードは**リスト 11-5** の最後の部分とほぼ同じですが、fit_generator メソッドに validation_data が渡されているという違いがあります❶。このようにして、検証時の損失率/正解率が訓練時の損失率/正解率と同時に計算されるようにすると、モデルの監視が強化されます。

訓練時の出力は**図 11-3** のようになるはずです。

```
Epoch 1/10
39/39 [==============================] - 8s 192ms/step - loss: 0.1146 - acc: 0.9571 - val_loss: 0.5067 - val_acc: 0.7690
Epoch 2/10
39/39 [==============================] - 7s 184ms/step - loss: 0.1392 - acc: 0.9463 - val_loss: 0.2621 - val_acc: 0.8970
Epoch 3/10
39/39 [==============================] - 7s 189ms/step - loss: 0.1234 - acc: 0.9527 - val_loss: 0.3382 - val_acc: 0.8790
Epoch 4/10
39/39 [==============================] - 7s 189ms/step - loss: 0.0981 - acc: 0.9611 - val_loss: 0.2770 - val_acc: 0.8970
Epoch 5/10
39/39 [==============================] - 7s 189ms/step - loss: 0.1232 - acc: 0.9541 - val_loss: 0.3053 - val_acc: 0.8790
Epoch 6/10
37/39 [==========================>..] - ETA: 0s - loss: 0.1068 - acc: 0.9552
```

図 11-3：Keras モデルの訓練時に検証データを指定した場合の出力

図 11-3 は図 11-2 と似ていますが、エポックごとに単に訓練の損失率（loss）と正解率（acc）が示される代わりに、エポックごとに検証の損失率（val_loss）と正解率（val_acc）も計算されます。一般に、検証の正解率が徐々に（向上するのはなく）低下している場合は、モデルが訓練データの過学習に陥っている兆候であるため、訓練を中止するのが賢明でしょう。この例のように検証の正解率が徐々に向上している場合は、モデルの性能にまだ向上の余地があることを意味するため、訓練を続けてください。

モデルの保存と読み込み

ニューラルネットワーク（モデル）の構築と訓練の方法を確認したところで、モデルを保存して他の人と共有できるようにする方法を見てみましょう。

訓練したモデルを .h5 ファイルに保存し❶、（おそらく後日）再び読み込む❷コードは**リスト 11-8** のようになります。

リスト 11-8：Keras モデルの保存と読み込み

```
from keras.models import load_model

# モデルを保存
❶ model.save('my_model.h5')
# ファイルからメモリにモデルを再度読み込む
❷ same_model = load_model('my_model.h5')
```

11.4 モデルを評価する

前節では、訓練の損失率と正解率、そして検証の損失率と正解率など、モデルのデフォルトの評価指標を取り上げました。ここでは、モデルをより効果的に評価するための、より複雑な指標を確認することにします。

マルウェア検出器の性能を評価するのに役立つ指標の1つは、**曲線下面積**（Area Under the ROC Curve：AUC）と呼ばれるものです。この「曲線」はROC曲線[3]のことです。ROC曲線は、考え得るすべてのスコアしきい値（決定しきい値）に対して、真陽性率（y軸）と偽陽性率（x軸）をプロットします。

たとえば、本章のモデルは0（ビナインウェア）〜1（マルウェア）のスコアを使ってファイルがマルウェアかどうかを予測しようとします。ファイルをマルウェアとして分類するために比較的大きいスコアしきい値を選択した場合、偽陽性は少なくなりますが（望ましい）、真陽性も少なくなります（望ましくない）。一方で、小さいスコアしきい値を選択した場合、偽陽性率は高くなりますが（望ましくない）、検出率は非常に高くなります（望ましい）。

これら2つの可能性は、このモデルのROC曲線上の2つの点として表されます。1つ目の点は曲線の左のほうに配置され、2つ目の点は右のほうに配置されるでしょう。AUCは、このROC曲線の下の面積を求めることで、これらの可能性をすべて表します（図11-4）。

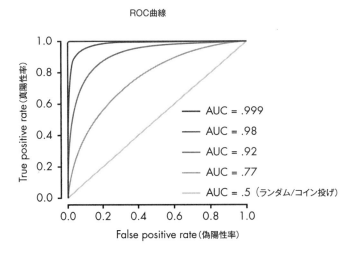

図11-4：さまざまなROC曲線。各ROC曲線（線）は異なるAUC値に対応している

---

[3] ROC曲線については7章と8章を参照。

11.4 モデルを評価する | 251

簡単に言うと、0.5 の AUC はコイン投げ（表か裏か）の予測性能を表し、1 の AUC は完璧な予測性能を表します。

検証データを使って検証 AUC を計算するコードは**リスト 11-9** のようになります。

リスト 11-9：sklearn の metric サブモジュールを使って検証 AUC を計算する

```
from sklearn import metrics

❶ validation_labels = validation_data[1]
❷ validation_scores = [el[0] for el in model.predict(validation_data[0])]
❸ fpr, tpr, thres = metrics.roc_curve(y_true=validation_labels,
                                      y_score=validation_scores)

❹ auc = metrics.auc(fpr, tpr)
  print('Validation AUC = {}'.format(auc))
```

リスト 11-9 では、validation_data タプルを 2 つのオブジェクトに分割しています。1 つは validation_labels によって表される検証データのラベルであり❶、もう 1 つは validation_scores によって表されるモデルの検証データでの予測値を平坦化したものです❷。次に、sklearn の metrics.roc_curve 関数を使って、偽陽性率、真陽性率、そしてモデルの予測値に対するしきい値を計算します❸。これらの値をもとに、やはり sklearn の関数を使って AUC 指標を計算します❹。

ここでは関数のコードを詳しく説明しませんが、ダウンロードサンプルの model_evaluation.py ファイルに含まれている roc_plot 関数を使って実際の ROC 曲線をプロットすることもできます（**リスト 11-10**）。

リスト 11-10：roc_plot 関数を使って ROC 曲線をプロットする

```
import matplotlib
from matplotlib import pyplot as plt

roc_plot(fpr=fpr, tpr=tpr, path_to_file='roc_curve.png')
```

model_evaluation.py ファイルのコードを実行すると、**図 11-5** のようなプロットが生成されるはずです（roc_curve.png に保存されます）。

図 11-5 の ROC 曲線上の点はそれぞれ、モデルのさまざまな予測しきい値に対する 0 〜 1 の偽陽性率（x 軸）と真陽性率（y 軸）を表しています。偽陽性率が高くなると真陽性率も高くなり、偽陽性率が低くなると真陽性率も低くなります。本番環境では、一般に、偽陽性を受け入れる意思と、悪意を持つファイルを見逃すことのリスクを秤にかけた上で、意思決定のためのしきい値を 1 つだけ選択する必要があります。つまり、検証デー

タが本番環境のデータを模倣していると仮定した上で、この曲線上の点を1つだけ選択することになります。

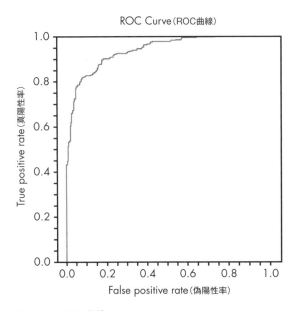

図 11-5：ROC 曲線

11.5 コールバックを使ってモデルの訓練プロセスを改善する

ここまでは、Keras モデルの設計、訓練、保存、読み込み、評価の方法について説明してきました。これだけでもまずまずのスタートを切ることができますが、Keras のコールバックも紹介したいと思います。コールバックを利用すれば、モデルの訓練プロセスをさらに改善できます。

Keras のコールバックは、Keras が訓練プロセスの特定の段階で適用する関数の集まりです。たとえば、コールバックを利用すれば、各エポックの最後に .h5 ファイルを保存したり、各エポックの最後に検証 AUC を画面上に出力したりできます。このようにすると、訓練時のモデルの性能をより正確に記録したり報告したりするのに役立ちます。

ここではまず、組み込みのコールバックを使用し、続いてカスタムコールバックを作成します。

組み込みコールバックを使用する

　組み込みコールバックを使用するには、訓練を開始するときに、モデルの fit_generator メソッドにコールバックインスタンスを渡します。ここでは、ModelCheckpoint コールバックを使用します。このコールバックは、各訓練エポックの後に検証の損失率を評価し、検証の損失率が1つ前のエポックの値よりも小さい場合に、現在のモデルをファイルに保存します。このコールバックは検証データにアクセスする必要があるため、fit_generator メソッドに検証データを渡します（**リスト 11-11**）。

リスト 11-11：訓練プロセスに ModelCheckpoint コールバックを追加する

```
from keras import callbacks

model.fit_generator(
    generator=training_generator,
    steps_per_epoch=50,     # コードが低速にならないよう意図的に小さい値を選択
    epochs=5,
    validation_data=validation_data,
    callbacks=[
❶        callbacks.ModelCheckpoint(save_best_only=True,
❷                                  filepath='results/best_model.h5',
❸                                  monitor='val_loss')
    ],
)
```

　リスト 11-11 のコードでは、'val_loss'（検証の損失率）❸が最低値を更新するたびに、モデルが 'results/best_model.h5' ファイル❷に上書きされます。これにより、現在保存されているモデル（'results/best_model.h5'）は、すでに完了したすべてのエポックにおいて、検証の損失率に関して最もよいモデルを表すようになります。

　あるいは、検証の損失率に関係なく、エポックが終わるたびにモデルを「別の」ファイルに保存することもできます。そのためのコードは**リスト 11-12** のようになります。

リスト 11-12：エポックが終わるたびにモデルを別のファイルに保存する

```
❹        callbacks.ModelCheckpoint(save_best_only=False,
❺                                  filepath='results/model_epoch_{epoch}.h5',
                                  monitor='val_loss')
```

　リスト 11-11 のコードと ModelCheckpoint 関数を使用する点は同じですが、save_best_only=False ❹と、エポックごとにエポック数が設定される filepath ❺を指定します。「最もよい」モデルを1つだけ保存するのではなく、エポックごとにモデルを保存します。モデルを保存するファイルは results/model_epoch_0.h5、results/model_ epoch_1.h5、results/model_epoch_2.h5 のようになります。

カスタムコールバックを使用する

Keras は AUC をサポートしていませんが、たとえば、各エポックの最後に画面上に AUC を出力できるカスタムコールバックを設計することが可能です。

カスタムコールバックを作成するには、`keras.callbacks.Callback` を継承するクラスを作成する必要があります。`Callback` クラスは、新しいコールバックの作成に使用される抽象基底クラスです。`Callback` クラスを継承するクラスには、`on_epoch_begin`、`on_epoch_end`、`on_batch_begin`、`on_batch_end`、`on_train_begin`、`on_train_end` など、訓練中にさまざまなタイミングで呼び出されるメソッドをどれでも追加できます。これらのメソッドはそれぞれの名前に示されているタイミングで自動的に呼び出されます。

リスト 11-13 のコードは、各エポックの最後に検証 AUC を計算し、画面上に出力するコールバックを作成します。

リスト 11-13：訓練エポックが終わるたびに AUC を画面に出力するカスタムコールバック

```
import numpy as np
from keras import callbacks
from sklearn import metrics

❶   class MyCallback(callbacks.Callback):

❷       def on_epoch_end(self, epoch, logs={}):
❸           validation_labels = self.validation_data[1]
            validation_scores = self.model.predict(self.validation_data[0])
            # スコアを平坦化する
            validation_scores = [el[0] for el in validation_scores]
            fpr, tpr, thres = metrics.roc_curve(y_true=validation_labels,
                                                y_score=validation_scores)
❹           auc = metrics.auc(fpr, tpr)
            print('\n\tEpoch {}, Validation AUC = {}'.format(epoch,
                                                    np.round(auc, 6)))

    model.fit_generator(
        generator=training_generator,
        steps_per_epoch=50,    # コードが低速にならないよう意図的に小さい値を選択
        epochs=5,
❺       validation_data=validation_data,
❻       callbacks=[
            MyCallback()
        ],
    )
```

11.5　コールバックを使ってモデルの訓練プロセスを改善する

リスト 11-13 では、まず、callbacks.Callback を継承する MyCallback クラスを作成します❶。ここでは単純に、メソッドを 1 つだけオーバーライドし（on_epoch_end）❷、Keras が期待する引数を 2 つ指定します。epoch と logs（ログ情報のディクショナリ）の値は、この関数が訓練時に呼び出されるときに Keras によって提供されます。

続いて、callbacks.Callback を継承しているおかげで self オブジェクトにすでに格納されている validation_data を取り出し❸、前節で行ったように AUC を計算し、結果を出力します❹。このコードを動作させるには、検証データを fit_generator に渡して、訓練時にコールバックが self.validation_data にアクセスできるようにする必要があります❺。最後に、モデルの訓練に使用する新しいコールバックを指定します❻。結果は**図 11-6** のようになるはずです。

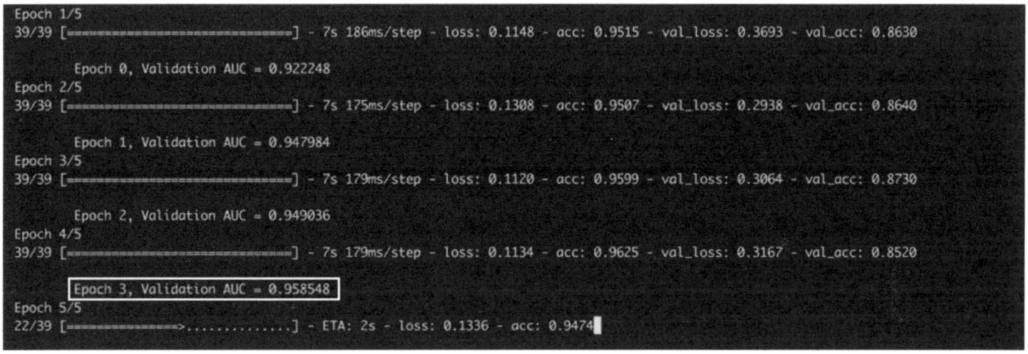

```
Epoch 1/5
39/39 [==============================] - 7s 186ms/step - loss: 0.1148 - acc: 0.9515 - val_loss: 0.3693 - val_acc: 0.8630
        Epoch 0, Validation AUC = 0.922248
Epoch 2/5
39/39 [==============================] - 7s 175ms/step - loss: 0.1308 - acc: 0.9507 - val_loss: 0.2938 - val_acc: 0.8640
        Epoch 1, Validation AUC = 0.947984
Epoch 3/5
39/39 [==============================] - 7s 179ms/step - loss: 0.1120 - acc: 0.9599 - val_loss: 0.3064 - val_acc: 0.8730
        Epoch 2, Validation AUC = 0.949036
Epoch 4/5
39/39 [==============================] - 7s 179ms/step - loss: 0.1134 - acc: 0.9625 - val_loss: 0.3167 - val_acc: 0.8520
        Epoch 3, Validation AUC = 0.958548
Epoch 5/5
22/39 [=============>................] - ETA: 2s - loss: 0.1336 - acc: 0.9474
```

図 11-6：カスタム AUC コールバックを使って Keras モデルを訓練した場合の出力

検証 AUC をできるだけ小さくすることが重要である場合、このコールバックを利用すれば訓練時のモデルの性能を確認しやすくなるため、（検証の正解率が低下する一方である場合などに）訓練プロセスを中止すべきかどうかを判断するのに役立ちます。

11.6 まとめ

　本章では、Kerasを使ってニューラルネットワークを独自に構築する方法について説明しました。また、ニューラルネットワークの訓練、評価、保存、読み込みの方法も確認しました。続いて、組み込みコールバックとカスタムコールバックを追加することで、モデルの訓練プロセスを改善する方法についても説明しました。本書のダウンロードサンプルをいろいろ試して、モデルのアーキテクチャや特徴抽出を変更するとモデルの正解率にどのような影響がおよぶのか確認してみてください。

　本章は最初の一歩を踏み出すためのものであり、リファレンスガイドという意味合いはありません。Kerasの最新情報については、公式ドキュメント[4]を参照してください。Kerasの特に気になる点をぜひじっくり調べてみてください。本章がセキュリティディープラーニングの冒険に出かけるためのよい出発点となることを願っています。

---

[4] https://keras.io/

12

データサイエンティストになろう

本書の締めくくりとして、一歩下がって、マルウェアデータサイエンティスト、あるいはいわゆるセキュリティデータサイエンティストとして成功するにはどうすればよいかについて考えてみましょう。本章は技術的な章ではありませんが、それらの章よりも重要とまではいかなくても、それらの章と同じくらい重要です。なぜなら、セキュリティデータサイエンティストとして成功を収めるには、特定の分野を理解するだけでは済まないからです。

本章では、本書の著者がセキュリティデータサイエンティストになるまでの経緯を紹介したいと思います。セキュリティデータサイエンティストの日々の生活がどのようなもので、優秀なデータサイエンティストになるには何が必要なのかが何となくわかるでしょう。また、データサイエンスの問題にどのように取り組めばよいか、そして避けがたい試練に直面しても粘り強く対応するにはどうすればよいかに関するヒントも提供します。

12.1 セキュリティデータサイエンティストへのキャリアパス

　セキュリティデータサイエンスは新しい分野であるため、セキュリティデータサイエンティストになる方法はいろいろあります。多くのデータサイエンティストは大学院で正式な訓練を受けていますが、その一方で、独学でデータサイエンティストになった人も大勢います。たとえば、1990年代のコンピュータハッキングシーンの中で育った筆者は、Cやアセンブリでプログラムすることや、Black Hatハッキングツールの書き方を覚えました。その後は、人文科学の学士号と修士号を取得した後、セキュリティソフトウェア開発者としてテクノロジ業界に舞い戻りました。そのかたわら、夜間にデータ可視化と機械学習を独学し、ついにセキュリティ関連のリサーチと開発を手がけるSophosでセキュリティデータサイエンスのポストに就きました。本書の共著者であるHillary Sandersは、大学で統計学と経済学を学び、データサイエンティストとしてしばらく働いた後、セキュリティ会社でデータサイエンティストの職を見つけ、セキュリティに関する知識を働きながら身につけました。

　Sophosのチームメンバーの経歴もさまざまであり、心理学、データサイエンス、数学、生化学、統計学、コンピュータサイエンスなど、幅広い分野でさまざまな学位を取得しています。セキュリティデータサイエンスでは科学の定量的な手法の訓練を正式に受けた人が優遇されますが、多種多様な経歴を持つ人々もいます。そして、科学的/定量的な訓練はセキュリティデータサイエンスを学ぶのに役立ちますが、筆者の経験では、従来とは異なる経歴でこの分野に足を踏み入れたとしても、独学をいとわなければ、この分野で活躍することも不可能ではありません。

　セキュリティデータサイエンスの能力は、絶えず新しいことを学ぶ意欲にかかっています。というのも、この分野では、実用的な知識が理論的なそれと同じくらい重要だからです。そして、実用的な知識は学校での勉強を通じて得られるものではなく、実践によって身につくものです。

　機械学習、ネットワーク解析、データ可視化は絶えず変化しているため、学校で教わることはすぐに古くなってしまいます。その点でも、新しいことを学ぶ意欲は重要です。たとえば、ディープラーニングの人気に火がついたのは2012年頃のことであり、それよりも前に大学を卒業したデータサイエンス業界の人々は、大きな影響力を持つこれらの概念を独学でマスターするしかありませんでした。セキュリティデータサイエンス業界で働きたいと考えている人にとって、これはよい知らせです。この分野ですでに働いている人は絶えず新しいスキルを独学でマスターしなければならないため、そうしたものをすでに身につけていれば、有利な位置につけるからです。

12.2 セキュリティデータサイエンティストの1日

　セキュリティデータサイエンティストの仕事は、本書で説明している類いのスキルをセキュリティ関連の難問に応用することです。ただし、そうしたスキルの応用はより大きなワークフローに組み込まれる傾向にあり、そのワークフローでは他のスキルも使用されます。図12-1 は、セキュリティデータサイエンティストの一般的なワークフローを示しています。このワークフローは、本書の著者と、他の企業や組織の同業者の経験に基づいています。

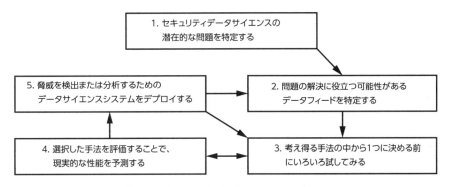

図12-1：セキュリティデータサイエンスのワークフローのモデル

　図12-1 に示すように、セキュリティデータサイエンスのワークフローは5種類の作業の相互作用です。1つ目の**問題の特定**では、データサイエンスが役立つと思われるセキュリティ問題を特定します。たとえば、スピアフィッシングメールの識別がデータサイエンスの手法で解決できる問題であるという仮説や、既知のマルウェアの難読化に使用されている手法の識別が調べてみる価値のある問題であるという仮説を立てるかもしれません。

　この段階では、特定の問題をデータサイエンスで解決できるかもしれないという仮説はどれも仮説にすぎません。金づち（データサイエンス）を手にすると、すべての問題が釘（機械学習、データ可視化、ネットワーク解析問題）に見えてきます。これらの問題にデータサイエンスの手法で対処するのが「本当」に最善であるかどうかをじっくり検討しなければなりません。データサイエンスソリューションのプロトタイプを構築し、このソリューションをテストすることで、データサイエンスが実際に「最善」のソリューションを提供するかどうかをよく理解する必要があることを覚えておいてください。

　組織で働いている場合、データサイエンスで解決できる問題を特定するには、ほぼ必

ずデータサイエンティスト以外の関係者と話をする必要があります。たとえば筆者の場合は、プロダクトマネージャー、経営陣、ソフトウェア開発者、セールス担当者と話をすることがよくあります。彼らはデータサイエンスをどのような問題でも解決できる「魔法のつえ」のようなものと考えていたり、データサイエンスが「人工知能」のようなもので、非現実的な結果を魔法のように達成すると考えていたりします。

そうした関係者に対応するときに覚えておかなければならないのは、データサイエンスに基づく手法の能力と限界を正直に伝えることです。そして、間違った問題を追い求めたりしないよう、油断せず、慎重な姿勢を崩さないようにする必要があります。データサイエンスのアルゴリズムに使用できるデータが存在しない、あるいはデータサイエンスのアプローチが実際に有効かどうかを評価する手段がないような問題や、手動で行うほうが明らかにうまく解決できるような問題は放棄すべきです。

たとえば、私たちは過去に次のような問題を断っています。

- **ライバル会社にデータを流しているかもしれない不埒な従業員を自動的に特定する**
  機械学習アルゴリズムを動作させるための十分なデータが存在しません。ただし、このような問題はデータ可視化やネットワーク解析を使って追求できるかもしれません。
- **ネットワークトラフィックの暗号を解読する**
  機械学習の数学では、非常に強力に暗号化されたデータはとうてい復号できません。
- **特定の従業員のライフスタイルに関する詳細な予備知識に基づき、その従業員を標的にしたフィッシングメールを自動的に特定する**
  この場合も、機械学習アルゴリズムを動作させるための十分なデータが存在しませんが、時系列やメールデータの可視化を通じて解決できるかもしれません。

セキュリティデータサイエンスの潜在的な問題をうまく特定できたら、次は本書で説明したデータサイエンスの手法を用いて問題の解決に役立ちそうなデータフィードを特定します。この部分に該当するのは図 12-1 のステップ 2 です。いろいろ試してみたものの、あなたが選択したセキュリティ問題を解決する機械学習モデルの訓練、データ可視化、またはネットワーク解析に使用できるデータフィードが見つからないとしたら、データサイエンスはおそらく役に立たないでしょう。

問題が選択され、その問題に対するデータサイエンスベースのソリューションを構築するためのデータフィードが見つかったら、ソリューションの構築に取りかかります。実際には、図 12-1 のステップ 3 とステップ 4 の繰り返しになります。つまり、何かを構築し、評価し、改善し、再び評価する、という作業を繰り返します。

最後に、システムの準備が整ったら、システムをデプロイします（図 12-1 のステップ 5）。システムがデプロイされている間は、新しいデータフィードが利用可能になったら統合し、新しいデータサイエンス手法をテストし、システムの新しいバージョンをデプロイするという作業を繰り返すことになります。

12.3 有能なセキュリティデータサイエンティストの特徴

セキュリティデータサイエンスでの成功は、各自の姿勢に大きく左右されます。ここでは、セキュリティデータサイエンスの仕事で成功を収めるために精神的な面で重要であると私たちが考えているものを紹介します。

虚心坦懐

データは驚きに満ちあふれており、私たちが問題について知っていると考えていたことが根底から覆されます。自分の先入観が間違っていたとしても、データに虚心でのぞまなければそのことはわかりません。それを怠れば、データから重要なことを学べずに終わるでしょう。それどころか、ランダムノイズを深読みしすぎて誤った理論を信じてしまうかもしれません。幸いなことに、セキュリティデータサイエンスを実践すればするほど、データから「学ぶ」ことに寛容になるでしょう。そして、新しい問題についてほとんど知らなくても、新しい問題からどれほど学ばなければならなくても、気にならなくなるでしょう。そのうちに、データからの驚きを楽しいと感じ、そうした驚きを期待するようになるでしょう。

尽きることのない好奇心

データサイエンスのプロジェクトはソフトウェアエンジニアリングや IT のプロジェクトとはまるで異なっており、パターン、外れ値、傾向を突き止めるためにデータを調べ、その情報を活かしてシステムを構築する必要があります。こうした動的な情報を特定するのは容易なことではなく、データの全体像を把握し、その中に隠れている物語を感じ取るために、何百もの実験や解析を行わなければならないことがよくあります。データをさらに詳しく調べるために抜かりなく設計された実験を当たり前のように行う人もいれば、そうではない人もいます。データサイエンスで成功しやすいのは前者です。データを深く理解するか、浅い理解に終わるかの違いを生むのは好奇心であり、よってこの分野では、好奇心は「必須条件」です。データをモデル化したり可視化したりするときに

何かについてもっと知りたいという意欲を高めれば高めるほど、システムの有用性も高まるでしょう。

結果へのこだわり

セキュリティデータサイエンスに適した問題を定義し、さまざまなソリューションのテストと評価を繰り返すようになると、機械学習プロジェクトでは特にそうですが、結果に執着するようになるかもしれません。これはよい兆候です。たとえば機械学習プロジェクトにどっぷり浸かっていた頃、筆者は複数の実験を24時間休みなしに行っていました。つまり、それらの実験の状況を確認するために夜中に何度も起きたり、朝の3時にバグを修正して実験を再開したりすることがよくありました。このため、毎晩寝る前に、そして週末の間は何度か実験をチェックするようになりました。

多くの場合、こうした24時間体制のワークフローは、最も重要なセキュリティデータサイエンスシステムの構築に欠かせないものです。そうした体制が整っていないと、平凡な結果に甘んじやすく、悪習から抜け出したり、データについての誤った仮定から生まれた障害を克服したりすることは不可能になります。

結果への懐疑的な態度

セキュリティデータサイエンスプロジェクトが成功していると勘違いするのはよくあることです。たとえば、評価の準備を誤ったせいで、システムの正解率が実際よりもずっと高く見えることがあります。よくありがちなのは、訓練データと酷似しているデータや、現実のデータからかけ離れたデータでシステムを評価してしまうことです。ネットワークの可視化から、「あなた」は有益であると思っているものの、ほとんどのユーザーがあまり価値を見出せないサンプルをうっかり選び出してしまったのかもしれません。あるいは、評価に使用している統計データがよいものであると思い込ませるような手法にひたすら取り組んでいるものの、実際には、現実のシステムにとって必ずしも有益であるとは言えないデータなのかもしれません。いつかバツの悪い状況に陥ることがないよう、結果に対して健全なレベルの懐疑的な姿勢を崩さないようにしてください。

12.4 次のステップ

本書では多くの内容を取り上げましたが、それでも表面をなぞったにすぎません。本書を読み、セキュリティデータサイエンスに真剣に取り組みたいと考えている場合は、2つの提案があります。1つは、解決したいと考えている問題に本書で説明したツールをすぐに適用してみることです。もう1つは、データサイエンスとセキュリティデータサイエンスに関する本をもっと読むことです。ここで獲得したスキルを次のような問題に応用することを検討してみてください。

- 悪意を持つドメイン名の検出
- 悪意を持つURLの検出
- 悪意を持つメールの添付ファイルの検出
- ネットワークトラフィックの可視化による異常検出
- メールの送信者/受信者パターンの可視化によるフィッシングメールの検出

データサイエンスの手法に関する知識を深めるために、最初は簡単なところから始めることをお勧めします。データサイエンスアルゴリズムを詳しく知りたい場合は、それらに関するWikipediaの記事を調べてください。データサイエンスに関しては、Wikipediaは驚くほど利用しやすい信頼できる情報源であり、しかも無料です。特に機械学習を詳しく調べたい場合は、線形代数、確率論、統計学、グラフ分析、多変数微分に関する書籍を読むか、無料のオンライン講座を受講することをお勧めします。これらの書籍や講座はこの分野の基礎であり、基礎を学べばデータサイエンスの今後のキャリアで実を結ぶことでしょう。こうした基礎的な部分に重点的に取り組む以外にも、Python、NumPy、scikit-learn、matplotlib、seaborn、Kerasなど、本書で取り上げたツールに関する講座を受講するか、「応用編」の書籍を読むこともお勧めします。

A
付録：データセットとツール

本書で使用するデータとコードはすべて本書の Web サイト[†1]からダウンロードできます。本書のデータには Windows のマルウェアが含まれているので注意してください。アンチウイルスエンジンを実行しているマシンでデータを解凍する場合は、マルウェアサンプルの多くが削除されるか隔離されることになるでしょう。

NOTE マルウェアの実行可能ファイルはどれも動作しないように数バイト書き換えてあります。とはいえ、それらのファイルの格納場所にはくれぐれも注意してください。自宅や職場のネットワークから切り離された、Windows 以外のマシンに格納してください。

これらのコードやデータは仮想マシンの中だけで試してみるのが理想的です。本書では、そのための VirtualBox 用の Ubuntu インスタンス[†2]を用意しました。このインスタンスには、これらのデータとコードがあらかじめ読み込まれているほか、必要なオープンソースライブラリがインストールされています。

[†1] https://www.malwaredatascience.com/
[†2] https://www.malwaredatascience.com/ubuntu-virtual-machine

A.1 データセットの概要

ここでは、本書の各章で使用するデータセットを紹介します。

1章　マルウェアの静的解析の基礎

1章では、ircbot.exe というマルウェアバイナリの基本的な静的解析を段階的に説明しました。このマルウェアは**インプラント**です。つまり、ユーザーのシステムに潜んで攻撃者からのコマンドを待ち、攻撃者が標的のコンピュータからプライベートデータを収集したり、標的のハードディスクを消去したりするなどの悪意を持つ目的を達成できるようにします。このバイナリはダウンロードサンプルの ch1/ ディレクトリにあります。

1章では、fakepdfmalware.exe の例も使用します。fakepdfmalware.exe は Adobe Acrobat/PDF のデスクトップアイコンを持つマルウェアプログラムであり、ユーザーに PDF ドキュメントを開いていると思わせておきながら、実際には悪意を持つプログラムを実行してユーザーのシステムに感染します。このバイナリも ch1/ ディレクトリにあります。

2章　静的解析の応用：x86 逆アセンブリ

2章では、マルウェアのリバースエンジニアリングを詳しく取り上げ、x86 逆アセンブリを解析します。この章では1章の ircbot.exe の例を再利用します。

3章　速習：動的解析

3章のマルウェアの動的解析に関する説明では、ダウンロードサンプルの ch3/d676d9dfab6a4242258362b8ff579cfe6e5e6db3f0cdd3e0069ace50f80af1c5 ファイルに格納されているランサムウェアサンプルを使用します。この d676d... というファイル名は、このファイルの SHA-256 暗号ハッシュに相当します。このランサムウェアは特別なものではなく、VirusTotal.com のマルウェアデータベースでランサムウェアサンプルとして使用できるものを検索した結果として得られたものです。

4章　マルウェアネットワークを使った攻撃キャンペーンの特定

4章では、ネットワークの解析と可視化をマルウェアに応用します。これらの手法を具体的に示すために、有名な攻撃に用いられた質の高いマルウェアサンプルを使用しま

す。具体的には、**APT1**（Advanced Persistent Threat 1）と呼ばれる中国軍所属のグループによって作成されたと見られているマルウェアサンプルを解析します。

これらのサンプルとそれらを生成したAPT1グループは、Mandiantというサイバーセキュリティ企業によって発見され、その存在が広く知られることとなりました。「APT1: Exposing One of China's Cyber Espionage Units」[†3]という報告書によれば、Mandiantは次の発見をしています。

- Mandiantは2006年以降、20の主要産業の141社にAPT1が不正アクセスしていることを確認している。
- APT1には、明確に定義された攻撃の手口がある。この手口は貴重な知的財産を大量に盗み出すために設計され、何年にもわたって磨き上げられてきたものである。
- アクセス手段を確立した後、APT1は数か月または数年間にわたって標的のネットワークを定期的に再訪し、標的となった組織から幅広い種類の知的財産を盗み出している。そうした知的財産には、技術的な設計書、独自の製法、テストの結果、事業計画、価格資料、提携契約、メールアドレスや連絡先のリストが含まれている。
- APT1が使用するツールや手法の中には、他のグループでの使用がまだ確認されていないものがある。これには、メールを盗み出すことを目的として設計されたGETMAILとMAPIGETの2つのユーティリティが含まれている。
- 平均すると、APT1は標的のネットワークへのアクセスを365日間にわたって維持する。
- 最長では、1,764日間（4年と10か月）にわたって標的のネットワークへのアクセスを維持したことがある。
- 知的財産の大規模な窃盗の例として、APT1がのべ10か月にわたって1つの組織から6.5TBの圧縮データを盗み出したことが確認されている。
- 2011年の最初の1か月間で、APT1は10の産業の少なくとも17社で新たな不正アクセスに成功している。

これらの報告内容からわかるように、APT1のサンプルは利害の大きい国家レベルのスパイ行為に利用されていました。これらのサンプルは、`ch4/data/APT1_MALWARE_FAMILIES`ディレクトリに含まれています。

[†3] https://www.fireeye.com/content/dam/fireeye-www/services/pdfs/mandiant-apt1-report.pdf

5章　共有コード解析

5章では、4章で使用した APT1 サンプルを再利用します。便宜上、これらのサンプルは5章のディレクトリ（ch5/data/APT1_MALWARE_FAMILIES）にも含まれています。

6章　機械学習に基づくマルウェア検出器の概要、7章　機械学習に基づくマルウェア検出器の評価

これらの章は概念的な内容を含んでおり、サンプルデータは使用しません。

8章　機械学習に基づくマルウェア検出器の構築

8章では、機械学習に基づくマルウェア検出器の構築に取り組み、マルウェア検出器を訓練するためのデータセットとして 1,419 個のサンプルバイナリを使用します。これらのバイナリは ch8/data/benignware ディレクトリ（ビナインウェアサンプル）と ch8/data/malware ディレクトリ（マルウェアサンプル）に配置されています。

このデータセットは VirusTotal.com から取得したものであり、991 個のビナインウェアサンプルと 428 個のマルウェアサンプルを含んでいます。これらのマルウェアサンプルは、2017 年にインターネット上で観測されたマルウェアの種類を代表するものです。ビナインウェアサンプルは、2017 年にユーザーが VirusTotal.com にアップロードしたバイナリの種類を代表するものとなっています。

9章　マルウェアの傾向を可視化する

9章では、ch9/code/malware_data.csv ファイルに含まれているサンプルデータを使ってデータの可視化に取り組みます。このファイルに含まれている 37,511 行のデータはそれぞれ別個のマルウェアファイルの記録であり、そのマルウェアが最初に検出された日時、そのマルウェアを検出したアンチウイルス製品の数、そのマルウェアのサイズと種類（トロイの木馬、ランサムウェアなど）を示しています。このデータは VirusTotal.com によって収集されたものです。

10章　ディープラーニングの基礎

10章はディープニューラルネットワークを紹介する章であり、サンプルデータは使用しません。

11章　Kerasを使ってニューラルネットワークマルウェア検出器を構築する

11章では、悪意を持つHTMLドキュメントと悪意を持たないHTMLドキュメントを検出するニューラルネットワークマルウェア検出器を構築します。悪意を持たないHTMLドキュメントは本物のWebページのもので、悪意を持つHTMLドキュメントはWebブラウザを通じて標的への感染を目論むWebサイトのものです。どちらのデータセットもVirusTotal.comの有料サービスを使って取得したものです。このサービスを利用すれば、数百万件もの悪意を持つHTMLページと悪意を持たないHTMLページにアクセスできます。

これらのデータはすべてch11/data/htmlディレクトリの下に配置されています。ビナインウェアはch11/data/html/benign_filesディレクトリ、マルウェアはch11/data/html/malicious_filesディレクトリに含まれています。そして、これらのディレクトリの下にそれぞれtrainingサブディレクトリとvalidationサブディレクトリがあります。trainingディレクトリには、ニューラルネットワークの訓練に使用するファイルが含まれています。validationディレクトリには、ニューラルネットワークをテストしてその正解率を予測するためのファイルが含まれています。

12章　データサイエンティストになろう

12章はデータサイエンティストになる方法を説明する章であり、サンプルデータは使用しません。

A.2　ツール実装ガイド

本書に含まれているコードはすべて**サンプルコード**であり、本書で説明する概念を具体的に示すことを目的としています。このため、決して完全なものでも、実際に使用するためのものでもありません。ただし、各自の目的に合わせて拡張する意思があれば、コードの一部をマルウェア解析作業のツールとして利用できることがあります。

> **NOTE** これらのツールは、本格的なマルウェアデータサイエンスツールの例または出発点として提供されており、きちんと実装されていません。これらのツールはUbuntu 17でテストされており、このプラットフォームで動作するものと想定されています。ただし、必要なライブラリなどをインストールすれば、macOSなど他のプラットフォームや他の種類のLinuxでも動作させることができるはずです。

ここでは、本書で取り上げるツールを本書に登場する順番に見ていきます。

共通のホスト名に基づくネットワークの可視化

共通のホスト名に基づくネットワークを可視化するツールは 4 章で登場するものであり、ch4/code/listing-4-8.py ファイルに含まれています。このツールは、ターゲットのマルウェアファイルからホスト名を取り出し、それぞれのファイルに含まれている共通のホスト名に基づいてファイル間の関係を明らかにします。

このツールは、入力としてマルウェアが含まれているディレクトリパスを受け取り、可視化が可能な 3 つの GraphViz ファイルを出力します。このツールを実行するのに必要なライブラリをインストールするには、ch4/code ディレクトリで bash install-requirements.sh コマンドを実行します[†4]。**リスト A-1** は、このツールの「ヘルプ」出力を示しています。

リスト A-1：4 章の共通のホスト名に基づくネットワークの可視化ツールのヘルプ出力

```
usage: Visualize shared hostnames between a directory of malware samples
       [-h] target_path output_file malware_projection hostname_projection

positional arguments:
❶   target_path          directory with malware samples
❷   output_file          file to write DOT file to
❸   malware_projection   file to write DOT file to
❹   hostname_projection  file to write DOT file to

optional arguments:
  -h, --help             show this help message and exit
```

リスト A-1 に示すように、このツールは target_path ❶、output_file ❷、malware_projection ❸、hostname_projection ❹ の 4 つのコマンドライン引数を要求します。target_path パラメータは、解析したいマルウェアサンプルのディレクトリパスを指定します。output_file パラメータは、このツールが出力する GraphViz の .dot ファイルのパスを指定します。このファイルは、マルウェアサンプルをそれらが含んでいるホスト名にリンクするネットワークを表します。

malware_projection パラメータと hostname_projection パラメータもファイルパスであり、これらの射影ネットワークを表す .dot ファイルの出力先を指定します（ネットワークの射影については 4 章を参照してください）。このツールを実行すると、4 章と

---

† 4 ［訳注］本書の仮想マシンを使用する場合、このツールに必要なライブラリはすでに含まれており、このコマンドを実行する必要はない。

5章で説明する GraphViz スイートを使ってこれらのネットワークを可視化できます。たとえば、次のコマンドを使って手持ちのマルウェアデータセットから図 A-1 のような .png ファイルを生成できます。

```
fdp malware_projection.dot -T png -o malware_projection.png
```

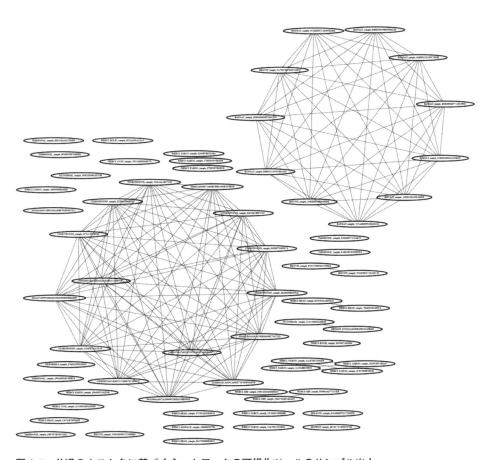

図 A-1：共通のホスト名に基づくネットワークの可視化ツールのサンプル出力

共通の画像に基づくネットワークの可視化

4章では、共通の画像に基づくネットワークを可視化するツールも紹介します。このツールは、共通の埋め込み画像に基づいてマルウェアサンプル間のネットワーク関係を明らかにするものであり、ch4/code/listing-4-12.py ファイルに含まれています。

このツールは、入力としてマルウェアが含まれているディレクトリのパスを受け取り、

可視化が可能な 3 つの GraphViz ファイルを出力します。このツールを実行するのに必要なライブラリをインストールするには、ch4/code ディレクトリで bash install-requirements.sh コマンドを実行します[†5]。**リスト A-2** は、このツールの「ヘルプ」出力を示しています。

リスト A-2：4 章の共通の画像に基づくネットワークの可視化ツールのヘルプ出力

```
usage: Visualize shared image relationships between a directory of malware
samples
       [-h] target_path output_file malware_projection resource_projection

positional arguments:
❶   target_path           directory with malware samples
❷   output_file           file to write DOT file to
❸   malware_projection    file to write DOT file to
❹   resource_projection   file to write DOT file to

optional arguments:
  -h, --help              show this help message and exit
```

リスト A-2 に示すように、このツールは target_path ❶、output_file ❷、malware_projection ❸、resource_projection ❹の 4 つのコマンドライン引数を要求します。共通のファイル名に基づくネットワークの可視化ツールと同様に、target_path パラメータは解析したいマルウェアサンプルのディレクトリパスであり、output_file パラメータはマルウェアサンプルをそれらが含んでいる画像とリンクする 2 部ネットワークを表す GraphViz の .dot ファイルの出力先を指定します（2 部ネットワークについては 4 章を参照してください）。malware_projection パラメータと resource_projection パラメータもファイルパスであり、これらの射影ネットワークを表す .dot ファイルの出力先を指定します。

共通のファイル名に基づくネットワークの可視化ツールと同様に、このツールを実行すると、GraphViz スイートを使ってこれらのネットワークを可視化できます。たとえば、次のコマンドを使って手持ちのマルウェアデータセットから**図 4-12** のような .png ファイルを生成できます。

マルウェアの類似度の可視化

5 章では、マルウェアの類似度と共有コードの解析と可視化について説明します。最

[†5] ［訳注］本書の仮想マシンを使用する場合、このツールに必要なライブラリはすでに含まれており、このコマンドを実行する必要はない。

初に紹介するツールは、入力としてマルウェアが含まれているディレクトリのパスを受け取り、そのディレクトリに含まれているマルウェアサンプル間の共有コード関係を可視化するもので、ch5/code/listing_5_1.py ファイルに含まれています。このツールを実行するのに必要なライブラリをインストールするには、ch5/code ディレクトリで bash install-requirements.sh コマンドを実行します[†6]。**リスト A-3** は、このツールの「ヘルプ」出力を示しています。

リスト A-3：5 章のマルウェア類似度可視化ツールのヘルプ出力

```
usage: listing_5_1.py [-h] [--jaccard_index_threshold THRESHOLD]
                      target_directory output_dot_file

Identify similarities between malware samples and build similarity graph

positional arguments:
❶   target_directory      Directory containing malware
❷   output_dot_file       Where to save the output graph DOT file

optional arguments:
    -h, --help            show this help message and exit
❸   --jaccard_index_threshold THRESHOLD, -j THRESHOLD
                          Threshold above which to create an 'edge' between
                          samples
```

　この共有コード解析ツールをコマンドラインから実行する際には、target_directory ❶と output_dot_file ❷の 2 つのコマンドライン引数を渡す必要があります。また、オプションパラメータ jaccard_index_threshold ❸を追加すると、2 つのサンプル間の類似度（ジャカール係数）に対するしきい値を指定できます。それにより、これらのサンプルの間にエッジを追加するかどうかを判断できるようになります（ジャカール係数については 5 章を参照してください）。

　図 A-2 は、次のコマンドを使って output_dot_file.dot ファイルをレンダリングしたときの出力を示しています。この図は、先ほど説明した APT1 マルウェアネットワークサンプルに対し、このツールが推測した共有コードネットワークを表しています。

```
fdp output_dot_file.dot -Tpng -o similarity_network.png
```

[†6] ［訳注］本書の仮想マシンを使用する場合、このツールに必要なライブラリはすでに含まれており、このコマンドを実行する必要はない。

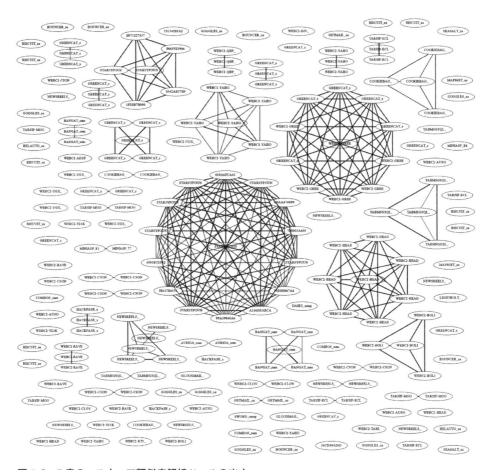

図 A-2：5章のマルウェア類似度解析ツールの出力

マルウェア類似度検索システム

5章で紹介する2つ目のコード共有評価ツールは、ch5/code/listing_5_2.py ファイルに含まれています。このツールを実行すると、データベースに含まれている数千ものサンプルにインデックスを付け、クエリマルウェアサンプルを使って類似度検索を行い、クエリサンプルと同じコードを持つ可能性があるマルウェアサンプルを見つけ出すことができます。このツールを実行するのに必要なライブラリをインストールするには、ch5/code ディレクトリで bash install-requirements.sh コマンドを実行します[†7]。
リスト A-4 は、このツールの「ヘルプ」出力を示しています。

---

†7　［訳注］本書の仮想マシンを使用する場合、このツールに必要なライブラリはすでに含まれており、このコマンドを実行する必要はない。

リスト A-4：5 章のマルウェア類似度検索システムのヘルプ出力

```
usage: listing_5_2.py [-h] [-l LOAD] [-s SEARCH] [-c COMMENT] [-w]

Simple code-sharing search system which allows you to build up a database of
malware samples (indexed by file paths) and then search for similar samples
given some new sample

optional arguments:
  -h, --help            show this help message and exit
❶ -l LOAD, --load LOAD  Path to directory containing malware, or individual
                        malware file, to store in database
❷ -s SEARCH, --search SEARCH
                        Individual malware file to perform similarity search
                        on
❸ -c COMMENT, --comment COMMENT
                        Comment on a malware sample path
❹ -w, --wipe            Wipe sample database
```

　このツールには 4 つの実行モードがあります。1 つ目の LOAD モード❶は、マルウェアを類似度検索データベースに読み込み、引数としてマルウェアが含まれているディレクトリのパスを受け取ります。LOAD モードは繰り返し実行可能であり、そのつどデータベースに新しいマルウェアを追加できます。

　2 つ目の SEARCH モード❷は、引数として個々のマルウェアファイルのパスを受け取り、類似するサンプルをデータベースで検索します。3 つ目の COMMENT モード❸は、引数としてマルウェアサンプルのパスを受け取り、そのサンプルに関する短いテキストコメントを入力するためのプロンプトを表示します。この機能を利用すると、クエリマルウェアサンプルと類似するサンプルを検索するときに、類似するサンプルに付いているコメントが表示されるようになるため、クエリサンプルについての知識を深めることができます。

　4 つ目の wipe モード❹は、類似度検索データベース内のデータをすべて削除します。この機能は、新しいマルウェアデータセットを使って最初からやり直したい場合に使用します。**リスト A-5** は SEARCH クエリのサンプル出力を示しており、このツールの出力がどのようなものであるかが何となくわかります。ここでは、先ほど説明した APT1 サンプルに LOAD コマンドを使ってインデックスを付け、ATI1 サンプルに類似するサンプルをデータベースで検索しています。

リスト A-5：5 章のマルウェア類似度検索システムのサンプル出力

```
Showing samples similar to WEBC2-GREENCAT_sample_E54CE5F0112C9FDFE86DB17E85...
Sample name                                                     Shared code
[*] WEBC2-GREENCAT_sample_55FB1409170C91740359D1D96364F17B      0.9921875
```

```
[*] GREENCAT_sample_55FB1409170C91740359D1D96364F17B             0.9921875
[*] WEBC2-GREENCAT_sample_E83F60FB0E0396EA309FAF0AED64E53F       0.984375
    [comment] This sample was determined to definitely have come from the
advanced persistent threat group observed last July on our West Coast network
[*] GREENCAT_sample_E83F60FB0E0396EA309FAF0AED64E53F             0.984375
```

機械学習に基づくマルウェア検出器

　独自のマルウェア解析作業に使用できる最後のルールは、8章で使用する機械学習に基づくマルウェア検出器であり、ch8/code/complete_detector.py ファイルに含まれています。このツールを利用すれば、マルウェア検出器をマルウェアサンプルとバイナリウェアサンプルで訓練し、新しいサンプルがマルウェアかどうかを予測できます。このツールを実行するのに必要なライブラリをインストールするには、ch8/code ディレクトリで bash install.sh コマンドを実行します[†8]。**リスト A-6** は、このツールの「ヘルプ」出力を示しています。

リスト A-6：8章の機械学習に基づくマルウェア検出器のヘルプ出力

```
usage: get windows object vectors for files [-h]
                                            [--malware_paths MALWARE_PATHS]
                                            [--benignware_paths BENIGNWARE_PATHS]
                                            [--scan_file_path SCAN_FILE_PATH]
                                            [--evaluate]

optional arguments:
  -h, --help            show this help message and exit
❶ --malware_paths MALWARE_PATHS
                        Path to malware training files
❷ --benignware_paths BENIGNWARE_PATHS
                        Path to benignware training files
❸ --scan_file_path SCAN_FILE_PATH
                        File to scan
❹ --evaluate            Perform cross-validation
```

　このツールには 3 つの実行モードがあります。評価（evaluate）モード❹は、システムの訓練用と評価用に選択されたデータでシステムの正解率をテストします。このモードを開始するには、次のコマンドを実行します。

---

†8　[訳注] 本書の仮想マシンを使用する場合、このツールに必要なライブラリはすでに含まれており、このコマンドを実行する必要はない。

```
python complete_detector.py
--malware_paths <マルウェアが含まれているディレクトリへのパス>
--benignware_paths <ビナインウェアが含まれているディレクトリへのパス>
--evaluate
```

このコマンドを実行すると、matplotlib ウィンドウが開かれ、このマルウェア検出器の ROC 曲線が表示されます（ROC 曲線については 7 章を参照してください）。図 A-3 は、評価モードのサンプル出力を示しています。

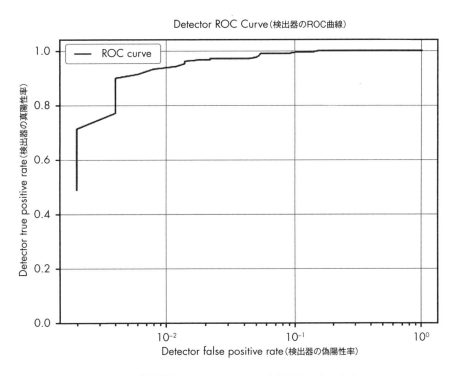

図 A-3：8 章のマルウェア検出器を evaluate モードで実行したときの出力

訓練モードでは、マルウェア検出モデルを訓練し、訓練したモデルをディスクに保存します。このモードを開始するには、次のコマンドを実行します。

```
python complete_detector.py
❶ --malware_paths <マルウェアが含まれているディレクトリへのパス>
❷ --benignware_paths <ビナインウェアが含まれているディレクトリへのパス>
```

評価モードとの違いは、--evaluate フラグの有無だけです。このコマンドを実行するとモデルが生成され、現在の作業ディレクトリの saved_detector.pkl というファイルに保存されます。

3つ目のスキャン（scan_file_path）モード❸は、saved_detector.pkl を読み込んだ後、ターゲットファイルをスキャンしてマルウェアかどうかを予測します。スキャンを実行する前に必ず訓練モードを実行してください。このモードを開始するには、検出器を訓練したときと同じディレクトリで次のコマンドを実行します。

```
python complete_detector.py
--scan_file_path <PE EXE ファイル>
```

このコマンドの出力は、ターゲットファイルがマルウェアである確率になります。

索引

数字・記号
2 部ネットワーク..46, 64, 272
.data セクション 7
.dot ファイル 53, 157, 270, 272
.h5 ファイル...249
.idata セクション 5, 7
.png ファイル..54, 271-272
.rdata セクション 7
.reloc セクション 5-6, 7
.rsrc セクション 5, 9
.text セクション 5, 7, 83

A
add_edge メソッド...51
add_node メソッド 51, 62
add_question 関数 134-135
add 命令..20
Adobe Acrobat アイコン...9-10, 266
ADS (Alternate Data Stream) 37
apply_hashing_trick 関数...165
APT1 (Advanced Persistent Threat 1) 46-47,
    55-56, 58-59, 92-93, 105, 267-268, 275
assert 文...245
AUC (Area Under the ROC Curve)
    ....250-251, 254-255

B
BoF (Bags of Features) 77-81

C
Callback クラス..254-255
call 命令...23, 27
capstone モジュール...26
cmp 命令..24
color 属性..61
comment_sample 関数 101-102
compile メソッド 240
countplot 関数..201
CPU フラグ 20
cross_validation モジュール..180
CuckooBox 33, 41-42
cv_evaluate 関数 180

D
DataFrame クラス 188-193, 195, 201, 204
dateutil モジュール...196
DecisionTreeClassifier クラス......................................154
dec 命令..20
Dense 関数 240

describe メソッド 190
DictVectorizer クラス 152, 154-156
distplot 関数..202
DLL (Dynamic-Link Library) 5, 17
dot ツール...157

E
EAX レジスタ...25, 27
EBP レジスタ...19, 27
edge ディクショナリ...52
EDX レジスタ...21
EFLAGS レジスタ 20, 24
EIP レジスタ...19, 23
ELU (Exponential Linear Unit) 214
ESP レジスタ 19, 21-22, 27
euclidean_distance 関数 128
export_graphviz 関数..157
extract_features 関数 243, 245
ExtractImages クラス...70

F
fakepdfmalware.exe プログラム................................9, 266
fdp ツール..54-57, 92
feature_extraction モジュール....................................154
FeatureHasher クラス 167, 171
find_hostnames 関数..66
fit_generator メソッド....................................244-248, 253, 255
fit メソッド 155-156, 170-171
Functional API...238-239

G
get_database 関数 99-100
get_string_features 関数..169, 171-172
get_training_paths 関数..171
getstrings 関数 90, 100
GraphViz 50, 53-64, 157, 270-272

I
IAT (Import Address Table) 5, 7, 81, 87, 162
IAT 特徴量 162-163
icotool コマンド 9
icoutils ツールキット 5, 70
images ライブラリ 68
inc 命令..20
Input 関数...239
int 関数...177
IRC (Internet Relay Chat) 2
ircbot.exe プログラム............2, 6-8, 11-13, 17, 26, 266
ircbotstring.txt ファイル...11

J
jaccard 関数 89
jge 命令 24
jmp 命令 23
jointplot 関数 203-204

K
Kaspersky 68, 76
Keras 237-244, 247, 249, 252, 254-255
KFold クラス 180-181
k 最近傍法 117, 127-131
k 分割交差検証 180

L
label 属性 63
layers モジュール 239-240
lea 命令 21
logistic_function 関数 124-126
logistic_regression 関数 124
LReLU (Leaky ReLU) 213

M
malwr.com 33-41
Mandiant 9, 46, 76, 93, 266
matplotlib 176, 178, 181, 185, 193-201
metrics モジュール 175-177, 251
minhash 関数 99-100
MinHash 法 94-97
min 関数 99
model_architecture.py ファイル 239, 242
model_evaluation.py ファイル 251
ModelCheckpoint コールバック 253
models モジュール 239-240
Model クラス 239-240
mov 命令 21
murmur モジュール 98-99
my_generator 関数 246, 248
MyCallback クラス 255

N
neato ツール 58-59
NetworkX ライブラリ 50-53, 60, 64
networkx.Graph クラス 51, 66
next メソッド 245, 248
node ディクショナリ 52
None 239
N グラム 78-79, 83, 88, 163-164

O
on_epoch_end メソッド 255

P
pandas 185, 188-189, 193-196
Parkour, Mila 46, 76
PE (Portable Executable) ファイル 1-7, 16, 161
pecheck 関数 90
pefile.PE クラス 7, 66
pefile モジュール 1, 6-7, 26, 64
penwidth 属性 60-61
PE ヘッダー 3-4
PE ヘッダー特徴量 161-162, 166
pick_best_question 関数 135
pickle モジュール 171
plot 関数 178, 193-199
pop 命令 21-22
predict_proba メソッド 172, 177
predict メソッド 156
PReLU (Parametric ReLU) 213
projected_graph 関数 67
push 命令 21-22
pyplot モジュール 176, 178, 196

R
RandomForestClassifier クラス 171, 181, 183
random モジュール 176
read_csv 関数 189, 194, 201
ReLU (Rectified Linear Unit)
 .... 213-214, 217-219, 221, 240
ResNet (Residual Network) 235
ret 命令 23
ROC (Receiver Operating Characteristic) 曲線
 ...... 145-147, 149, 172-179, 181-182, 250-252, 274
roc_curve 関数 177-178, 251
roc_plot 関数 251

S
scan_file 関数 171-172
scikit-learn (sklearn) 151-154,
 156-160, 166-167, 171, 174-177, 180, 183, 251
seaborn 185, 200-207
search_sample 関数 101-102
set_axis_labels 関数 204
sfdp ツール 57-58
SHA-256 ハッシュ 34, 266
shape 属性 62
shelve モジュール 98
show 関数 178, 181, 195, 201
sklearn → scikit-learn
string_hash 関数 99-100
strings コマンド 10-11
sub 命令 20
summary メソッド 240

T
TensorFlow 238, 247
train_detector 関数 171
transform メソッド 156, 167
tree モジュール 154, 157

U
Ubuntu 265

V
violinplot 関数 207
VirtualBox 265
VirusTotal.com 36, 186, 188, 266, 268-269

W
wipe_database 関数 99
work メソッド 70
wrestool コマンド 9-10, 68
write_dot 関数 53

X
x86 アセンブリ言語 17-26

Y
yield 文 244

あ行
圧縮 232-233
アンチ逆アセンブリ 29
位置独立コード 5
インポート 5
インポートアドレステーブル (IAT) 5, 81, 162
　→ IAT (Import Address Table)
ウィンドウ 231-232
エッジ 45, 51, 60-63
エッジ幅 60
エポック 246
エントリポイント 4, 25
オートエンコーダニューラルネットワーク 232-233
オッカムの剃刀 133
オプションヘッダー 4
重み 45, 124, 212, 216, 218-220, 222, 225, 229

か行
ガウス関数 214
過学習 118, 120-121, 130, 134, 137, 249
学習 116
学習不足 118-120, 130, 134
隠れ層 215, 224, 228
可視化 48,
　53-63, 156-158, 185-188, 193-207, 270-273
加重和 212
活性化関数 212-214
偽陰性 107-108, 142
基準率 (BR) 147-149
基本ブロック 25
逆アセンブリ 16
脅威スコア 174-175
教師あり機械学習 112, 225
教師なし機械学習 112
偽陽性 83, 86-87, 107-109, 112,
　116, 142, 147-149, 164, 172, 174, 202, 250-251
偽陽性率 (FPR)
　...................... 143-149, 174, 178-179, 182, 250-251

共有コード解析 74
曲線下面積 (AUC) 250
　→ AUC (Area Under the ROC Curve)
距離関数 128
グラウンドトルース 155
グラフ 25, 51
訓練 109, 111, 153, 170-171, 225-230, 242-249
訓練サンプル 108
決定木 131-138, 153-159, 168, 177, 183
決定境界 113-118,
　122-123, 129-130, 132-134, 136-137, 139
決定しきい値 177-178
検出器 153
検証データ 247
交差検証 174, 179-182
恒等関数 213
勾配降下法 126, 226
勾配消失 213-214, 229, 234-235
コールバック 252-255

さ行
再帰 135
残差 235
算術命令 20
サンドボックス 32
シーケンス 78
しきい値 144-147
シグモイド関数 214, 240
次元の呪い 111
自己書き換えコード 16
ジニ不純度 158
射影 47, 64, 67, 71
ジャカール係数 ... 75-76, 80-81, 83, 85, 89, 94-97, 273
収集 108
条件分岐 20
条件分岐命令 24
情報利得 135
深度 133
真陰性 142
真陽性 142, 147-148, 250
真陽性率 (TPR) 143-149, 174, 178, 182, 251
スキップ結合 235
スケッチ 97-101
スタック 21
ステップ関数 214
スプリット 157
正解率 247-249
制御フロー 22
生成者ネットワーク 234
静的解析 1-13, 15-30
セキュリティデータサイエンスのワークフロー 259
セクション 4

セクションヘッダー 4-6
線形逆アセンブリ 16, 83
全結合層 228, 232, 240
層 210, 239
属性 45, 52
粗視化 57
ソフトマックス関数 214
損失率 247-249, 253

た行
畳み込み層 231-232
畳み込みニューラルネットワーク 231-232
力指向アルゴリズム 49, 58
超短期記憶 (LSTM) 235
超平面 117
釣鐘曲線 214
ディープニューラルネットワーク 210-211, 224, 229
ディープラーニング 209-211
データ移動命令 21
適合 153
適合率 147-149
テキストラベル 63
敵対的生成ネットワーク 234
テスト 109, 112, 175
転置インデックス 100
同時分布グラフ 204
動的解析 31-42
投票 129, 138
特徴空間 112
特徴抽出 109-110, 160-161, 168, 224, 242-243
特徴ハッシュ 164, 167-168
特徴量 77, 110, 160-169, 224
トロイの木馬 67-68

な行
難読化 29, 167
ニューラルネットワーク 210-235, 238
ニューロン 210-212, 214-232, 234-235, 238-241
ネットワーク 25, 45, 51-53
ネットワークのレイアウト 48
ノード 45, 51, 60-63, 131

は行
バイアス 212, 216, 218-221, 225
バイオリン図 204-207
パス爆発 229, 235
外れ値 118
パッキング 28, 32, 78, 84, 155, 162
バックプロパゲーション (誤差逆伝播法)
.... 213, 226, 229, 234, 241
ハッシュ化 95-97, 165-168
ハッシュトリック 164-169
判別者ネットワーク 234
汎用レジスタ 18-19

ヒストグラム 201-202
ビナインウェア 33, 108
評価 141-149, 174-182, 250-252
フィードフォワードニューラルネットワーク 216, 230
プーリング層 232
フォーマット文字列 86
フォールド 179
フォワードプロパゲーション 225
不審度 124, 144-145
普遍性定理 216
普遍的な近似器 216
プログラムスタック 19
分布図 202-203
分類器 153
ベクトル 152
偏微分 226
棒グラフ 200-201

ま行
マルウェアネットワーク解析 43
マルウェアネットワークの構築 64-71
ミューテックス 39-40
メモリセル 235
目的関数 225
文字列 10
文字列特徴量 160-166, 169

や行
ユークリッド距離 128-129
有向グラフ 215
尖度 177
陽性 186, 188
予測 153
予測誤差 225

ら行
ラベルベクトル 153, 155
ランサムウェア 38, 186, 195-199, 266
ランダムフォレスト 138-139, 171, 183
リカレントエッジ 234
リカレントニューラルネットワーク (RNN) 234-235
リバースエンジニアリング 15-16, 73-74
類似度解析 74
類似度関数 79
類似度行列 81-84, 86-88, 94
類似度グラフ 89-93
ルートノード 132-135
レジスタ 18
レジストリ 39
連鎖律 228
ロジスティック回帰 115-117, 122-126, 183

わ
ワーム 197-199

[著者プロフィール]
Joshua Saxe（ジョシュア・サックス）
大手セキュリティベンダーSophosのチーフデータサイエンティストであり、セキュリティデータサイエンスリサーチチームを率いている。Sophosの数千万人の顧客をマルウェアの感染から守るニューラルネットワークベースのマルウェア検出器の開発責任者でもある。DARPAが出資するアメリカ政府向けのセキュリティデータ調査プロジェクトを5年間リードした経験を持つ。

Hillary Sanders（ヒラリー・サンダース）
Sophosのシニアソフトウェアエンジニア/データサイエンティスト。ニューラルネットワーク、機械学習、マルウェア類似度分析技術の発明と製品化において重要な役割を果たしてきた。前職では、Premise Data Corporationでデータサイエンティストを務めていた。Blackhat USAやBSides Las Vegasなどのセキュリティカンファレンスで定期的に講演を行っている。カリフォルニア州立大学バークレー校で統計学を学んだ。

[テクニカルレビューアプロフィール]
Gabor Szappanos（ガーボル・サッパノシュ）
ブダペストにあるエトヴェシュ・ロラーンド大学で物理学の学位を取得している。最初の仕事はComputer and Automation Research Instituteで原子力発電所の診断用のソフトウェアとハードウェアを開発することだった。1995年にアンチウイルスの調査を開始し、2001年に入社したVirusBusterでは、マクロウイルスとスクリプトマルウェアを担当した後、2002年にVirus Labの主任となった。2008年から2016年までAMTSO（Anti-Malware Testing Standards Organizations）の理事を務め、2012年からはSophosの首席マルウェア研究者を務めている。

[訳者プロフィール]
株式会社クイープ（http://www.quipu.co.jp）
1995年、米国サンフランシスコに設立。コンピュータシステムの開発、ローカライズ、コンサルティングを手がけている。2001年に日本法人を設立。主な訳書に『プラトンとナード』、『サイバーセキュリティ レッドチーム実践ガイド』、『PythonとKerasによるディープラーニング』（マイナビ出版）、『Amazon Web Servicesインフラサービス活用大全』（インプレス）、『入門Haskellプログラミング』（翔泳社）、『プログラミングASP.NET Core』（日経BP社）、『Raspberry Piで学ぶコンピュータアーキテクチャ』（オライリー・ジャパン）などがある。

カバーデザイン：海江田 暁（Dada House）
制作：株式会社クイープ
編集担当：山口正樹

マルウェア データサイエンス
サイバー攻撃の検出と分析

2019年10月21日　初版第1刷発行

著者............. Joshua Saxe、Hillary Sanders
訳者............. 株式会社クイープ
発行者......... 滝口直樹
発行所......... 株式会社 マイナビ出版
　　　　　　　〒101-0003 東京都千代田区一ツ橋2-6-3 一ツ橋ビル2F
　　　　　　　TEL：0480-38-6872（注文専用ダイヤル）
　　　　　　　　　03-3556-2731（販売部）
　　　　　　　　　03-3556-2736（編集部）
　　　　　　　E-mail：pc-books@mynavi.jp
　　　　　　　URL：https://book.mynavi.jp
印刷・製本..... シナノ印刷株式会社

ISBN 978-4-8399-6806-9
・定価はカバーに記載してあります。
・乱丁・落丁はお取り替えいたしますので、TEL：0480-38-6872（注文専用ダイヤル）、
　もしくは電子メール：sas@mynavi.jpまでお願いいたします。
・本書は著作権法上の保護を受けています。本書の一部あるいは全部について、
　著者、発行者の許諾を得ずに、無断で複写、複製することは禁じられています。